高等职业教育系列教材

U0742899

岗课赛证融通 ｜ 理论实践结合

# 电子产品生产
# 与工艺项目教程

主　编 ｜ 詹新生　张玉健

副主编 ｜ 尹　慧　朱敬宇

参　编 ｜ 夏淑丽　李美凤　郭　伟

主　审 ｜ 刘庆雷

机械工业出版社
CHINA MACHINE PRESS

本书面向电子工程技术岗位，按照高职电子信息类专业标准、学生认知规律和职业成长规律，融入 1+X 电子装联（中级）职业技能等级证书、智能电子产品设计与开发职业技能大赛的相关知识和技能等内容。本书采用"项目 – 任务"的模式编写，全书共分 5 个项目，具体为直流稳压电源电路的制作、红外线倒车雷达电路的制作、功率放大电路的制作、电动三轮车仪表指示电路自动化生产工艺设计、电子产品技术文件的编写及电子产品质量管理。

本书可作为高等职业院校电子信息类专业的教材，还可作为电子工程技术人员的参考用书。

本书配有微课视频，扫描二维码即可观看。另外，本书配有电子课件，需要的教师可登录机械工业出版社教育服务网（www.cmpedu.com）免费注册，审核通过后下载，或联系编辑索取（微信：13261377872，电话：010-88379739）。

**图书在版编目（CIP）数据**

电子产品生产与工艺项目教程 / 詹新生，张玉健主编 . -- 北京：机械工业出版社，2025.6. --（高等职业教育系列教材）. -- ISBN 978-7-111-78272-8

Ⅰ . TN05

中国国家版本馆 CIP 数据核字第 2025MA4072 号

机械工业出版社（北京市百万庄大街 22 号　邮政编码 100037）

策划编辑：和庆娣　　　　　　责任编辑：和庆娣　王　荣
责任校对：张勤思　王小童　景　飞　　责任印制：刘　媛
北京富资园科技发展有限公司印刷
2025 年 6 月第 1 版第 1 次印刷
184mm×260mm · 13.5 印张 · 324 千字
标准书号：ISBN 978-7-111-78272-8
定价：59.00 元

电话服务　　　　　　　　　　　网络服务

客服电话：010-88361066　　　机　工　官　网：www.cmpbook.com
　　　　　010-88379833　　　机　工　官　博：weibo.com/cmp1952
　　　　　010-68326294　　　金　书　网：www.golden-book.com
**封底无防伪标均为盗版**　　　机工教育服务网：www.cmpedu.com

为了满足高等职业教育发展的要求，提升电子信息类专业学生电子产品的生产与工艺理论知识、实践操作技能和综合素质，特编写了此书。

本书的内容是根据电子信息类专业的工作领域任务而设置的，通过项目的形式把电子产品生产和工艺方面的知识和技能融入教材内容中。全书共分 5 个项目，项目 1 侧重介绍通孔插装式元器件的识别、检测和焊接相关知识和技能；项目 2 侧重介绍常用电子仪器的使用、电子产品调试的相关知识和技能；项目 3 侧重介绍贴片式元器件的识别、检测、焊接，具有芯片控制功能电路的安装与调试相关知识和技能；项目 4 侧重介绍通孔插装元器件的自动焊接工艺，表面贴装元器件的自动焊接工艺相关知识和技能；项目 5 重点介绍电子产品技术文件的编写和电子产品质量管理。

本书具有以下特色：

1. "岗课赛证"融通，助力培养能工巧匠。本书对接电子工程技术人员、电子产品装配调试人员等技术领域岗位，参考电子装联职业技能等级相关要求，根据全国职业院校技能大赛高职组"智能电子产品设计与开发"相关考核要求组织教材内容。做到岗课对接、课证融通、赛教融合、赛课证相通，以赛促教，以赛促学，提升学生的动手实践能力与以后进入工作岗位的实践能力。

2. 充分体现立体化、新形态教材特点。扫描二维码获取视频和教学资源，便于随时随地观看学习；配套在线课程，将纸质教材和在线课程网站线上线下教育资源有机衔接起来。

3. 体现"任务引领"的职业教育教学特色。采用"项目 – 任务"的模式组织教学内容，并把电子产品生产与工艺的相关知识和技能融入不同的项目中，让学生带着问题去学习，提高学生学习动力；将实践操作（任务实施）和理论知识学习有机结合起来，便于进行理论和实践相结合的一体化教学。

4. 落实"立德树人"教育，把爱国主义精神、职业素养、工匠精神等课程思政元素无缝融入教学内容。如电子产品制作内容结合大国工匠的典型案例树标杆、立榜样，培养学生精益求精的工匠精神和求真务实、刻苦钻研、迎难而上的"匠心"品质等。

5. 校企合作共同编写，内容符合行业标准和技术规范。本书编写团队有丰富的电子产品生产和教学经验；编写过程中还参考相关标准，保证内容符合行业标准和技术规范。

本书由徐州工业职业技术学院专业教师编写，徐州中盈电气设备有限公司技术人员审稿。其中项目 1 由詹新生和张玉健编写，项目 2 由詹新生编写，项目 3 由詹新生和尹慧编写，项目 4 由詹新生、朱敬宇、郭伟编写，项目 5 由李美凤和夏淑丽编写。全书由詹新生统稿，刘庆雷主审。

　　本书在编写过程中得到了徐州工业职业技术学院的领导、同事及徐州中盈电气设备有限公司领导、相关技术人员的大力支持，还参阅了大量的论著和文献以及互联网上的资料，在此一并表示衷心的感谢。

　　本书中的部分电路图采用 Protel DXP 2004、Multisim 10、Proteus、Keil C、STC–ISP 等软件绘制，保留了绘制软件中自带的电路符号，可能与国家标准符号不一致，读者可查阅相关资料。

　　由于编者水平有限，书中不足之处在所难免，诚望广大读者提出宝贵意见，以便修改和进一步完善。

编　者

# 二维码资源清单

（续）

| 名称 | 二维码图形 | 页码 | 名称 | 二维码图形 | 页码 |
|------|-----------|------|------|-----------|------|
| 电感器简介 | | 31 | 稳压管稳压电路 | | 57 |
| 电感器的特点和作用 | | 31 | 电位器 | | 58 |
| 电感器的检测 | | 36 | 世界上首个石墨烯制成的功能半导体问世 | | 75 |
| 电容器简介 | | 37 | 光电二极管 | | 76 |
| 电容器的特点和作用 | | 37 | 杭州工匠：中国"芯"的奋斗者梁骏 | | 82 |
| 电解电容器的检测 | | 40 | 集成电路概述 | | 82 |
| 桥式整流电路 | | 41 | 贴片元器件焊接常用工具 | | 103 |
| 整流桥的检测 | | 41 | 贴片元器件的手工焊接 | | 105 |
| 晶体管 | | 50 | 大国工匠：军工绣娘潘玉华 | | 116 |
| 晶体管的检测 | | 53 | 扬声器的检测 | | 119 |
| 稳压二极管 | | 56 | 直流稳压电源的使用 | | 120 |

（续）

| 名称 | 二维码图形 | 页码 | 名称 | 二维码图形 | 页码 |
|---|---|---|---|---|---|
| 数字式万用表的使用 | | 121 | 涂覆助焊剂 | | 150 |
| 指针式万用表的使用 | | 121 | 半自动锡膏印刷机工作过程 | | 157 |
| 数字示波器的使用 | | 123 | 贴片机的工作过程 | | 157 |
| 函数发生器的使用 | | 124 | 左转向测试 | | 178 |
| 数字毫伏表的使用 | | 126 | 右转向测试 | | 178 |
| 大国工匠：无线电通信设计师张路明 | | 145 | 调速测试 | | 179 |
| 手工浸焊 | | 150 | | | |

# 目 录 Contents

## 项目 2　红外线倒车雷达电路的制作　　75

# 项目 3 / 功率放大电路的制作 ·············· 116

# 项目 4 / 电动三轮车仪表指示电路自动化 生产工艺设计 ·············· 145

## 项目 5 　电子产品技术文件的编写及电子产品质量管理 ············ 181

## 参考文献 ······ 204

Contents, 目录

# 项目 1

# 直流稳压电源电路的制作

几乎所有的电子设备都需要稳定的直流电源，而人们所用的市电为 220V 的交流电，如何才能得到所需的稳定的直流电压？

直流稳压电源一般由电源变压器、整流电路、滤波电路和稳压电路四部分组成，其框图如图 1-1 所示，各部分作用介绍如下。

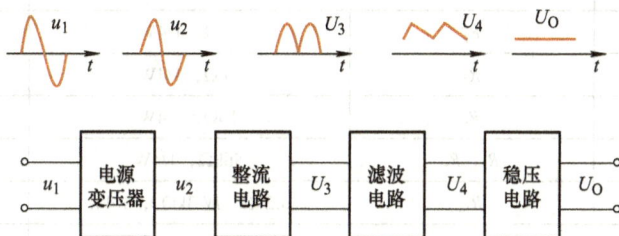

图 1-1  直流稳压电源的组成框图

电源变压器的作用是为用电设备提供所需的交流电压；整流电路和滤波电路的作用是把交流电变换成平滑的直流电；稳压电路的作用是克服电网电压、负载及温度变化所引起的输出电压的变化，提高输出电压的稳定性。

图 1-2 为一实用的串联型直流稳压电源电路原理图，图 1-3 为制作后的实物图，表 1-1 是串联型直流稳压电源元器件（材）明细表。

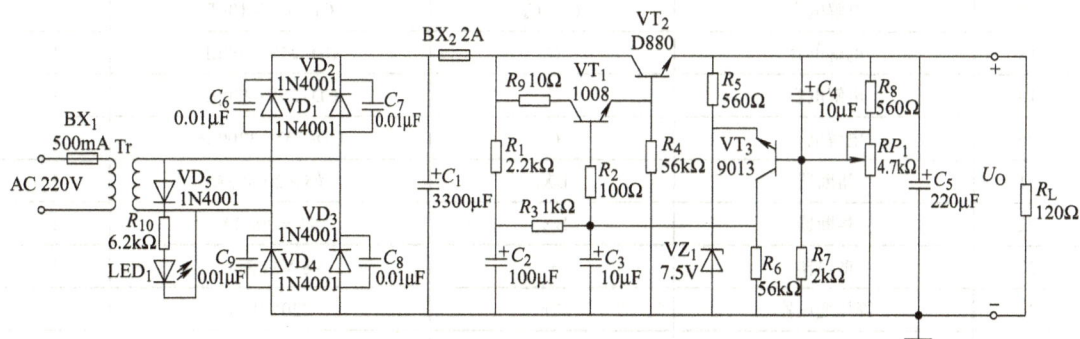

图 1-2  实用的串联型直流稳压电源电路原理图

图 1-3　串联型直流稳压电源的实物图

表 1-1　串联型直流稳压电源元器件（材）明细表

| 序号 | 名称 | 标号 | 型号规格 | 数量 |
|---|---|---|---|---|
| 1 | 金属膜电阻器 | $R_1$ | 2.2kΩ，1/4W | 1 |
| 2 | 金属膜电阻器 | $R_2$ | 100Ω，1/4W | 1 |
| 3 | 金属膜电阻器 | $R_5$、$R_8$ | 560Ω，1/4W | 2 |
| 4 | 金属膜电阻器 | $R_3$ | 1kΩ，1/4W | 1 |
| 5 | 金属膜电阻器 | $R_7$ | 2kΩ，1/4W | 1 |
| 6 | 金属膜电阻器 | $R_9$ | 10Ω，1/4W | 1 |
| 7 | 金属膜电阻器 | $R_4$、$R_6$ | 56kΩ，1/4W | 2 |
| 8 | 金属膜电阻器 | $R_{10}$ | 6.2kΩ（或 3kΩ），1/4W | 1 |
| 9 | 微调电位器 | $RP_1$ | WS-4.7kΩ | 1 |
| 10 | 整流二极管 | $VD_5$、$VD_1 \sim VD_4$ | 1N4001 或 1N4007 | 5 |
| 11 | 发光二极管 | $LED_1$ | $\phi5$，红色 | 1 |
| 12 | 稳压二极管 | $VZ_1$ | 1N4737（7.5V） | 1 |
| 13 | 晶体管 | $VT_3$ | 9013 | 1 |
| 14 | 晶体管 | $VT_1$ | 1008 | 1 |
| 15 | 晶体管 | $VT_2$ | D880 | 1 |
| 16 | 电容 | $C_6 \sim C_9$ | CC-63V-0.01μF | 4 |
| 17 | 电解电容 | $C_3$、$C_4$ | CD-16V-10μF | 2 |
| 18 | 电解电容 | $C_2$ | CD-25V-100μF | 1 |
| 19 | 电解电容 | $C_5$ | CD-25V-220μF | 1 |
| 20 | 电解电容 | $C_1$ | CD-25V-3300μF | 1 |
| 21 | 熔断器 | $BX_1$ | $\phi5 \times 20$-0.5A | 1 |
| 22 | 熔断器 | $BX_2$ | $\phi5 \times 20$-2A | 1 |
| 23 | 散热器 | — | 与 $VT_2$ 配套 | 1 |
| 24 | 降压变压器 | Tr | 220V/17V | 1 |
| 25 | 假负载 | $R_L$ | 120Ω，8W | 2 |
| 26 | 万能板或印制电路板 | — | 配套 | 1 |

## 任务 1.1　电源指示电路的制作

### 📖 学习目标

#### 1. 能力目标

1）能分析单相半波整流电路的工作原理。

2）能计算单相半波整流电路电压、电流。

3）能识别直插式电阻器，根据标志读取主要技术参数，用万用表检测其质量。

4）能根据外观识别普通二极管、发光二极管的极性，用万用表检测判别其极性及质量。

5）能正确焊接、拆焊通孔直插式元器件。

6）能对电源指示电路进行装配、调试和检测。

#### 2. 知识目标

1）掌握电子元器件分类。

2）了解电阻器的种类及外形。

3）掌握电阻器型号命名方法。

4）掌握电阻器的标志方法。

5）掌握电阻器的检测方法。

6）了解二极管的分类及外形。

7）掌握二极管的极性识别与检测方法。

8）了解电烙铁的分类，掌握电烙铁的使用方法。

9）掌握通孔插装式元器件的焊接方法。

10）掌握通孔插装式元器件的拆焊方法。

#### 3. 素质目标

1）培养主动学习的能力。

2）培养质量与成本意识。

### 1.1.1　电源指示电路原理分析

在实际应用中，经常用一个指示电路来指示 220V 市电的有无，图 1-4 为电源指示电路。此电路具有简单易做、用电安全、耗电甚微等特点。其中 $VD_6$ 主要用于单向整流，$LED_1$ 为单向导通的发光二极管，$R_{10}$ 作降压限流用。当电源处于正半周，经 $VD_6$ 整流，经电阻 $R_{10}$ 降压限流后，加到发光二极管 $LED_1$ 上，发光二极管发光。

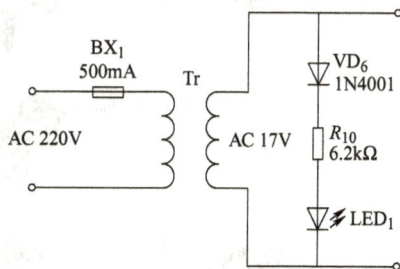

图 1-4　电源指示电路

## 1.1.2 电子元器件分类

### 1. 按组装工艺分

电子元器件按组装工艺分通孔插装元器件（Through Hole Component，THC）和表面贴装元器件（Surface Mounting Technology，SMT）。

通孔插装元器件是具有引脚的电子元器件（见图 1-5），其体积相对较大，印制电路板必须钻孔才能安装通孔插装元器件。

图 1-5　通孔插装元器件

表面贴装元器件又分为表面贴装器件（Surface Mounted Devices，SMD）、表面贴装元件（Surface Mount Component，SMC）。表面贴装元器件是一种无引脚或有极短引脚的小型标准化的元器件，如图 1-6 所示。

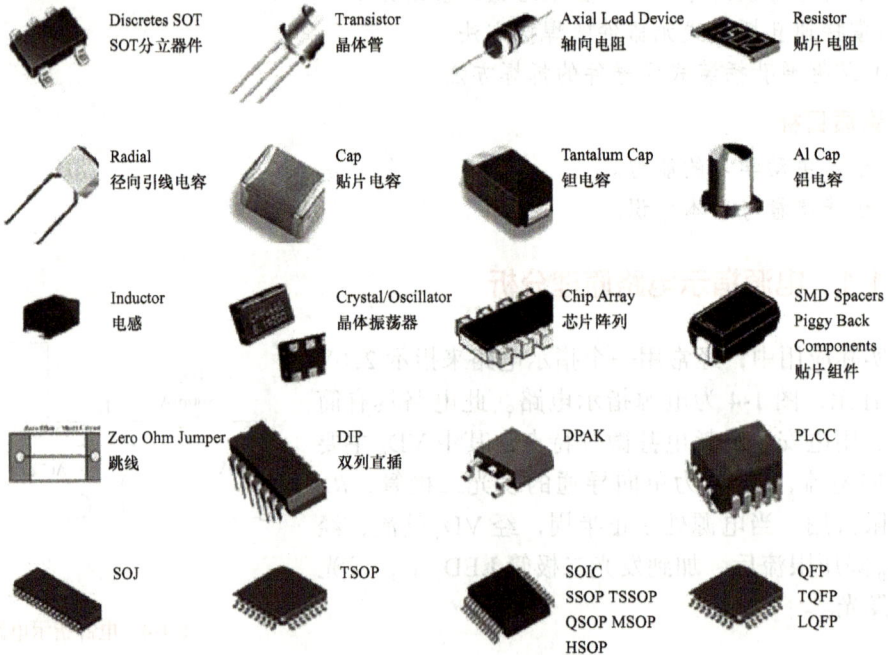

图 1-6　表面贴装元器件

### 2. 按能量转换特点分

按能量转换特点分有源器件和无源器件。通常称有源器件为"器件"，无源器件为"元件"。

有源器件在工作时，其输出除了需输入信号外，还必须有专门的电源。有源器件在电路中的作用主要是能量转换，如晶体管、集成电路等。

无源器件在工作时，不需要专门的电源，如电阻器、电容器、电感器及接插件。无源元件又可分为电抗元件及结构元件，而电抗元件又分为耗能元件和储能元件。电阻器是典型的耗能元件；电容器、电感器属于储能元件；电容器可储存电能，电感器可储存磁能，而开关、接插件属于结构元件。

## 1.1.3　电阻器的识别与检测

### 1. 电阻器概述

电阻（定义）：物体对通过的电流的阻碍作用称为电阻。利用这种阻碍作用做成的元件称为电阻器，简称电阻。用字母 $R$ 或 $r$ 表示。

> 微视频
> 电阻器简介

电阻器是一种耗能元件，在电路中用于稳定、调节、控制电压或电流的大小，起降压、限流偏置、耦合、匹配、取样、调节时间常数等作用。是电子产品中使用最多的基本元器件之一。

电阻的单位是欧姆（Ω）。除欧姆外，还有千欧（kΩ）、兆欧（MΩ）和毫欧（mΩ）。其换算关系为：$1k\Omega=10^3\Omega$；$1M\Omega=1000k\Omega=10^6\Omega$；$1m\Omega=10^{-3}\Omega$。

> 微视频
> 敏感电阻器

电阻的分类：按组成材料可分为碳膜、金属膜、合成膜和线绕电阻器等；按用途可分为通用电阻器和精密型电阻器等；按工作性能及电路功能分为固定电阻器、可变电阻器（电位器）、敏感电阻器三大类。

电阻器的种类、特点、外形及电路图形符号见表1-2。

表1-2　电阻器的种类、特点、外形及电路图形符号

| 种类 | 特点 | 外形 | 电路图形符号 |
|---|---|---|---|
| 固定电阻器 | 固定电阻器只有两根引脚沿中心轴线伸出，一般不区分正负 |  |  |
| 熔断电阻器 | 熔断电阻器具有电阻器和过电流保护双重作用，在电流较大的情况下熔丝熔断，从而保护整个设备不受损坏 |  |  |
| 压敏电阻器 | 压敏电阻器是敏感电阻器的一种。当两端所加电压在额定电压以内时，其电阻值几乎为无穷大，处于高阻状态，对受保护的电子元器件（或电路）没有影响；当两端所加电压稍微（瞬间过高）超过额定电压时，其电阻值急剧下降，立即处于导通状态，从而使电路短路，保护受保护电路或元器件。具有残压低、反应快、体积小等特点 |  |  |

（续）

| 种类 | 特点 | 外形 | 电路图形符号 |
|---|---|---|---|
| 热敏电阻器 | 热敏电阻器使用的材料通常是陶瓷或聚合物。正温度系统热敏电阻随温度升高阻值变大，负温度系数热敏电阻随温度升高阻值变小 | | |
| 湿敏电阻器 | 湿敏电阻器的电阻值随湿度的变化而变化，正系数湿敏电阻器的电阻值随湿度的增大而增大，负系数湿敏电阻器的电阻值随湿度的增大而减小 | | |
| 光敏电阻器 | 光敏电阻器是一种对光敏感的元器件，电阻值会随着外界光线的强弱发生变化 | | |
| 气敏电阻器 | 气敏电阻器是一种新型半导体元件，它能够利用金属氧化物半导体表面吸收某种气体分子，使电阻器的电阻值发生变化 | | |
| 水泥电阻器 | 水泥电阻器是采用陶瓷、矿质材料封装的电阻器件，其特点是功率大、电阻值小，具有良好的阻燃、防爆特性 | | |
| 可变电阻器 | 可变电阻器一般有三个引脚，由两个定片引脚和一个动片引脚组成，设有一个可动片，从而可改变电阻器的电阻值 | | |
| 排阻电阻器 | 排阻电阻器（简称排阻）是一种按一定规律排列的多个电阻器集成在一起的组合型电阻器 | | |
| 贴片电阻器 | 贴片电阻器一般两端为银白色，中间大部分为黑色，一般采用数标法表示 | | |

## 2. 电阻器型号命名方法

据国家标准 GB/T 2470—1995《电子设备用固定电阻器、固定电容器型号命名方法》的规定，国产电阻器的型号一般由四部分组成，各部分含义见表1-3。

表 1-3　电阻器的型号命名方法

| 第一部分 | | 第二部分 | | 第三部分 | | | 第四部分 |
|---|---|---|---|---|---|---|---|
| 用字母表示主称 | | 用字母表示材料 | | 用数字或字母表示分类 | | | 用数字表示序号 |
| 符号 | 意义 | 符号 | 意义 | 符号 | 意义 | | 意义 |
| | | | | | 电阻器 | 电位器 | |
| R | 电阻器 | T | 碳膜 | 1 | 普通 | 普通 | |
| W | 电位器 | J | 金属膜 | 2 | 普通 | 普通 | |
| M | 敏感电阻器 | X | 线绕 | 3 | 超高频 | | |
| | | I | 玻璃釉 | 4 | 高阻 | | |
| | | Y | 氧化膜 | 5 | 高温 | | |
| | | C | 沉积膜 | 6 | — | — | |
| | | S | 有机实心 | 7 | 精密 | 精密 | 生产序列号 |
| | | N | 无机实心 | 8 | 高压 | 特殊函数 | |
| | | H | 合成膜 | 9 | 特殊 | 特殊 | |
| | | G | 光敏 | G | 高功率 | | |
| | | | | T | 可调 | | |
| | | | | X | | 小型 | |
| | | | | W | | 微调 | |
| | | | | D | | 多圈 | |

命名方法如下。

```
        ┌第一部分┐┌第二部分┐┌第三部分┐┌第四部分┐
                                          序号(用数字表示)
                                  分类(用数字或字母表示)
                          材料(用字母表示)
                  主称(用字母表示)
```

例如：RT11 型为普通碳膜电阻；RJ52 型为金属膜高温电阻。

### 3. 电阻器主要技术参数

（1）标称阻值和允许偏差

标称阻值是指在电阻器表面所标示的阻值。目前电阻器标称阻值系列有 E6、E12、E24、E48、E96、E192 三大系列，其中 E24、E12、E6 三大标称阻值系列取值见表 1-4。

表 1-4　电阻器标称阻值系列

| 标称值系列 | 允许偏差 | 标称阻值 | | | | | | | |
|---|---|---|---|---|---|---|---|---|---|
| E24 | I 级<br>（±5%） | 1.0 | 1.1 | 1.2 | 1.3 | 1.5 | 1.6 | 1.8 | 2.0 |
| | | 2.2 | 2.4 | 2.7 | 3.0 | 3.3 | 3.6 | 3.9 | 4.3 |
| | | 4.7 | 5.1 | 5.6 | 6.2 | 6.8 | 7.5 | 8.2 | 9.1 |

（续）

| 标称值系列 | 允许偏差 | 标称阻值 | | | | | | | |
|---|---|---|---|---|---|---|---|---|---|
| E12 | Ⅱ级（±10%） | 1.0 | 1.2 | 1.5 | 1.8 | 2.2 | 2.7 | 3.3 | 3.9 |
| | | 4.7 | 5.6 | 6.8 | 8.2 | — | — | — | — |
| E6 | Ⅲ级（±20%） | 1.0 | 1.5 | 2.2 | 3.3 | 4.7 | 6.8 | — | — |

注：表 1-4 中数值乘以 $10^n$（其中 $n$ 为整数）即为系列阻值。

允许偏差：对具体的电阻器而言，其实际阻值与标称阻值之间有一定的偏差，这个偏差与标称阻值的百分比叫作电阻器的误差（允许偏差）。

用字母表示允许偏差见表 1-5。

**表 1-5  字母表示允许偏差**

| 符号 | E | X | Y | H | U | W | B |
|---|---|---|---|---|---|---|---|
| 允许偏差 | ±0.001 | ±0.002 | ±0.005 | ±0.01 | ±0.02 | ±0.05 | ±0.1 |
| 符号 | C | D | F | G | J | K | M |
| 允许偏差 | ±0.2 | ±0.5 | ±1 | ±2 | ±5 | ±10 | ±20 |

（2）额定功率

额定功率是指电阻器在正常大气压力及额定温度条件下，长期安全使用所能允许消耗的最大功率值。常用额定功率有 1/8W、1/4W、1/2W、1W、2W、5W、10W、25W 等。

电阻器的额定功率有两种表示方法：一是 2W 以上的电阻，直接用阿拉伯数字标注在电阻体上；二是 2W 以下的碳膜或金属膜电阻，可以根据其几何尺寸判断其额定功率的大小。

各种功率的电阻器在电路图中采用不同的符号表示，如图 1-7 所示。

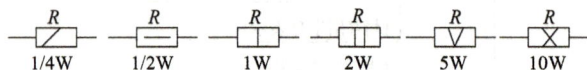

图 1-7  电阻器额定功率在电路图中的表示方法

（3）温度系数

温度系数是指温度每升高或（降低）1℃所引起的电阻的相对变化。温度系数越小，电阻器的稳定性越好。

**4. 电阻器的标志**

电阻器的标志方法主要有直标法、文字符号法、色标法和数码表示法。

微视频
电阻器的标志

（1）直标法

用阿拉伯数字和单位符号在电阻器的表面直接标出标称阻值和允许偏差的方法，如图 1-8 所示。

（2）文字符号法

将阿拉伯数字和字母符号按一定规律的组合来表示标称阻值及允许偏差的方法，如图 1-9 所示。多用在大功率电阻器上。

图 1-8    直标法

图 1-9    文字符号法

文字符号法规定：用于表示阻值时，字母符号 Ω（R）、k、M、G、T 之前的数字表示阻值的整数值，之后的数字表示阻值的小数值，字母符号表示小数点的位置和阻值单位。

例：$\Omega47 \rightarrow 0.47\Omega$    $4R7 \rightarrow 4.7\Omega$    $4k7 \rightarrow 4.7k\Omega$    $4M7 \rightarrow 4.7M\Omega$    $4G7 \rightarrow 4.7G\Omega$

（3）色标法

色标法是用色环或色点在电阻器表面标出标称阻值和允许偏差的方法，颜色规定见表 1-6。

色标法又分为四色环色标法和五色环色标法，分别如图 1-10a、b 所示。普通电阻器大多用四色环色标法来标注，四色环的前两色环表示阻值的有效数字，第三条色环表示阻值倍率，第四条色环表示阻值允许误差范围。精密电阻器大多用五色环法来标注，五色环的前三条色环表示阻值的有效数字，第四条色环表示阻值倍率，第五色环表示允许误差范围。

| 颜色 | 第一有效数 | 第二有效数 | 倍率 | 允许偏差 |
|---|---|---|---|---|
| 黑 | 0 | 0 | $10^0$ | |
| 棕 | 1 | 1 | $10^1$ | |
| 红 | 2 | 2 | $10^2$ | |
| 橙 | 3 | 3 | $10^3$ | |
| 黄 | 4 | 4 | $10^4$ | |
| 绿 | 5 | 5 | $10^5$ | |
| 蓝 | 6 | 6 | $10^6$ | |
| 紫 | 7 | 7 | $10^7$ | |
| 灰 | 8 | 8 | $10^8$ | |
| 白 | 9 | 9 | $10^9$ | ~-20%~+50% |
| 金 | | | $10^{-1}$ | ±5% |
| 银 | | | $10^{-2}$ | ±10% |
| 无色 | | | | ±20% |

a)

| 颜色 | 第一有效数 | 第二有效数 | 第三有效数 | 倍率 | 允许偏差 |
|---|---|---|---|---|---|
| 黑 | 0 | 0 | 0 | $10^0$ | |
| 棕 | 1 | 1 | 1 | $10^1$ | ±1% |
| 红 | 2 | 2 | 2 | $10^2$ | ±2% |
| 橙 | 3 | 3 | 3 | $10^3$ | |
| 黄 | 4 | 4 | 4 | $10^4$ | |
| 绿 | 5 | 5 | 5 | $10^5$ | ±0.5% |
| 蓝 | 6 | 6 | 6 | $10^6$ | ±0.25% |
| 紫 | 7 | 7 | 7 | $10^7$ | ±0.1% |
| 灰 | 8 | 8 | 8 | $10^8$ | |
| 白 | 9 | 9 | 9 | $10^9$ | |
| 金 | | | | $10^{-1}$ | |
| 银 | | | | $10^{-2}$ | |

b)

图 1-10    色标法

a）四色环色标法    b）五色环色标法

表 1-6　电阻器颜色与有效数字、倍率及允许偏差之间的关系

| 颜色 | 有效数字 | 倍率 | 允许偏差（%） | 颜色 | 有效数字 | 倍率 | 允许偏差（%） |
|---|---|---|---|---|---|---|---|
| 棕色 | 1 | $10^1$ | ±1 | 灰色 | 8 | $10^8$ | — |
| 红色 | 2 | $10^2$ | ±2 | 白色 | 9 | $10^9$ | ±（20～50） |
| 橙色 | 3 | $10^3$ | — | 黑色 | 0 | $10^0$ | |
| 黄色 | 4 | $10^4$ | — | 金色 | — | $10^{-1}$ | ±5 |
| 绿色 | 5 | $10^5$ | ±0.5 | 银色 | — | $10^{-2}$ | ±10 |
| 蓝色 | 6 | $10^6$ | ±0.2 | 无色 | — | — | ±20 |
| 紫色 | 7 | $10^7$ | ±0.1 | | | | |

例：色标为黄紫橙金色的电阻器阻值为 $47×10^3Ω(±5\%)=47kΩ(±5\%)$。

（4）数码表示法

用三位数表示电阻器标称阻值的方法称为数码表示法，如图 1-11 所示。数码表示法规定：第一、二位数表示阻值的有效数字，第三位数表示阻值倍率，单位为欧姆（Ω）。数码表示法一般用于片状电阻的标注，一般只将阻值标注在电阻表面，其余参数予以省略。

例如：103 → $10×10^3Ω=10000Ω=10kΩ$

182 → $18×10^2Ω=1800Ω=1.8kΩ$

图 1-11　数码表示法

微视频　色环电阻器的检测

### 5. 电阻器的检测

一般来说电阻大体上可分为低值电阻（1Ω 以下）、中值电阻（1Ω～100kΩ）和高值电阻（100kΩ 以上）三种。检测电阻的仪表较多，用万用表测量的测量精度不是太理想，但是因为其测量方法简单而被广泛应用。

微视频　光敏电阻器的检测

各种电阻器一般通过检测电阻值可判断其质量是否良好，检测结果若在其误差值范围内则为正常，否则为损坏。其损坏现象有两种：一是检测结果超出标称值许多，为变质或质量不合格；二是检测结果无穷大，为断路。

微视频　热敏电阻器的检测

## 1.1.4　二极管的识别与检测

半导体是指导电性能介于导体和绝缘体之间的物质，是一种具有特殊性质的物质。它的种类繁多，这里先介绍半导体二极管。

半导体二极管由一个PN结、电极引线和外加密封管壳制成，具有单向导电性。其结构及电路图形及文字符号如图1-12所示。

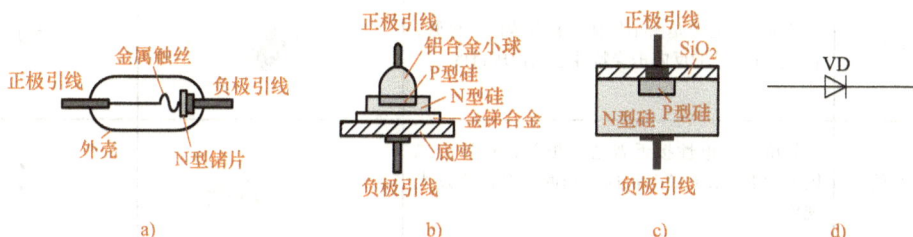

图1-12 二极管的结构及电路符号

a）点接触型 b）面接触型 c）平面型 d）电路图形及文字符号

### 1. 二极管的分类

（1）二极管按结构分

可分为点接触型和面接触型两种。点接触型二极管常用于检波、变频等电路；面接触型主要用于整流等电路中。

（2）二极管按材料分

可分为锗二极管和硅二极管。锗管正向压降为0.2～0.3V，硅管正向压降为0.5～0.7V。

（3）二极管按用途分

可分为普通二极管、整流二极管、开关二极管、发光二极管、变容二极管、稳压二极管、光电二极管等。

二极管是典型的半导体元器件，具有单向导电的特性，通过二极管的电流只能沿一个方向流动。一般在二极管的管壳上都标有极性，二极管极性接错有可能烧坏二极管以及其他元器件。常见二极管的种类、特点、外形及电路图形符号见表1-7。

表1-7 二极管的种类、特点、外形及电路图形符号

| 种类 | 特点 | 外形 | 电路图形符号 |
|---|---|---|---|
| 整流二极管 | 将交流电流整流成为直流的二极管称作整流二极管，主要用于整流电路中，其功能是把交流电变为直流电 |  |  |
| 检波二极管 | 检波二极管主要功能是将调制在高频载波的低频信号检测出来，具有较高的检波效率和良好的频率特性 |  |  |
| 开关二极管 | 开关二极管一般应用于脉冲数字电路中，用于接通和断开电路。其特点是反向恢复时间短，能满足高频和超高频电路的需要 |  |  |

(续)

| 种类 | 特点 | 外形 | 电路图形符号 |
|---|---|---|---|
| 稳压二极管 | 稳压二极管也是由半导体材料制成的二极管，它利用 PN 结的反向击穿特性达到稳压目的 | 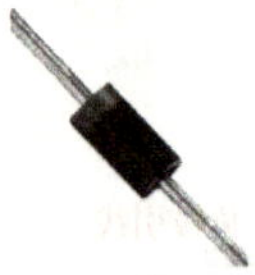 |  |
| 发光二极管 | 其单向导电性接近普通二极管，在发光二极管的 PN 结上加上正向电压时，会产生发光现象 |  | 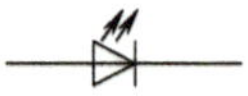 |
| 光电二极管 | 光电二极管在光线照射下反向电阻会由大变小。光电二极管的外壳有能射入光线的窗口，光线可以通过该窗口照射到管芯上 |  |  |
| 变容二极管 | 变容二极管是利用 PN 结空间电荷具有电容器特性的原理制成的特殊二极管，其主要的特性是其电容量随反向偏压变化而变化 |  |  |
| 双向触发二极管 | 双向触发二极管的特点是在超过特定电压时会导通。常用来触发双向晶闸管，或用于过电压保护、定时、移相电路。它的正、反向伏安特性完全对称 |  | 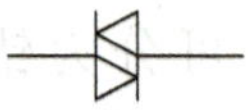 |

### 2. 二极管的主要技术参数

不同类型的二极管有不同的特性参数。

（1）最大正向电流 $I_F$

指二极管长期运行时，允许通过的最大正向平均电流。

（2）最高反向工作电压 $U_{RM}$

指正常工作时，二极管所能承受的反向电压的最大值。一般手册上给出的最高反向工作电压约为击穿电压的一半，以确保二极管安全运行。

（3）最高工作频率 $f_M$

指二极管在能保持良好工作性能条件下的最高工作频率。

（4）反向饱和电流 $I_S$

指在规定的温度和最高反向电压作用下，未击穿时流过二极管的反向电流。反向饱和电流越小，二极管单向导电性能越好。

### 3. 普通二极管极性识别与检测

（1）通过外观标识二极管极性

1）观察外壳上的符号标记。

通常在二极管的外壳上标有二极管的符号，带有三角形箭头的一端为正极，另一端是负极，如图 1-13 所示。

2）观察外壳上的色环。

在一些二极管的外壳上标色环，带色环的一端则为负极，如图 1-14 所示。

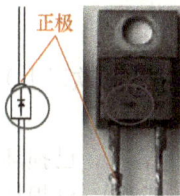

图 1-13    二极管的极性识别 1

图 1-14    二极管的极性识别 2

（2）用万用表检测判别极性及质量

用指针式万用表进行测量时，以阻值较小的一次测量为准，黑表笔所接的一端为正极，红表笔所接的一端则为负极。测量过程如下：选择电阻 $R \times 100\Omega$ 或 $R \times 1k\Omega$ 档，进行欧姆调零，然后将红、黑表笔分别接二极管的两个电极，若测得的电阻值很小（几千欧以下），则黑表笔所接电极为正极，红表笔所接电极为负极；若测得的阻值很大（几百千欧以上），则黑表笔所接电极为负极，红表笔所接电极为正极，如图 1-15 所示。

a)                    b)                    c)

图 1-15    用指针式万用表判别二极管的极性

a）万用表欧姆调零    b）电阻值小    c）电阻值大

用数字式万用表进行测量时，如图 1-16 所示。把万用表打到二极管测试档进行测试，所测显示电压为 $0.5 \sim 0.8V$，则所测为正向偏置，红表笔所接为正极、黑表笔所接为负极；所测显示为"1"，为反向偏置。

a)                    b)                    c)

图 1-16    用数字式万用表判别二极管的极性

a）打在二极管测试档    b）正向偏置    c）反向偏置

使用中较为严格的二极管或特殊二极管，还要检测它的其他参数，如额定功率、最高工作电压、稳压值等。

（3）二极管质量的判定

测量方法参见用指针式万用表判别二极管的正负极。

● 若测得的正向电阻很小（几千欧以下），反向电阻很大（几百千欧以上），表明二极管性能良好。

● 若测得的正向电阻和反向电阻都很小，表明二极管短路（击穿），已损坏。

● 若测得的正向电阻和反向电阻都很大，表明二极管断路（开路），已损坏。

● 若测得反向电阻变小（即有一定的阻值，称为漏电电阻），表明二极管单向导电性能变差。

二极管损坏造成的故障种类和特征见表 1-8。

表 1-8　二极管故障种类和特征

| 故障种类 | 故障特征 |
| --- | --- |
| 断路（开路）故障 | 指二极管正向和反向电阻均为无穷大。二极管开路后，电路处于开路状态，二极管负极没有电压输出 |
| 击穿（短路） | 指二极管正向和反向电阻一样大或接近（为零或远小于几千欧）。二极管击穿后，负极没有正常的信号输出，有的会出现过电流故障 |
| 正向电阻变大故障 | 指二极管正向电阻很大（几十千欧）。正向电阻变大后，二极管单向导电性变差。信号在二极管的压降增大，造成负极输出电压下降，二极管会因发热而损坏 |
| 反向电阻变小故障 | 指二极管反向电阻不太大（远小于几百千欧）。反向电阻变小后，二极管单向导电性变差，电路稳定性变差 |

若用数字式万用表的二极管档进行检测，不同材料的二极管，正向压降值不同，一般锗管为 0.150 ～ 0.300V，硅管为 0.400 ～ 0.700V。

若显示屏显示"0000"，则表明二极管已短路；若显示"OL"或"超载"，则说明二极管内部断路（开路）或处于反向状态，此时可交换红、黑表笔再测。

## 1.1.5　发光二极管的识别与检测

### 1. 发光二极管的结构、符号和伏安特性

发光二极管（Light Emitting Diode，LED）是一种把电能直接转换成光能的固体发光器件。发光二极管也是由 PN 结构成的，具有单向导电性，当发光二极管加上正向电压时能发出一定波长的光，采用不同的材料，可发出红、黄、绿等不同颜色的光。图 1-17 所示为发光二极管外形及其电路图形符号。

微视频
发光二极管的结构和原理

由于发光二极管体积小、可靠性高、耗电省、寿命长，被广泛用于信号指示等电路中。发光二极管工作在正向偏置状态。发光二极管的开启电压通常称作正向电压，它取决于制作材料。发光二极管工作时导通电压比普通二极管大，其工作电压随材料的不同而不同，一般为 1.7 ～ 2.4V；蓝、白、紫色发光二极管可达 3V 以上。发光二极管的工作电流一般为 2 ～ 25mA。

### 2. 发光二极管的检测

一般可使用以下几种方法判断发光二极管的正负极和性能质量。

（1）观察法

如图 1-18 所示，一般发光二极管两引脚中，较长的是正极，较短的是负极。对于透明或半透明塑封发光二极管，可以用肉眼观察到它内部电极的形状，正极的内电极较小，负极的内电极较大。

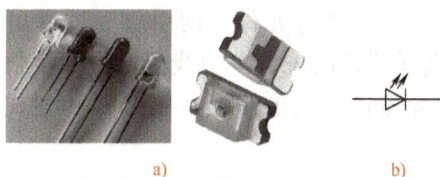

图 1-17　发光二极管外形及电路图形符号

a）外形　b）电路图形符号

图 1-18　发光二极管的极性判别

（2）万用表测量法

普通发光二极管工作在正偏状态。

指针式万用表检测：一般用万用表 $R \times 10k\Omega$ 档，方法和普通二极管一样，一般正向电阻为 $15k\Omega$ 左右，反向电阻为无穷大，如图 1-19 所示。正反电阻若接近 0，说明它已击穿损坏；若均为无穷大，说明它已开路损坏；若反向阻值远小于 $500k\Omega$，则说明它已漏电损坏。

此种检测方法，不能实地看到发光二极管的发光情况，因为 $R \times 10k\Omega$ 档不能向发光二极管提供较大正向电流。若用指针式万用表 $R \times 1k\Omega$ 档测量发光二极管的正、反向电阻值，则会发现其正、反向电阻值均接近无穷大，这是因为发光二极管的正向压降大于 1.6V（高于万用表 $R \times 1k\Omega$ 档内电池的电压值 1.5V）的缘故。

数字式万用表检测：用数字式万用表的 $R \times 20M\Omega$ 档，测量它的正、反向电阻值。正常时，正向电阻小于反向电阻。较高灵敏度的发光二极管，用数字式万用表小量程电阻档测量它的正向电阻时，管内会发微光，所选的电阻量程越小，管内发出的光越强。或用数字式万用表的二极管档测量它的正向导通压降，正常值为 1.5～1.7V，且管内会有微光，如图 1-20 所示。红色发光二极管约为 1.6V，黄色约为 1.7V，绿色约为 1.8V。

**注意**：蓝、白、紫色发光二极管为 3～3.2V，测量时要考虑到万用表内电池电压的大小，否则会出现误判。

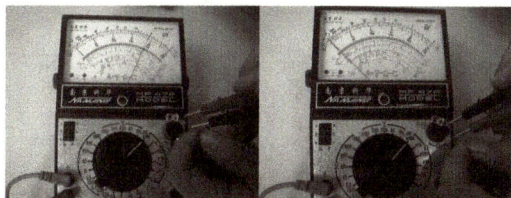

图 1-19　用指针式万用表判别发光二极管的极性

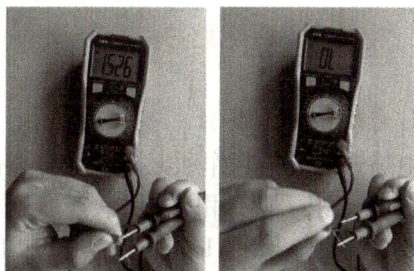

图 1-20　用数字式万用表判别发光二极管的极性

## 1.1.6 元器件引脚成形

电子元器件的插装方法有手工插装和自动插装两种。

在印制电路板上插装元器件的原则：①电阻、电容、晶体管和集成电路的插装应使标记和色码朝上，易于辨认；②有极性的元器件由极性标记方向决定插装方向；③插装顺序应该先轻后重、先里后外、先低后高；④元器件间的间距不能小于 1mm。

两引脚的元器件主要是指电阻、电容、电感、二极管等元件。两引脚元器件可用跨接、立、卧等方法焊接，并要求受振动时不能移动元器件的位置。引线折弯成形要根据焊点之间的距离做成需要的形状。手工插装焊接的元器件引线加工形状有卧式和立式，如图 1-21 所示。

引脚成形要求：①引线不应该在根部弯曲，引线折弯处距离根部至少要有 2mm，弯曲半径不小于引线直径的两倍；②弯曲后的两根引线要与元件本体垂直；③元器件的符号标志方向应一致。

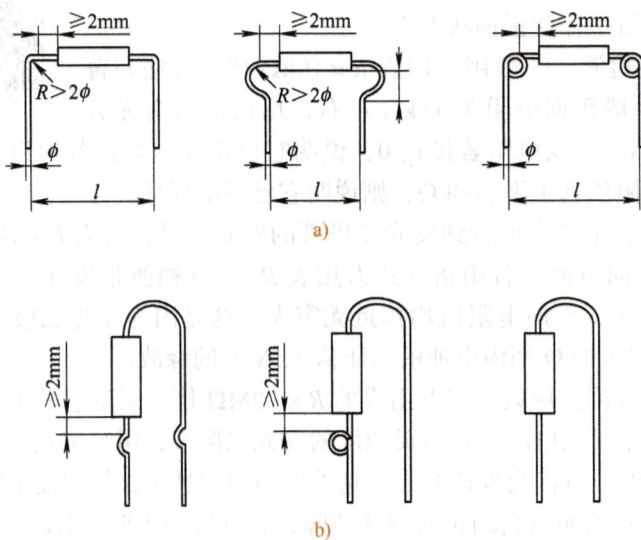

图 1-21 两引脚的元器件成形
a）卧式 b）立式

## 1.1.7 认识电烙铁

### 1. 电烙铁的分类

电烙铁是电子制作和电器维修的必备工具，主要用途是焊接元器件及导线，最常用的电烙铁按加热方式不同可以分为内热式和外热式两种，如图 1-22 所示；按功能可分为普通电烙铁和吸锡式电烙铁，如图 1-22 和图 1-23 所示。

微视频
认识电烙铁

图 1-22　普通电烙铁

a）内热式电烙铁　b）外热式电烙铁

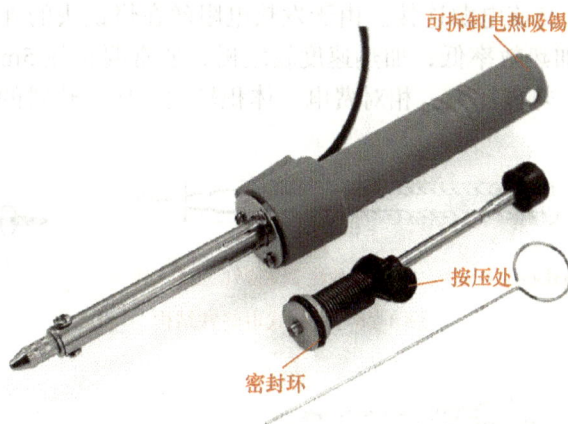

可拆卸电热吸锡

按压处

密封环

图 1-23　吸锡式电烙铁

（1）内热式电烙铁

内热式电烙铁结构如图 1-24 所示，由烙铁头、烙铁心、外壳、手柄、接线柱、电源引线、插头等部分组成。内热式电烙铁的烙铁心（图 1-25）由电热丝绕在一根陶瓷棒上面，外面再套上陶瓷管绝缘，使用时烙铁头套在陶瓷管外面，热量从内部传到外部的烙铁头上，所以称作内热式。它具有发热快、体积小、质量小和耗电低等特点。由于烙铁心安装在烙铁头里面，因而发热快、热利用率高、能量转换效率高，可达到 85%～90%，一般功率小于 50W，常见的有 20～30W。缺点：烙铁心比较容易烧坏，寿命较短，且不易修复，需更换烙铁心。

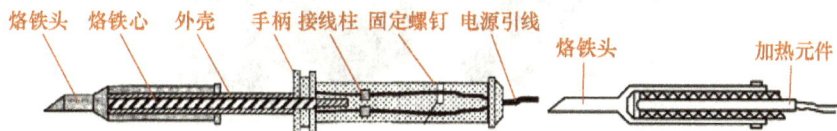

烙铁头　烙铁心　外壳　手柄　接线柱　固定螺钉　电源引线　　烙铁头　　加热元件

图 1-24　内热式电烙铁结构

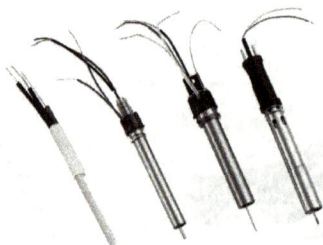

图 1-25　内热式电烙铁烙铁心

（2）外热式电烙铁

外热式电烙铁结构如图 1-26 所示，由烙铁头、烙铁心、外壳、手柄、接线柱、电源引线、插头等部分组成。其发热元件烙铁心（图 1-27）包在烙铁头外面。烙铁心是电烙铁的关键部件，它是将电热丝平行地绕制在一根空心瓷管上构成的，中间的云母片绝缘，并引出两根导线与 220V 交流电源连接。由于发热电阻丝在烙铁头的外面，有大部分的热散发到外部空间，所以加热效率低，加热速度较缓慢，通常要预热 5min 左右才能焊接。优点是寿命较长。缺点：热损耗大、相对费电、体积较大、比内热式的质量大。

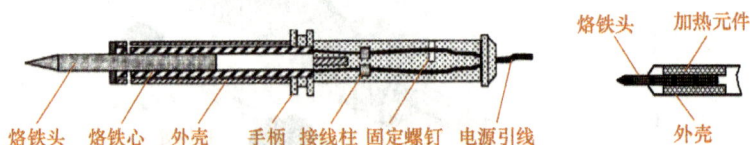

烙铁头　烙铁心　外壳　手柄　接线柱　固定螺钉　电源引线

烙铁头　加热元件

外壳

图 1-26　外热式电烙铁结构

图 1-27　外热式电烙铁烙铁心

2. 恒温电烙铁的使用和保养

恒温电烙铁也叫调温式电烙铁，在普通电烙铁的基础上增加一个功率控制器，使用时可以改变电功率的大小，从而改变烙铁头的温度，恒温电烙铁外形如图 1-28 所示。由于烙铁头始终保持在适于焊接的温度范围内，钎料不易氧化，因此可减少虚焊，提高焊接质量；电烙铁也不会产生过热现象，从而延长使用寿命，同时防止被焊接的元器件因温度过高而损坏。因此，恒温电烙铁使用越来越广泛。

图 1-28　恒温电烙铁

（1）恒温电烙铁的使用

恒温电烙铁的使用，参见图1-29。

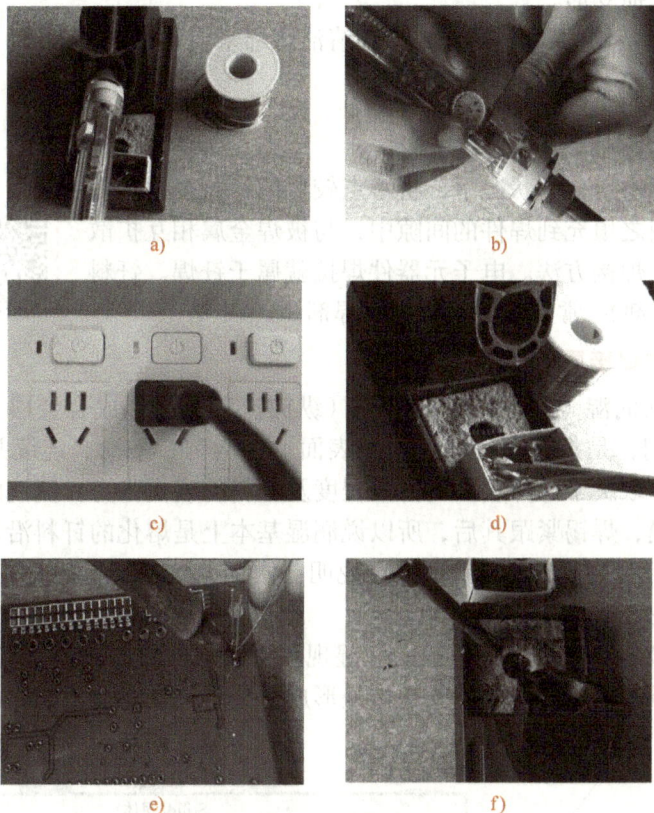

图1-29 恒温电烙铁的使用

a）准备电烙铁及辅助材料 b）调节温度 c）插上电源 d）电烙铁上锡 e）焊接 f）擦除杂质

1）准备好电烙铁及需要的辅助材料，如烙铁架、焊锡、松香、湿的海绵等。

2）根据焊接元器件的不同，调节电烙铁的设定温度。

3）插上电源加热，初次使用时，如有冒烟是正常现象。

4）如是新的电烙铁，当温度升到200℃左右时，用电烙铁融化松香，并在烙铁头上上锡。

5）达到设定温度后即可融化焊锡进行焊接。

6）焊接过程中如烙铁头上有杂质，可用湿的清洁海绵进行擦除。

（2）电烙铁的保养

掌握烙铁正确的使用方法和良好清洁保养习惯不但可以保证良好的焊接质量，而且可延长烙铁头的寿命，具体方法如下。

1）烙铁架中海绵应保持干净，并注入适当的水分，保持海绵潮湿即可。

2）在间隔使用情况下（即停止一段时间后再使用），使用前，烙铁头必须清理擦拭后再使用，避免焊锡氧化，造成焊点不良。

3）当不使用烙铁时，应及时关闭烙铁电源，最好拔掉插头。使用后，应待烙铁头温度稍微降低后再加上新焊锡，使镀锡层有更佳的防氧化效果。

4）焊接时，只要烙铁头能充分接触焊点，热量就可以传递。勿在焊点上施压过大，否则会使烙铁头受损变形。

5）如果焊头不上锡，可利用焊锡丝和清洁海绵来清洁烙铁头表面。

## 1.1.8　通孔插装式元器件焊接

钎焊是在焊件不熔化的状况下，将熔点较低的钎料金属加热至熔化状态，并使之填充到焊件的间隙中，与被焊金属相互扩散达到金属间结合的焊接方法。电子元器件焊接就属于钎焊。钎料为焊锡（可带助焊剂），常选用松香作为助焊剂。

微视频
锡焊原理

### 1. 焊接过程和焊接质量

焊接过程包括润湿（横向流动）、扩散（纵向流动）和形成合金层（界面层）三个层次。润湿又称浸润，是指熔融钎料在金属表面形成均匀、平滑、连续并附着牢固的钎料层。浸润程度主要取决于焊件表面的清洁程度及钎料的表面张力。流淌的过程一般是松香在前面清除氧化膜，焊锡紧跟其后，所以说润湿基本上是熔化的钎料沿着物体表面横向流动。润湿的好坏用润湿角表示，小于 90° 说明已浸润，接近 90° 时说明半浸润，大于 90° 完全不浸润，如图 1-30 所示。

伴随着熔融钎料在被焊面上扩散的润湿现象还出现钎料向固体金属内部扩散的现象。扩散的结果使锡原子和被焊金属铜的交接处形成合金层，从而形成牢固的焊接点。

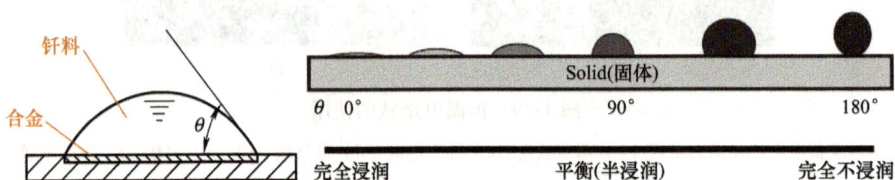

图 1-30　浸润角及不同的浸润状态

焊接的质量好坏主要取决于下列要素。

（1）焊接母材的可焊性

所谓可焊性，是指液态钎料与母材之间应能互相溶解，即两种原子之间要有良好的亲和力。为了提高可焊性，一般采用表面镀锡、镀银等措施。

（2）焊接部位清洁程度

钎料和母材表面必须"清洁"，即指钎料与母材两者之间没有氧化层、没有污染。当钎料与被焊接金属之间存在氧化物或污垢时，会阻碍熔化的金属原子的自由扩散，就不会产生润湿作用。氧化是产生"虚焊"的主要原因之一。

可通过添加适当的助焊剂（松香、松香酒精溶液、氯化锌溶液等）提高助焊能力。助焊剂可破坏氧化膜、净化焊接面，使焊点光滑、明亮。

### 2. 钎料

钎料是易熔金属，它的熔点低于被焊金属，其作用是在熔化时能在被焊金属表面形成合金而将被焊金属连接到一起。按钎料成分区分，有锡铅钎料、银钎料、铜钎料等，在一般电子产品装配中主要使用锡铅钎料，俗称焊锡。手工烙铁焊常用管状焊锡丝，如图1-31所示。

### 3. 焊剂

金属表面同空气接触后会生成一层氧化膜，氧化膜会阻止液态焊锡对金属的润湿作用。焊剂的作用就是去除焊接面的氧化膜，防止氧化，减小液态焊锡的表面张力，增加流动性，有助于焊锡润湿焊件，因此，焊剂也称助焊剂。焊点焊接完毕后，助焊剂会浮在钎料表面，形成隔离层，防止焊接面的氧化。助焊剂分为助焊膏、松香。不同的焊件，需要采用不同的助焊剂，在电子产品中主要采用松香作为助焊剂（图1-32）。为焊接方便，管状焊锡丝中已含有助焊剂。因此，松香助焊剂主要在补焊、修整焊点时使用。

图1-31 管状焊锡丝          图1-32 松香助焊剂

### 4. 通孔插装式元器件的操作过程

掌握正确的操作姿势，可以保证操作者的身心健康，减轻劳动伤害。为减少焊剂加热时挥发出的化学物质对人体的危害，减少有害气体的吸入量，一般情况下，烙铁到鼻子的距离应该不少于20cm，通常以30cm为宜。

掌握好电烙铁的温度和焊接时间，选择恰当的烙铁头和焊点的接触位置，才可能得到良好的焊点。正确的手工焊接操作过程可以分成五个步骤，如图1-33所示。

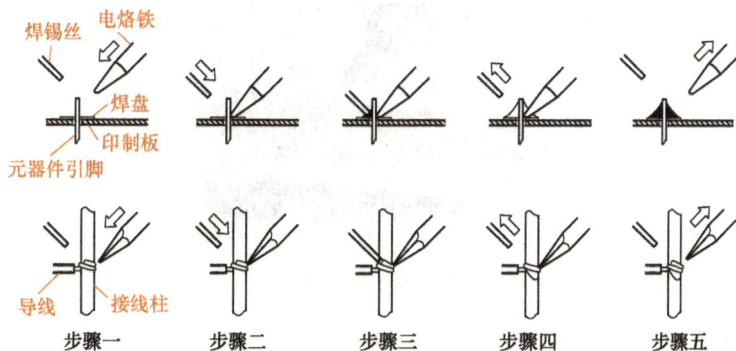

图1-33 手工焊接的基本操作步骤

1）准备施焊（见图1-34）。左手拿焊丝，右手握烙铁，进入备焊状态。要求烙铁头保持干净，无焊渣等氧化物，并在表面镀有一层焊锡。

微视频
直插式元器件的焊接

2）加热焊件（见图1-35）。烙铁头靠在两焊件的连接处，加热整个焊件，时间为1～2s。对于在印制板上焊接元器件来说，要注意使烙铁头同时接触两个被焊接物。例如，图1-35中的元件引线与焊盘要同时均匀受热。

图1-34　准备施焊

图1-35　加热焊件

3）送入焊丝（见图1-36）。焊件的焊接面被加热到一定温度时，焊锡丝从烙铁对面接触焊件。

**注意：** 不要把焊锡丝送到烙铁头上！

4）移开焊丝（图1-37所示）。当焊丝熔化一定量后，立即向左上45°方向移开焊丝。

图1-36　送入焊丝

图1-37　移开焊丝

5）移开烙铁（见图1-38）。焊锡浸润焊盘和焊件的施焊部位以后，向右上45°方向移开烙铁，结束焊接。从第3）步开始到第5）步结束，时间也是1～2s。

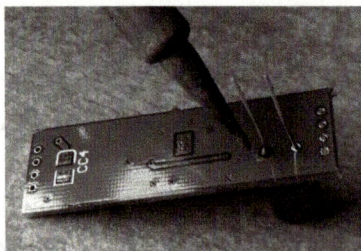

图1-38　移开烙铁

### 5. 焊接时注意事项

1）烙铁头的温度要适当。一般来说，将烙铁头放在松香块中，熔化较快又不冒烟时的温度较为适宜。

2）电烙铁焊接时间要适当。从加热焊接点到钎料熔化并流满焊接点，一般应在几秒钟内完成。如果焊接时间过长，则焊接点上的焊剂完全挥发，就失去了助焊作用。而焊接时间过短则焊接点的温度达不到焊接温度，钎料不能充分熔化，容易造成虚焊。

　　3）钎料与焊剂使用要适量。钎料以流满焊盘为原则。若使用钎料过多，一方面造成焊点过于饱满，另一方面造成钎料的浪费；若使用的焊剂过多，则易在引脚周围形成绝缘层，造成引脚与管座之间的接触不良。反之，钎料和焊剂过少易造成虚焊。

　　4）电烙铁焊接过程中不要触动焊接点。在焊接点上的钎料尚未完全凝固时，不应移动焊接点上的被焊器件及导线，否则焊接点要变形，出现虚焊现象。

　　5）电烙铁焊接时不应烫伤周围的元器件及导线。焊接时注意，不要使电烙铁烫伤周围导线的塑胶绝缘层及元器件的表面，尤其是焊接结构比较紧凑、形状比较复杂的产品。

　　6）焊接完成及时做好焊接后的清除工作。焊接完毕后，应将剪掉的导线头及焊接时掉下的锡渣等及时清除，防止落入产品内部，带来隐患。

## 1.1.9　拆焊

　　拆焊也叫解焊，是焊接的相反操作。焊接完毕的元器件需要替换、调试、维修时，首先要将焊点解开，实质上是熔化焊锡、移走焊锡、卸下元器件的过程。

微视频
手动吸锡器拆焊

### 1. 常用的拆焊工具

　　常用的拆焊工具是吸锡器，其主要有以下几种：空心针头、金属编织网、手动吸锡器、电热吸锡器、电动吸锡枪、双用吸锡电烙铁、热风拆焊器等。常见的吸锡器实物及正确使用方法如下。

　　（1）空心针头

　　空心针头如图 1-39 所示，拆除元器件原理是利用空心针头与电烙铁配合来分离多引脚电子元器件的引脚与印制电路板的焊盘。使用时，根据元器件引脚的粗细选用合适的空心针头，建议常备 8～24 号针头各一只。

　　（2）手动吸锡器

　　手动吸锡器如图 1-40 所示，使用时，先把吸锡器末端的滑杆压入，直至听到"咔"声，则表明吸锡器已被锁定。再用烙铁对焊点加热，使焊点上的焊锡熔化，同时将吸锡器靠近焊点，按下吸锡器上面的按钮即可将焊锡吸上。若一次未吸干净，可重复上述步骤。手动吸锡器在使用一段时间后必须清理，否则内部活动的部分或头部会被焊锡卡住。

图 1-39　空心针头

图 1-40　手动吸锡器

（3）电动吸锡枪

电动吸锡枪如图 1-41 所示。主要由真空泵、加热器、吸锡头及容锡室等组成，是集电动、电热吸锡于一体的新型除锡工具，且吸锡头有多种规格可供选择使用。电动吸锡枪的使用方法是：吸锡枪接通电源后，经过 5 ～ 10min 预热，当吸锡头的温度升到最高时，用吸锡头贴紧焊点使焊锡熔化，同时将吸锡头内孔一侧贴在引脚上，并轻轻拨动引脚，待引脚松动、焊锡充分熔化后，扣动扳机吸锡即可。

### 2. 拆焊操作的原则

拆焊技术适用于拆除误装的元器件及引线，在维修时需要更换的元器件等，在调试结束后临时安装的元器件或导线等。拆焊操作的基本原则：拆焊时不能损坏需拆除的元器件及导线；不能损坏焊盘和印制板上的铜箔等；最好不要移动其他元器件或导线。

### 3. 拆焊操作要点

严格控制加热的温度和时间。加热的温度过高或时间过长都有可能导致元器件损坏或铜箔脱落；而温度过低或时间过短就根本不能进行拆焊。拆焊时不要用力过猛，要借助工具，避免过力地拉、摇、扭元器件，这样都会损坏元器件和焊盘，尤其是塑料器件。

（1）用电烙铁直接拆除元器件

引脚比较少的元器件，如电阻、二极管、晶体管、稳压管等具有 2 ～ 3 个引脚的元器件，可用电烙铁直接加热元器件引脚，用镊子将元器件取下。

（2）用空心针头拆除元器件

用空心针头拆除元器件方法如下（参见图 1-42），用电烙铁给多引脚电子元器件引脚上的焊锡加热，待焊锡熔化后，这时左手把空心针头左右旋转插入引脚孔内，然后移开烙铁并来回旋转针头，等焊锡凝固后拔出针头，该引脚就与焊盘完全分开了，按此方法拆除元器件的其他引脚。

图 1-41　电动吸锡枪

图 1-42　用空心针头拆除元器件

（3）用手动吸锡器拆除元器件

利用电烙铁加热引脚焊锡，用手动吸锡器吸取焊锡。拆除步骤：右手以持笔式持电烙铁，使其与水平位置的电路板呈 35° 左右夹角。左手以拳握式持吸锡器，拇指操控吸锡按钮。使吸锡器呈近乎垂直状态向左倾斜约 5° 为宜，方便操作。将电烙铁头尖端置于焊点上，使焊点熔化，移开电烙铁的同时，将吸锡器放在焊盘上按动吸锡按键，吸取焊锡。

（4）用电动吸锡枪拆除元器件

拆除步骤：选择内径比被拆元器件的引线直径大 0.1 ～ 0.2mm 的烙铁头。待烙铁达到设定温度后，对正焊盘，使吸锡枪的烙铁头和焊盘垂直轻触，焊锡熔化后，左右移动吸锡头，使金属化孔内的焊锡全部熔化，同时启动真空泵开关，即可吸净元器件引脚上的焊锡。按上述方法，将被拆元器件其余引脚上的焊锡逐个吸净。

## 1.1.10　任务实施

### 1. 元器件、器材

电源指示电路所需元器件（材）明细见表 1-9。

表 1-9　电源指示电路所需元器件（材）明细表

| 序号 | 名称 | 元器件标号 | 规格型号 | 数量 |
|---|---|---|---|---|
| 1 | 降压变压器 | Tr | 220V/17V | 1 |
| 2 | 整流二极管 | $VD_6$ | 1N4001 | 4 |
| 3 | 发光二极管 | $LED_1$ | $\Phi5$ 红色 | 1 |
| 4 | 金属电阻器 | $R_{10}$ | $3k\Omega$, 1/4W | 1 |
| 5 | 万能板或印制电路板 | — | 配套 | 1 |

### 2. 实施过程

（1）电路计算

1）估算整流后（即 $R_{10}$ 和 $LED_1$ 两端）电压的大小。

2）若 $LED_1$ 工作电压为 2V，工作电流为 5mA，如何选择限流电阻 $R_{10}$ 的大小和功率。

（2）电路仿真

1）参考图 1-43，使用 Multisim 软件（后同）绘制电源指示电路的仿真图。图中降压变压器用 17V/50Hz 的交流电源代替。

2）参考图 1-44，用虚拟示波器测量输入及整流后电压波形。

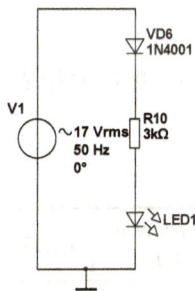

图 1-43　电源指示电路仿真图　　　　图 1-44　电源指示电路输入输出电压波形测量仿真

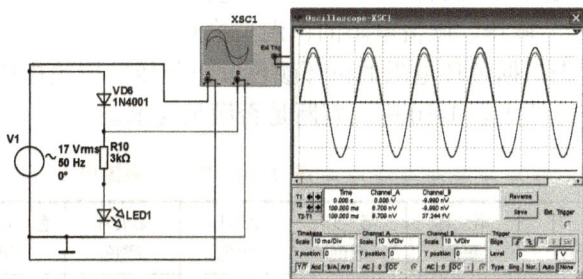

3）参考图1-45，用虚拟万用表和直流电压表分别测量交流电源电压和整流后的直流电压。

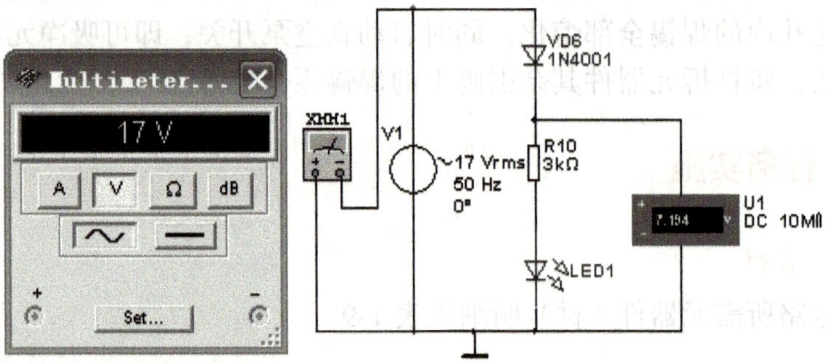

图1-45　电源指示电路波形测量仿真

（3）元器件的识别与检测

1）二极管的识别与检测。

根据二极管的外形标记，找出二极管的正负极，并用万用表进一步判断，在下面方框中画出极性示意图。

用指针式万用表在 $R×1k\Omega$ 档分别测量整流二极管正反向电阻。

整流二极管正向电阻：＿＿＿＿＿；整流二极管反向电阻：＿＿＿＿＿。

用数字式万用表测量发光二极管的极性：正向显示＿＿＿＿＿；反向显示＿＿＿＿＿。

查阅相关资料，写出1N4001相关技术参数，说明选用此二极管依据。

1N4001技术参数：$I_{FM}$＿＿＿＿＿；$U_{RM}$＿＿＿＿＿；$I_R$＿＿＿＿＿。

选用此二极管的依据：＿＿＿＿＿＿＿＿＿＿＿＿＿＿＿＿＿＿＿＿＿。

2）降压、限流电阻的识别与检测。

先根据色环电阻的色环颜色读出降压、限流电阻 $R_{10}$ 的阻值及误差，再用万用表进行检测，填入表1-10中，判断是否满足要求。

表1-10　降压、限流电阻 $R_{10}$ 的识别与检测

| 第一环颜色 | 第二环颜色 | 第三环颜色 | 第四环颜色 | 第五环颜色 | 色环电阻读值/kΩ | 误差 | 万用表检测值/kΩ | 是否满足要求 |
|---|---|---|---|---|---|---|---|---|
|  |  |  |  |  |  |  |  |  |

3）发光二极管的识别与检测。

发光二极管极性的判别。根据二极管的引脚长短（或内部结构）情况，指出二极管的正负极，并用万用表判别，在下面方框中画出示意图。

把指针式万用表打在 $R \times 10\mathrm{k}\Omega$ 档，分别测量发光二极管正反向电阻。

发光二极管正向电阻：_____；发光二极管反向电阻：_____。

用数字式万用表测量发光二极管的极性：正向显示_____；反向显示_____。

（4）电路装配

1）焊接前的准备工作。

清除元件表面的氧化层：元件经过长期存放，会在元件表面形成氧化层，不但使元件难以焊接，而且影响焊接质量，因此当元件表面存在氧化层时，应首先清除元件表面的氧化层。

清除元件表面的氧化层的方法是：左手捏住电阻或二极管的本体，右手用锯条或镊子轻刮元件引脚的表面，左手慢慢地转动，直到表面氧化层全部去除。或用镊子、小刀等工具去除氧化层。

元件引脚的成形：左手用镊子紧靠电阻的本体，夹紧元件的引脚，使引脚的弯折处，距离元件的本体有 2mm 以上的间隙。左手夹紧镊子，右手食指将引脚弯成直角。整流二极管的引脚成形参照电阻引脚的成形方法。

2）安装工艺。

电阻器采用卧式安装方式，并贴紧万能电路板。

整流二极管采用卧式安装方式，应注意极性。

发光二极管采用立式安装方式，应注意极性。

所有焊点均采用直角焊，焊接完成后剪去多余引脚。

3）元器件的焊接。

掌握好电烙铁的温度和焊接时间，选择恰当的烙铁头和焊点的接触位置，才可能得到良好的焊点。按要求焊接整流二极管、发光二极管和限流电阻。

4）装配完成后进行自检。

装配完成后，电源指示电路实物图如图 1-46 所示。测试前应进行自检，重点检查装配的准确性，包括整流二极管和发光二极管的极性，焊点质量应无虚、假、漏、搭焊等。

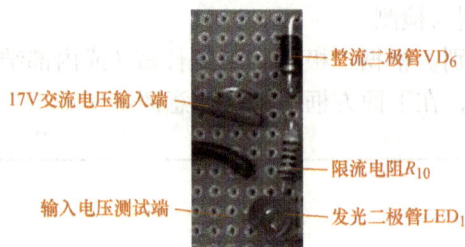

整流二极管VD$_6$

17V交流电压输入端

限流电阻$R_{10}$

输入电压测试端

发光二极管LED$_1$

图 1-46　电源指示电路实物图

（5）电路测试

从实验台或外接变压器引入 17V 交流电压到电源指示电路输入端。

1）波形测量。

用示波器两个通道分别测量 17V 交流电压波形、整流后的电压波形，填入表 1-11 中。

表 1-11　指示电路波形测量

| 17V 交流输入电压波形 | 整流后的电压波形 |
|---|---|
|  |  |

2）电压测量。

用万用表交流电压 50V 档测量输入电压，填入表 1-12 中；用万用表直流电压 50V 档测量整流输出电压，填入表 1-12 中；用万用表直流电压 10V 档，测量发光二极管两端的电压，填入表 1-12 中。

表 1-12　电压测量

| 测量项目 | 输入交流电压 | 整流输出电压 | 发光二极管两端的电压 |
|---|---|---|---|
| 万用表档位 |  |  |  |
| 电压 /V |  |  |  |

（6）故障分析

1）若电阻 $R_{10}$ 开路，会出现什么情况？

2）若 VD$_6$ 开路，会出现什么情况？

3）若 VD$_6$ 击穿，会出现什么情况？

4）若 LED$_1$ 开路，会出现什么情况？

5）若 $VD_6$ 反装，会出现什么情况？

6）若 $LED_1$ 反装，会出现什么情况？

### 3. 评分标准

电源指示电路的制作评分标准见表 1-13。

表 1-13　电源指示电路的制作评分标准

| 项目及配分 | 工艺标准或要求 | 扣分标准 | 扣分记录 | 得分 |
|---|---|---|---|---|
| 电路计算<br>10 分 | 1. 能计算整流后电压大小<br>2. 能正确选择限流电阻 $R_{10}$ | 1. 不能计算整流后电压大小，扣 5 分<br>2. 不能正确选择限流电阻 $R_{10}$，扣 5 分 | | |
| 电路仿真<br>10 分 | 能按要求对电路进行仿真 | 不能对电路仿真，每处扣 5 分 | | |
| 元器件检测<br>15 分 | 1. 能读、测出色环电阻的阻值<br>2. 能用万用表判别整流二极管的极性及质量性能<br>3. 能用万用表判别发光二极管的极性及质量性能 | 1. 不能读、测色环电阻的阻值，扣 5 分<br>2. 不能用万用表判别整流二极管的极性及质量性能，扣 5 分<br>3. 不能用万用表判别发光二极管的极性及质量性能，扣 5 分 | | |
| 元器件成形<br>10 分 | 能按要求进行成形 | 成形不符合要求，每个扣 2 分；损坏元器件，扣 10 分 | | |
| 布线<br>10 分 | 1. 布线合理、紧凑<br>2. 元器件连接关系和电路原理图一致 | 1. 布局不合理，每处扣 5 分<br>2. 连接关系错误，每处扣 10 分 | | |
| 插件<br>10 分 | 1. 电阻器、整流二极管卧式安装，贴紧电路板；发光二极管立式安装<br>2. 按图装配，元件的位置、极性正确 | 1. 元器件安装歪、不对称、高度不合格，每处扣 2 分<br>2. 没按要求安装，每处扣 5 分<br>3. 错装、漏装，每处扣 5 分 | | |
| 焊接<br>10 分 | 1. 焊点光亮、清洁，钎料适量<br>2. 无漏焊、虚焊、假焊、搭焊、溅焊等现象<br>3. 焊接后元件引脚剪脚留头长度小于 1mm | 1. 焊点不光亮、钎料过多或过少、布线不平直，每处扣 1 分<br>2. 漏焊、虚焊、假焊、搭焊、溅焊，每处扣 1 分<br>3. 引脚剪脚留头长度大于 1mm，每处扣 1 分 | | |
| 测试<br>25 分 | 1. 按测试要求和步骤测量<br>2. 正确使用万用表、示波器 | 1. 测量方法或步骤错误，每处扣 5 分<br>2. 不会测量或测量结果错误，每处扣 5 分 | | |
| 安全、文明生产 | 1. 安全用电，不人为损坏元器件、加工件和设备等<br>2. 保持实习环境整洁、秩序井然、操作习惯良好 | 1. 发生安全事故扣总分 20 分<br>2. 违反文明生产要求，视情况扣总分 5～20 分 | | |
| 总分 | | | | |

任务 1.2　整流滤波电路的制作

## 学习目标

### 1. 能力目标

1）能阐述整流滤波电路的组成。
2）能计算出整流滤波电路输出电压和电流。
3）能识别各种电容器，根据标志读取主要技术参数，用万用表判断其质量。
4）能分析桥式整流滤波电路的工作过程。
5）能正确选择整流二极管及滤波电容。
6）能对整流滤波电路进行装配、调试和检测。
7）通过电路安装提高实践操作技能。

### 2. 知识目标

1）了解感性元件外形结构及分类。
2）理解电感线圈和变压器的主要技术参数。
3）掌握电感器的标志方法。
4）掌握电感元件的检测方法。
5）了解常见电容器的外形结构。
6）理解电容器的主要技术参数。
7）掌握电容器的标志方法。
8）掌握电容器的检测方法。
9）掌握整流桥堆的检测方法。

### 3. 素质目标

1）培养质量与成本意识。
2）培养分析问题、解决问题的能力。
3）培养良好的职业安全、环境保护意识。

### 1.2.1　整流滤波电路原理分析

　　整流滤波电路如图 1-47 所示。其中 Tr 为降压变压器，将 220V 市电降为 17V 的交流电；$VD_1 \sim VD_4$ 为整流二极管，把交流电变成脉冲直流电；$C_6 \sim C_9$ 为高频滤波电容，一方面滤去高频干扰信号，另一方面防止浪涌电流对整流管的冲击；$C_1$ 为滤波电容，把整流后的脉冲直流电变为相对平滑的直流电。电源变压器 Tr 次级输出的低压交流电，经过整流二极管 $VD_1 \sim VD_4$ 整流、电容器 $C_1$ 滤波，获得直流电，输送到稳压部分。

微视频
滤波电路

图 1-47　整流滤波电路

## 1.2.2　感性元件的识别与检测

　　电感器（线圈）和变压器之类统称为感性元件，如图 1-48 所示，在电子电路中经常使用。感性元件是一种不耗能元件，主要作用是将电能转换为磁能并储存起来，因此也可以说它是一个储存磁能的组件。在电路中主要用于滤波、储能、缓冲、反馈、变换电压、耦合、匹配、取样、谐振等作用。

微视频
电感器简介

图 1-48　感性元件

### 1. 电感线圈的作用与分类

（1）电感线圈的作用

　　电感是储存电能的元件，通过电感的电流不能突变，所以具有通直流阻交流的特性。在电路中主要起滤波、缓冲、起振、反馈的作用。

微视频
电感器的特点
和作用

（2）电感线圈的种类

按电感的形式可分为固定电感和可变电感线圈；按导磁性质可分为空心线圈和磁心线圈；按工作性质可分为天线线圈、振荡线圈、低频扼流线圈和高频扼流线圈；按耦合方式可分为自感应和互感应线圈；按绕线结构可分为单层线圈、多层线圈和蜂房式线圈等。常用的电感线圈的种类、特点、外形及电路图形符号见表1-14。

表1-14 电感线圈的种类、特点、外形及电路图形符号

| 种类 | 特点 | 外形 | 电路图形符号 |
|---|---|---|---|
| 空心线圈 | 空心线圈没有磁心，其线圈的匝数较少，电感量也比较小。实际电路中的空心线圈用石蜡固定，以防线圈的滑动而影响电感量的大小 | | |
| 磁棒、磁环线圈 | 磁棒线圈是在磁棒上绕制成线圈的，而磁环线圈是在磁环上绕制成线圈。磁棒和磁环的大小、形状及线圈的绕制方法都对电感量有决定性的影响 | | |
| 固定色环、色码电感器 | 固定色环电感器是一种磁心线圈，其外壳上标有色环用来表示电感量的数值。固定色码电感器的性能和色环电感器基本相似。特点是体积小巧，并且性能比较稳定 | | |
| 小型固定电感线圈 | 小型固定电感线圈是将线圈绕制在软磁铁氧体的基础上，然后再用环氧树脂或塑料封装起来制成 | | |
| 可变电感线圈 | 通过调节磁心在线圈内的位置来改变电感量 | | |
| 微调电感器 | 微调电感器一般都有一个可插入的磁心，通过改变磁心在电感器中的位置来调整电感量的大小 | | |
| 印制电感器 | 印制电感器又称微带线，常用在高频电子设备中，它由印制电路板上一段特殊形状的铜箔构成 | | |

## 2. 电感线圈型号命名方法

电感器的型号一般由四部分组成，命名方法如下。各部分含义见表1-15。

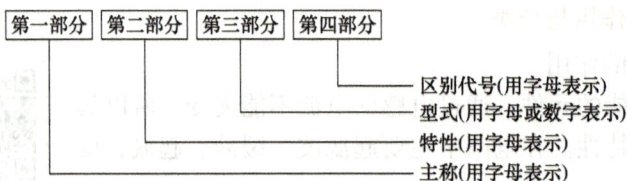

第一部分 第二部分 第三部分 第四部分

区别代号(用字母表示)
型式(用字母或数字表示)
特性(用字母表示)
主称(用字母表示)

**表 1-15 电感线圈的命名方法**

| 第一部分 | 第二部分 | 第三部分 | 第四部分 |
|---|---|---|---|
| 主称 | 特性 | 型式 | 区别代号 |
| L—电感线圈<br>ZL—阻流圈 | G—代表高频<br>低频一般不标 | X—小型<br>1—表示轴向引线（卧式）<br>2—表示同向引线（立式） | 一般不标 |

例如：LGX 表示小型高频电感线圈。

### 3. 电感线圈的主要技术参数

（1）电感量

电感量也称作自感系数（$L$），是表示电感元件自感应能力的一种物理量。$L$ 的单位为 H（亨）、mH（毫亨）和 μH（微亨），三者的换算关系如下：

$$1H=10^3mH=10^6\mu H$$

（2）品质因数

表示电感线圈品质的参数，亦称作 $Q$ 值。$Q$ 值越高，电路的损耗越小，效率越高。

（3）分布电容

线圈匝间、线圈与地之间、线圈与屏蔽盒之间以及线圈的层间都存在着电容，这些电容统称为线圈的分布电容。分布电容的存在会使线圈的等效总损耗电阻增大，品质因数 $Q$ 降低。

（4）额定电流

额定电流是指允许长时间通过线圈的最大工作电流。

（5）稳定性

电感线圈的稳定性主要指参数受温度、湿度和机械振动等影响的程度。

### 4. 电感器的标志

（1）直标法

直标法是将电感的标称电感量用数字和文字符号直接标在电感体上，如电感量单位后面有字母则表示允许偏差，不同字母表示不同偏差，如图 1-49 所示。

（2）文字符号法

文字符号法是将电感的标称值和允许偏差值用数字和文字符号法按一定的规律组合标示在电感体上，如图 1-50 所示。采用文字符号法表示的电感通常是一些小功率电感，单位通常为 nH 或 μH。用 μH 作单位时，"R" 表示小数点；用 "nH" 作单位时，"N" 表示小数点。图 1-50 电感的值为 6.8μH。

**各字母代表的允许偏差**

| 英文字母 | 允许偏差(%) | 英文字母 | 允许偏差(%) |
|---|---|---|---|
| Y | ±0.001 | D | ±0.5 |
| X | ±0.002 | F | ±1 |
| E | ±0.005 | G | ±2 |
| L | ±0.01 | J | ±5 |
| P | ±0.02 | K | ±10 |
| W | ±0.05 | M | ±20 |
| B | ±0.1 | N | ±30 |
| C | ±0.25 | | |

图 1-49 电感的直标法及各字母代表的允许偏差

图 1-50 电感的文字符号法

（3）色标法

色标法（见图 1-51）是用在电感表面不同的色环来表示电感量（与电阻类似），通常用三个或四个色环表示。识别色环时，紧靠电感体一端的色环为第一环，露出电感体本色较多的另一端为末环。

**注意：** 用这种方法读出的色环电感量，默认单位为 μH。

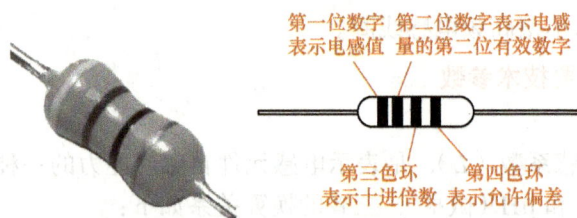

第一位数字 第二位数字表示电感
表示电感值 量的第二位有效数字

第三色环 第四色环
表示十进倍数 表示允许偏差

图 1-51 电感的色标法

（4）数码表示法

数码表示法是用三位数字来表示电感量的方法，常用于贴片电感上，如图 1-52 所示。三位数字中，从左至右的第一、第二位为有效数字，第三位数字表示有效数字后面所加 "0" 的个数。

**注意：** 用这种方法读出的色环电感量，默认单位为 μH。例如：标志为 "470" 的电感为 $47 \times 10^0 = 47\mu H$。

图 1-52 电感的数码
表示法

### 5. 变压器

变压器主要用于交流电压变换、交流电流变换、阻抗变换。

（1）变压器的种类

1）按使用的工作频率分：可以分为高频、中频、低频、脉冲变压器等。

2）按其磁心分：可以分为铁心（硅钢片或坡莫合金）变压器、磁心（铁氧体心）变压器和空心变压器等几种。

变压器的铁心通常是由硅钢片、坡莫合金或铁氧体材料制成，其形状有 "EI" "口" "F" "C" 形等种类，如图 1-53 所示。

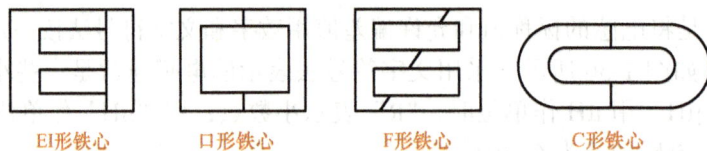

EI形铁心　　　口形铁心　　　F形铁心　　　C形铁心

图 1-53 变压器常用铁心

（2）变压器的型号命名方法

变压器的型号一般由三部分组成，其具体格式如下。

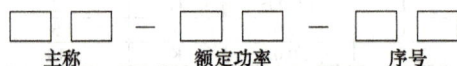

□ □ — □ □ — □ □
主称　　　额定功率　　　序号

主称用大写字母表示变压器的种类，主称的大写字母含义见表 1-16；额定功率直接用数字表示，单位为 V•A；序号用数字表示。

表 1-16　变压器主称的大写字母含义

| 字母 | 字母的含义 |
| --- | --- |
| DB | 电源变压器 |
| CB | 音频输出变压器 |
| RB | 音频输入变压器 |
| GB | 高频变压器 |
| SB 或 ZB | 音频（定阻式）变压器 |
| SB 或 EB | 音频（定压式）变压器 |

（3）常见变压器的外形及电路符号

变压器由铁心（或磁心）和线圈组成，它实质上是一只电感器。其线圈有两个或两个以上的绕组，其中接电源的绕组叫作一次绕组，其余的绕组叫二次绕组。其结构简单地讲，就是将两组或两组以上的绕组绕在同一个骨架上，或绕在同一个铁心上，是电子产品中常用的元器件之一。常见变压器的种类、特点、外形及电路图形符号见表 1-17。

表 1-17　常见变压器的种类、特点、外形及电路图形符号

| 种类 | 特点 | 外形 | 电路图形符号 |
| --- | --- | --- | --- |
| 普通电源变压器 | 普通电源变压器的一次绕组一般有一组或两组，其二次绕组可以是一组也可以是多组，变压器主要由二次绕组上输出所需要的电压 | | |
| 环形电源变压器 | 环形电源变压器的特点是铁心采用环形，其他与普通电源变压器相同 | | |
| 音频变压器 | 音频变压器是频率工作在音频范围内的变压器，主要用来耦合信号，进行阻抗的匹配。通常由输入变压器和输出变压器配合使用 | | |

（4）变压器的主要技术参数

1）额定功率。

额定功率是指变压器能长期工作而不超过规定温度的输出功率。变压器输出功率的单位用瓦（W）或伏安（V·A）表示。

2）电压比。

电压比是指一次电压与二次电压的比值或一次绕组匝数与二次绕组匝数的比值。

变压器的电压比：$U_1/U_2 = N_1/N_2$

变压器电流与电压的关系，不考虑变压器的损耗，则有：

$$U_1/U_2 = I_2/I_1$$

变压器的阻抗变换关系：设变压器二次（侧）阻抗为 $Z_2$，反射到一次（侧）的阻抗为

$Z_2'$，则有：

$$Z_2'/Z_2=(N_1/N_2)^2$$

因此，变压器可以作阻抗变换器。

3）效率。

效率是指变压器输出功率与输入功率的比值。一般电源变压器、音频变压器要注意效率，而中频、高频变压器一般不考虑效率。

4）温升。

温升是当变压器通电工作后，其温度上升到稳定值时比周围环境温度升高的数值。

5）绝缘电阻。

绝缘电阻是在变压器上施加的试验电压与产生的漏电流之比。

6）漏电感。

由漏磁通产生的电感称为漏电感，简称漏感。变压器的漏感越小越好。

（5）变压器的标志

变压器的参数标志方法通常采用直标法，各种变压器因用途不同，其标志的具体内容也不同，无统一的格式。

### 6. 感性元件的检测

（1）电感器的检测

各种电感器一般通过检测电感量可判断其质量是否良好，检测结果若在其误差值范围内，则为正常，否则为损坏。其损坏现象有三种。

1）检测电感量的结果超出标称值许多，为质量不合格。

2）检测阻值结果是无穷大，为断路。

3）检测阻值结果是 0，可能是短路。

使用中要求较为严格的电感器，还要检测它的其他参数，如品质因数、分布电容、损耗电阻等。

（2）变压器的检测

1）绕组通断的检测。

用万用表的欧姆档检测各绕组的直流电阻值，若某个绕组的电阻值为 0，则说明该绕组有短路性故障。电源变压器发生短路性故障后的主要现象是发热严重和二次绕组输出电压异常。

2）空载电流的检测。

将二次绕组全部开路，把万用表置于交流电流档，并串入一次绕组中，当一次绕组通上 220V 交流电时，万用表显示的示数便是空载电流。空载电流不能大于满载电流的 10%～20%。该值过大，则表明变压器有短路性故障。

3）绝缘性能的检测。

分别检测变压器铁心与一次绕组、一次绕组与二次绕组、铁心与二次绕组、静电屏蔽层与一次或二次绕组间的电阻值，阻值应大于 100MΩ，否则表明变压器绝缘性能不良。

## 1.2.3　电容器的识别与检测

### 1. 电容器概述

电容器简称电容，是电子整机中大量使用的基本元器件之一。电容器是一种不耗能元件，是一种储能元件，在电路中用于滤波、耦合、旁路、隔直、退耦、振荡、定时、能量转换等。

电容器的构成：由两个金属电极中间夹一层绝缘材料构成。

电容器的单位：电容量的基本单位为 F（法拉），还有 mF（毫法）、μF（微法）、nF（纳法）和 pF（皮法），它们之间的关系如下：

$$1\mu F=10^{-6}F;\ 1nF=10^{-9}F;\ 1pF=10^{-12}F;$$

电容器的种类：按结构可分为固定电容器、可变电容器和微调电容器；按绝缘介质可分为空气介质电容器、云母电容器、瓷介电容器、涤纶电容器、聚苯乙烯电容器、金属化纸电容器、电解电容器、玻璃釉电容器、独石电容器等。

常见电容器的种类、特点、外形及电路图形符号见表 1-18。

微视频
电容器简介

微视频
电容器的特点
和作用

表 1-18　常见电容器的种类、特点、外形及电路图形符号

| 种类 | 特点 | 外形 | 电路图形符号 |
|---|---|---|---|
| 无极性电容器 | 无极性电容器是指电容器的两个金属电极没有正、负极性之分，使用时两极之间可以互换 | | |
| 有极性电容器 | 有极性固定电容器也称为电解电容器，是指电容器的两极有正、负极性之分，使用时正极性端连接电路的高电位，负极性端连接电路的低电位端 | | |
| 单联可变电容器 | 单联可变电容器只有一个可变电容器，通常用于直放式收音机电路中，作为调谐联来选取电台信号 | | |
| 双联可变电容器 | 双联可变电容器是由两个可变电容器组合在一起形成的，手动调节是两个可变电容器的容量同步调节。其中一个作为调谐联，另一个作为振荡联 | | |
| 四联可变电容器 | 四联可变电容器是由两个双联可变电容器组合在一起构成的，电容器的电容量与两组极片间的距离和极片间的面积大小有关 | | |

（续）

| 种类 | 特点 | 外形 | 电路图形符号 |
|---|---|---|---|
| 微调电容器 | 微调电容器又称为半可调电容器，其容量变化范围比可变电容器小，这种电容主要用于调谐电路 | | |
| SMT 固定电容器 | 无极性贴片电容器外形与电阻器的外形有一点相似，两端为银白色，但其中间大部分为灰色或黄色；贴片电解电容器的正负极辨认很方便，通常外形都是长方体或圆柱形，颜色以黄色和黑色最常见，正极色带一般为深黄色或白色 | | |
| SMT 电解电容器 | SMT 电解电容器是由阳极铝箔、阴极铝箔和衬垫层卷绕而成 | | |

### 2. 电容器型号命名方法

各国电容器的型号命名很不统一，国产电容器的命名由四部分组成，各部分含义见表 1-19。

**表 1-19 电容器型号命名方法**

| 第一部分 | | 第二部分 | | 第三部分 | | 第四部分 |
|---|---|---|---|---|---|---|
| 用字母表示主称 | | 用字母表示材料 | | 用数字或字母表示分类 | | 序号 |
| 符号 | 意义 | 符号 | 意义 | 符号 | 意义 | 意义 |
| C | 电容器 | C<br>I<br>O<br>Y<br>V<br>Z<br>J<br>B<br>F<br>L<br>S<br>Q<br>H<br>D<br>A<br>G<br>N<br>T<br>M<br>E | 瓷介<br>玻璃釉<br>玻璃膜<br>云母<br>云母纸<br>纸介<br>金属化纸<br>聚苯乙烯<br>聚四氟乙烯<br>涤纶<br>聚碳酸酯<br>漆膜<br>纸膜复合<br>铝电解质<br>钽电解质<br>金属电解质<br>铌电解质<br>钛电解质<br>压敏<br>其他材料 | T<br>W<br>J<br>X<br>S<br>D<br>M<br>Y<br>C | 叠片<br>微调<br>金属化<br>小型<br>独石<br>压电<br>密封<br>高压<br>穿心式 | 包括品种、尺寸、代号、温度特性、直流工作电压、标称容量、允许偏差 |

电容器型号命名方法如下：

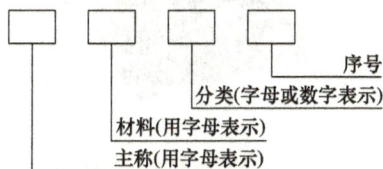

例如：CXJ 型电容，表示小型金属化纸质电容器。

### 3. 电容器的主要技术参数

（1）标称容量和允许偏差

电容器的标称容量：是指在电容器的外壳表面上标出的电容量值。

电容器的允许偏差：标称容量和实际容量之间的偏差与标称容量之比的百分数称为电容器的允许偏差。

标称容量和允许偏差常用的是 E6、E12、E24 系列。

（2）额定电压

额定电压通常也称耐压，表示电容器在使用时所允许加的最大电压值。通常外加电压最大值取额定工作电压的 2/3 以下。

（3）绝缘电阻

绝缘电阻表示电容器的漏电性能，绝缘电阻越大，电容器质量越好。但电解电容的绝缘电阻一般相对较低，漏电流较大。

### 4. 电容器的标志

电容器的标志方法有直标法、文字符号法、数码表示法和色标法四种。

（1）直标法

直标法是指在电容体表面直接标注主要技术指标的方法，如图 1-54 所示。标注的内容一般有标称容量、额定电压及允许偏差这三项参数，体积太小的电容仅标容量一项。用直标标注的容量，有时电容器上不标注单位，其识读方法为：凡是容量 >1 的无极性电容器，其容量单位为 pF，如 5100 表示容量为 5100pF；凡容量 <1 的电容器，其容量单位为 μF，如 0.01 表示容量为 0.01μF。图 1-54 中电容器的容量为 470μF、耐压为 100V。

（2）文字符号法

文字符号法是指在电容体表面上，用阿拉伯数字和字母符号有规律地组合来表示标称容量的方法，如图 1-55 所示。这种方法用字母表示电容器的单位，n 表示 nF、p 表示 pF、μ 表示 μF。图 1-55 中电容器的容量为 330nF、耐压为 250V。

容量的整数部分标注在容量单位标志符号前面，容量的小数部分标注在单位标志符号后面，容量单位符号所占位置就是小数点的位置。比如 4n7 表示容量为 4.7nF 或是 4700pF；如果在数字前面标注有 R 字样，则容量为零点几微法，比如 R33，其容量就是 0.33μF。

（3）数码表示法

在一些瓷片电容器上，常用三位数字表示电容的容量，如图 1-56 所示。其中第一、二位为电容值的有效数字，第三位为倍率，表示有效数字后面零的个数，电容量的单位为 pF。图 1-56 电容器的容量为 $10 \times 10^4 \text{pF} = 100000 \text{pF}$，即 0.1μF。

图 1-54 电容器直标法　　　　图 1-55 电容器文字符号法　　　　图 1-56 电容器数码表示法

（4）色标法

电容器的色标法与电阻器色标法基本相似，标志的颜色符号与电阻器采用的相同，其单位是皮法拉（pF）。

（5）电容器的允许偏差的标注方法

一是将允许偏差直接标注在电容体上，例如：±5%、±10%、±20% 等。

二是用相应的罗马数字表示，定为 Ⅰ 级、Ⅱ 级、Ⅲ 级，对应允许偏差为 ±5%、±10%、±20%。

三是用字母表示：G 表示 ±2%、J 表示 ±5%、K 表示 ±10%、M 表示 ±20%。

### 5. 电容器的检测与选用

（1）电容器质量的判断与检测

用万用表就能判断电容器的质量、电解电容器的极性，并能定性比较电容器容量的大小。

> 微视频
> 电解电容器的检测

1）质量判定。

用指针式万用表 $R \times 1k\Omega$ 档测试，将两表笔接触电容器（1μF 以上的容量）的两引脚，接通瞬间，表头指针应向顺时针方向偏转，然后逐渐逆时针回复，如果不能复原，则稳定后的读数就是电容器的漏电电阻，阻值越大表示电容器的绝缘性能越好。若在上述的检测过程中，表头指针不摆动，说明电容器开路；若表头指针向右摆动的角度大且不回复，说明电容器已击穿或严重漏电；若表头指针保持在 0Ω 附近，说明该电容器内部短路。检测过程同上，表头指针向右摆动的角度越大，说明电容器的容量越大，反之则说明容量越小。

也可用数字式万用表电阻档检测电容器，此方法适用于测量 0.1μF～几千微法的大容量电容器。将数字式万用表拨至适宜的电阻档（当电容量较小时，宜选用高阻档；而电容量较大时，应选用低阻档。若用高阻档估测大容量电容，由于充电过程很缓慢，测量时间将持续很久；若用低阻档检测小容量电容，由于充电时间极短，仪表会一直显示溢出，看不到变化过程），红表笔和黑表笔区分接触被测电容器两极，这时显示值将从"000"开端逐渐添加，直至显示溢出符号"1"或"OL"。若不断显示"000"，表明电容器内部短路；若不断显示溢出，则表明电容器内部极间开路。

**注意：** 检验电解电容器时红表笔（带正电）接电容器正极，黑表笔接电容器负极。

2）极性判定。

将指针式万用表打在 $R \times 1k\Omega$ 档或数字式万用表打在 2MΩ 档，先测一下电解电容器的漏电阻值，而后将两表笔对调，再测一次漏电阻值。两次测试中，漏电阻值小的一次，黑表笔接的是电解电容器的负极，红表笔接的是电解电容器的正极。

3）可变电容器碰片检测。

用万用表的 $R \times 1k\Omega$ 档，将两表笔固定接在可变电容器的定、动片端子上，慢慢转动可变电容器的转轴，如表头指针发生摆动说明有碰片，否则说明是正常的。

4）容量判定。

用数字式万用表（以 VC890D 为例）测量电容器的方法如下：将档位打到 20mF 上，将红表笔插在 VΩ 插孔上、黑表笔插 COM 插孔上，即可以测量电容（电容必须充分放电）。如屏幕显示"OL"，表明已超过量程范围 20mF。在测量电容时，由于引线和仪表的分布电容影响，未接入被测电容时可能有些残留读数，在小电容量程测量时较为明显，为了得到准确结果可以将测量结果减去残留读数，得到较为准确的读数。

（2）电容器的选用

1）额定电压。所选电容器的额定电压一般是在线电容工作电压的 1.5 ～ 2 倍。但选用电解电容器（特别是液体电介质电容器）应特别注意：一是电路的实际电压相当于所选额定电压的 50% ～ 70%；二是不建议选用存放时间长的电容器（存放时间一般不超过一年）。

2）标称容量和精度。大多数情况下，对电容器的容量要求并不严格。但在振荡回路、滤波、延时电路及音调电路中，对容量的要求则非常精确。

3）使用场合。根据电路的要求合理选用电容器。

4）体积。一般希望使用体积小的电容器。

## 1.2.4 　整流桥堆的识别与检测

### 1. 认识整流桥堆

桥式整流电路所用二极管数量多，电路连接复杂，容易出错。为解决这一问题，生产厂家常将整流二极管集成在一起构成桥堆，如图 1-57 所示。其中标有"～"（或 AC）符号的两个引出端为交流电源输入端，另外两个引出端为负载端。

微视频
桥式整流电路

图 1-57　整流桥堆

### 2. 整流桥堆的检测

（1）电阻测试法

用数字式万用表的二极管档或指针式万用表的 $R \times 100\Omega$ 或 $R \times 1k\Omega$ 档，测量两交流输入端到整流桥输出正端的阻值，正常值在几百～几千欧姆，若为 0 或 ∞ 说明短路或开路。

微视频
整流桥的检测

测正端到输入端的阻值应为无穷大，否则为已坏。负端到输入端的阻值在几百～几千欧姆才算正常。

测试结果总结：若测试过程中结果反馈如上所述，则表示该整流桥 4 只芯片均正常，万用表读数值为该测试芯片的内阻值；若出现非一致的情况，比如数值为 ∞ 则说明整流桥中该芯片已经损坏。

（2）压降测试法

压降测试法是利用万用表二极管档位直接测试整流桥内部二极管芯片的方法，读值为压降的参考值或近似值。测试方法与电阻测试法大致类似，也是很常见的一种测量整流桥好坏的方法。

把数字式万用表打到二极管测试档位。红表笔接整流桥负极，黑表笔接整流桥正极，此时测试结果为整个整流桥的压降参考值；如需分别测试每只芯片的压降值，则方法为黑表笔接整流桥正极，红表笔分别探测两个交流脚位；红表笔接整流桥负极，黑表笔分别探测两个交流脚位，此时所测结果为内部独立二极管芯片的压降参数值。

测试结果总结：上述测试结果为该整流桥内部二极管芯片压降的参考值，有示数说明该芯片正常，可以辅助判断整流桥通断与好坏情况。如有不一致的情况，比如数值为 1（无穷大）则说明整流桥中该芯片已经损坏。

## 1.2.5　任务实施

### 1. 元器件、器材

整流滤波电路所需元器件（材）明细见表 1-20。

表 1-20　整流滤波电路所需元器件（材）明细表

| 序号 | 名称 | 元器件标号 | 型号规格 | 数量 |
|---|---|---|---|---|
| 1 | 降压变压器 | Tr | 220V/17V | 1 |
| 2 | 整流二极管 | $VD_1 \sim VD_4$ | 1N4007 | 4 |
| 3 | 电容 | $C_6 \sim C_9$ | CC-63V-0.01μF | 4 |
| 4 | 电解电容 | $C_1$ | CD-25V-3300μF | 1 |
| 5 | 熔断器夹 | BX2 | — | 2 |
| 6 | 熔断器 | BX2 | $\phi 5 \times 20$-2A | 1 |
| 7 | 假负载 | — | 120Ω/8W | 1 |
| 8 | 万能板或印制电路板 | — | 配套 | 1 |

### 2. 实施过程

（1）电路计算

1）计算桥式整流电路输出电压的大小；若接入 120Ω 负载，计算输出电流的大小及负载上消耗功率的大小。

2）分别计算整流滤波电路空载和加载的输出电压的大小；若接入120Ω负载，计算整流、滤波后输出电流的大小及负载上消耗功率的大小。

（2）电路仿真

参考图1-58所示，绘制整流滤波电路仿真图，图中降压变压器用17V/50Hz的交流电源代替。

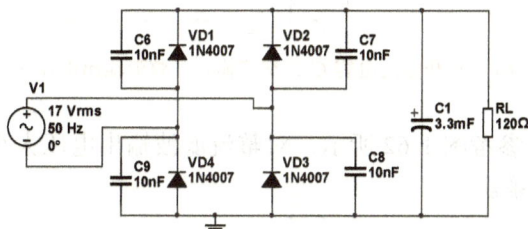

图1-58 整流滤波电路仿真图

断开滤波电容 $C_1$，参考图1-59所示，对交流输入、整流输出电压波形进行仿真，说明输出、输入电压波形之间的关系。

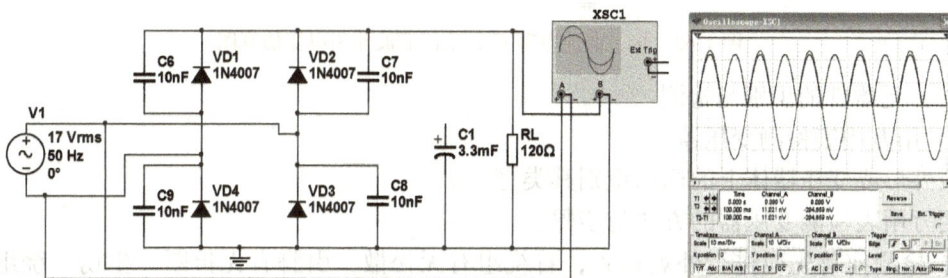

图1-59 断开滤波电容 $C_1$，交流输入、整流输出电压波形仿真图

接上滤波电容 $C_1$，参考图1-60所示，对交流输入、整流滤波输出电压波形进行仿真，说明输出、输入电压波形之间的关系。

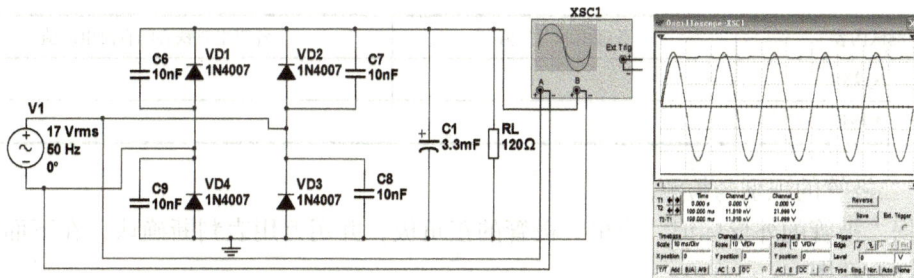

图1-60 接上滤波电容 $C_1$，交流输入、整流滤波输出电压波形仿真图

断开滤波电容 $C_1$，参考图 1-61 所示，对交流输入、整流输出电压大小进行仿真，说明输出、输入电压大小之间的关系。

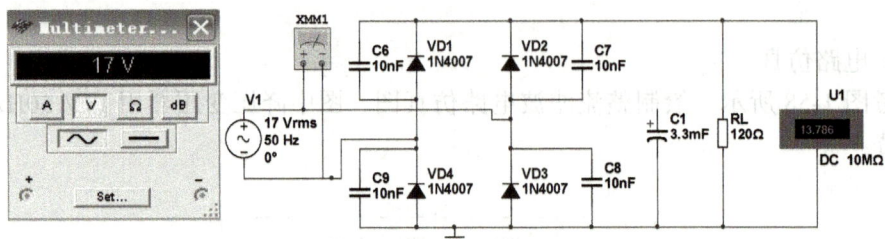

图 1-61　断开滤波电容 $C_1$，交流输入、整流输出电压仿真图

接上滤波电容 $C_1$，参考图 1-62 所示，对整流滤波输出电压大小进行仿真，说明输出、输入电压大小之间的关系。

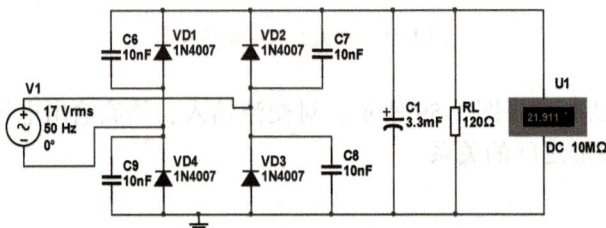

图 1-62　接上滤波电容 $C_1$，整流滤波输出电压仿真图

（3）元器件的识别与检测

1）用万用表检测变压器。

从外形或变压器体上的标示识别其类型。

用万用表检测变压器的方法与步骤。

① 检测前首先应进行外观检查，看绕组有无松散，引脚有无折断、生锈，绕组是否有烧焦等现象。

② 用万用表测量一次绕组和二次绕组的电阻值，判断其绕组是否正常。

③ 用万用表测量各绕组对铁心的直流电阻值，判断其绝缘性能。

把测量数据填入表 1-21 中。

表 1-21　万用表检测变压器测量数据

| 测试内容 | 各绕组的电阻值 | 各绕组对铁心间直流电阻值 |
|---|---|---|
| 一次绕组 | | |
| 二次绕组 | | |

2）二极管的识别与检测。

根据二极管的外形标记，找出二极管的正负极，并用万用表判断确认，在下面方框中画出极性示意图。

把指针式万用表打在 $R \times 1\mathrm{k}\Omega$ 档，分别测量二极管正反向电阻或用数字式万用表二极管测试档测试二极管正反向情况，填入表 1-22 中。

表 1-22　二极管正反向电阻或电压测量

| 测量项目 | $VD_1$ 测量值 | $VD_2$ 测量值 | $VD_3$ 测量值 | $VD_4$ 测量值 |
|---|---|---|---|---|
| 正向电阻或电压（kΩ 或 V） | | | | |
| 反向电阻或电压（kΩ 或 V） | | | | |

查阅相关资料，写出 1N4007 相关参数，说明选用此二极管依据。

1N4004 或 1N4007 相关参数：$I_{\mathrm{FM}}$_____；$U_{\mathrm{RM}}$_____；$I_{\mathrm{R}}$_____。

选用此二极管的依据：_____。

3）电容的识别与检测。

找出电容器 $C_1$、$C_6 \sim C_9$，根据标注读出其电容值和耐压值，用指针式万用表 $R \times 1\mathrm{k}\Omega$ 档（或 $R \times 10\mathrm{k}\Omega$ 档）检测电容器的质量，填入表 1-23 中；用数字式万用表电容测量档测量 $C_6 \sim C_9$ 的容量值，填入表 1-23 中。

表 1-23　电容器的检测

| 电容器标号 | 电容器的标注 | 电容器的容量标称值 | 电容器的耐压 | 正向漏电电阻 /kΩ | 反向漏电电阻 /kΩ | 测试电容器容量 | 质量情况 |
|---|---|---|---|---|---|---|---|
| $C_1$ | | | | | | — | |
| $C_6$ | | | | — | | | |
| $C_7$ | | | | — | | | |
| $C_8$ | | | | — | | | |
| $C_9$ | | | | — | | | |

（4）电路装配

1）根据原理图设计好元器件的布局。

2）在万能板上安装元器件。

3）装配完成后进行自检。装配完成后应重点检查装配的准确性，包括整流二极管 $VD_1 \sim VD_4$ 和电解电容器 $C_1$ 的极性，焊点质量应无虚、假、漏、搭焊等。

装配好的电路如图 1-63 所示。

图 1-63   整流滤波电路实物

（5）电路测试

1）断电检测。

分别用万用表检测降压变压器一次、二次绕组电阻。

一次绕组电阻：_____；二次绕组电阻：_____。

用指针式万用表 $R \times 1k\Omega$ 档检测滤波电容 $C_1$ 两端的正反向电阻。

$C_1$ 两端正向电阻：_____；$C_1$ 两端反向电阻：_____。

2）通电检测。

参见图 1-64 所示，用万用表交流电压 50V 档测量降压变压器二次电压，即电路输入端电压。

变压器二次电压：_____V。

断开直流熔断器和滤波电容 $C_1$，接上 $120\Omega/8W$ 的假负载，用万用表直流电压 50V 档测量整流后的电压。

整流后的电压：_____。

断开直流熔断器，用万用表直流电压 50V 档测量整流滤波后的空载电压（即 $C_1$ 两端的电压），参见图 1-65 所示。

空载电压：_____。

加上直流熔断器，使整流滤波电路与后级负载相连（或接 $120\Omega/8W$ 负载），用万用表直流电压 50V 档测量整流、滤波后的加载电压，参见图 1-66 所示。

加载后电压：_____。

图 1-64   输入电压检测

图 1-65   整流滤波电路空载电压检测

图 1-66   整流滤波电路加载电压检测

3）波形检测。

用示波器测量变压器二次输出电压（电路输入电压）的波形，填入表 1-24 中。

断开滤波电容 $C_1$，加上直流熔断器，使整流电路与后级负载相连（或接 120Ω/8W 负载），用示波器测量整流电路输出电压的波形，填入表 1-24 中。

接上滤波电容 $C_1$，加上直流熔断器，使整流滤波电路与后级负载相连（或接 120Ω/8W 负载），用示波器测量整流、滤波电路输出电压的波形，填入表 1-24 中。

表 1-24　整流滤波电路波形的测量

| 测量项目 | 电路输入电压波形 | 断开滤波电容 $C_1$，整流滤波电路输出电压的波形 | 接上滤波电容 $C_1$，整流滤波电路输出电压的波形 |
|---|---|---|---|
| 测量波形 | | | |

（6）故障分析

1）若 $VD_1$ 开路，会出现什么情况？

2）若 $VD_1$ 击穿，会出现什么情况？

3）若 $C_1$ 开路，会出现什么情况？

### 3. 评分标准

整流滤波电路的制作评分标准见表 1-25。

表 1-25　整流滤波电路的制作评分标准

| 项目及配分 | 工艺标准或要求 | 扣分标准 | 扣分记录 | 得分 |
|---|---|---|---|---|
| 电路计算<br>10 分 | 1. 能计算桥式整流电路输出电压、电流及负载功率大小<br>2. 能计算桥式整流、滤波电路输出电压、电流及负载功率大小 | 1. 不能计算桥式整流输出电压、电流及负载功率大小，每个扣 2 分<br>2. 不能计算桥式整流、滤波输出电压、电流及负载功率大小，每个扣 2 分 | | |
| 电路仿真<br>15 分 | 能按要求对电路进行仿真 | 不能对电路仿真，每处扣 5 分 | | |
| 元器件检测<br>15 分 | 1. 能用万用表判别二极管的极性及质量性能<br>2. 能用万用表检测电容器的漏电电阻 | 1. 不能用万用表判别二极管的极性及质量性能，每个扣 3 分<br>2. 不能用万用表检测电容器的漏电电阻，每个扣 3 分 | | |
| 元器件成形<br>10 分 | 能按要求进行成形 | 成形不标准每个扣 2 分，成形损坏元器件，扣 10 分 | | |

（续）

| 项目及配分 | 工艺标准或要求 | 扣分标准 | 扣分记录 | 得分 |
|---|---|---|---|---|
| 布线<br>10 分 | 1. 布线合理、紧凑<br>2. 导线横平、竖直，转角成直角，无交叉<br>3. 元器件连接关系和电路原理图一致 | 1. 布局不合理，每处扣 5 分<br>2. 导线不平直、转角不为直角，每处扣 2 分；出现交叉，每处扣 5 分<br>3. 连接关系错误，每处扣 10 分 | | |
| 插件<br>10 分 | 1. 二极管卧式安装，贴紧电路板；电容器立式安装<br>2. 按图装配，元件的位置、极性正确 | 1. 元器件安装歪、不对称、高度不合格，每处扣 1 分<br>2. 错装、漏装，每处扣 5 分 | | |
| 焊接<br>10 分 | 1. 焊点光亮、清洁，钎料适量<br>2. 无漏焊、虚焊、假焊、搭焊、溅焊等现象<br>3. 焊接后元器件引脚剪脚留头长度小于 1mm | 1. 焊点不光亮、钎料过多或过少、布线不平直，每处扣 1 分，扣完为止<br>2. 漏焊、虚焊、假焊、搭焊、溅焊，每处扣 3 分，扣完为止<br>3. 引脚剪脚留头长度大于 1mm，每处扣 1 分，扣完为止 | | |
| 测试<br>20 分 | 1. 按测试要求和步骤测量<br>2. 正确使用万用表 | 1. 测量方法或步骤错误，每处扣 5 分<br>2. 不会测量或测量结果错误，每处扣 5 分 | | |
| 安全、文明生产 | 1. 安全用电，不人为损坏元器件、加工件和设备等<br>2. 保持实习环境整洁、秩序井然、操作习惯良好 | 1. 发生安全事故，扣总分 20 分<br>2. 违反文明生产要求，视情况扣总分 5～20 分 | | |
| 总分 | | | | |

## 任务 1.3 稳压电路的制作

### 学习目标

#### 1. 能力目标

1）能正确判别稳压二极管、晶体管的电极及性能质量。
2）能分析并联型稳压电路、串联型稳压电路的工作过程。
3）能对串联型稳压电路进行装配、调试和检测。
4）通过实用电路安装提高学生实践操作技能。

#### 2. 知识目标

1）理解稳压电源的主要技术指标内涵。
2）了解晶体管的分类和晶体管的型号命名方法。
3）理解稳压二极管和晶体管的主要技术参数。
4）掌握稳压二极管和晶体管的检测方法。
5）了解可变电阻器的分类。

6）掌握可变电阻器的检测方法。

### 3. 素质目标

1）培养质量与成本意识。
2）培养沟通能力及团队协作精神。

## 1.3.1  稳压电源的主要技术指标

### 1. 特性指标

特性指标指表明稳压电源工作特征的参数，具体如下：
1）输入电压及其变化范围。
2）输出电压及输出电压调节范围。
3）额定输出电流（指电源正常工作时的最大输出电流）以及过电流保护电流值。

### 2. 质量指标

质量指标指衡量稳压电源稳定性能状况的参数，如电压调整率 $S_U$、电流调整率 $S_I$、输出电阻 $R_O$ 及纹波电压 $S$ 等。具体含义简述如下：

（1）电压调整率 $S_U$

电压调整率指负载电流 $I_O$ 及温度 $T$ 不变而输入电压 $U_I$ 变化时，输出电压 $U_O$ 的相对变化量 $\Delta U_O/U_O$ 与输入电压变化量 $\Delta U_I$ 之比值，即

$$S_U = \frac{\Delta U_O / U_O}{\Delta U_I / U_I} \times 100\% \Big|_{\Delta I_O=0, \Delta T=0} \tag{1-1}$$

$S_U$ 越小，稳压性能越好。电压调整率也可定义为：在负载电流和温度不变时，输入电压变化 10% 时，输出电压的变化量 $\Delta U_O$，单位为 mV。

（2）电流调整率 $S_I$

电流调整率指输入电压及温度不变时，输出电流 $I_O$ 从零变到最大时，输出电压的相对变化量 $\Delta U_O/U_O$ 与输出电压 $U_O$ 之比值，即

$$S_I = \frac{\Delta U_O}{U_O} \times 100\% \Big|_{\Delta U_I=0, \Delta T=0} \tag{1-2}$$

$S_I$ 或 $\Delta U_O$ 越小，输出电压受负载电流的影响就越小。

（3）输出电阻 $R_O$（或内阻）

输出电阻指输入电压固定时，由于负载电流 $I_O$ 的变化所引起的输出电压的变化，即

$$R_O = \frac{\Delta U_O}{\Delta I_O} \Big|_{U_I = \text{常数}} \tag{1-3}$$

$R_O$ 反映了负载变化对输出电压稳定性的影响。$R_O$ 越小，负载变化对输出电压的影响越小，电路带负载的能力越强。一般输出电阻 $R_O < 1\Omega$。

（4）纹波电压 $S$

纹波电压指稳压电路输出端中含有的交流分量，通常用有效值或峰值表示。$S$ 值越小越好，否则影响负载电路正常工作。

## 1.3.2 稳压电路原理分析

稳压电路如图 1-67 所示。电源变压器 Tr 二次侧输出的低压交流电，经过整流二极管 $VD_1 \sim VD_4$ 整流，电容器 $C_1$ 滤波，获得直流电，输送到稳压部分。稳压部分由复合调整管 $VT_1$、$VT_2$，比较放大管 $VT_3$ 及起稳压作用的硅稳压二极管 $VD_5$ 和取样电路 $R_7$、$R_8$、$RP_1$ 等组成。晶体管集电极、发射极之间的电压降简称管压降。

复合调整管上的管压降是可变的，当输出电压有减小的趋势，管压降会自动地变小，维持输出电压不变；当输出电压有增大的趋势，管压降又会自动地变大，维持输出电压不变。复合调整管的调整作用是受比较放大管控制的，输出电压经过微调电位器 $RP_1$ 分压，输出电压的一部分加到 $VT_3$ 的基极和地之间。由于 $VT_3$ 的发射极对地电压是通过二极管 $VD_5$ 稳定的，可认为 $VT_3$ 的发射极对地电压是不变的，这个电压叫作基准电压。这样 $VT_3$ 基极电压的变化就反映了输出电压的变化。如果输出电压有减小趋势，$VT_3$ 基极、发射极之间的电压也要减小，这就使 $VT_3$ 的集电极电流减小，集电极电压增大。由于 $VT_3$ 的集电极和 $VT_1$ 的基极是直接耦合的，$VT_3$ 集电极电压增大，也就是 $VT_1$ 的基极电压增大，这就使复合调整管加强导通，管压降减小，维持输出电压不变。同样，如果输出电压有增大的趋势，通过 $VT_3$ 的作用又使复合调整管的管压降增大，维持输出电压不变。

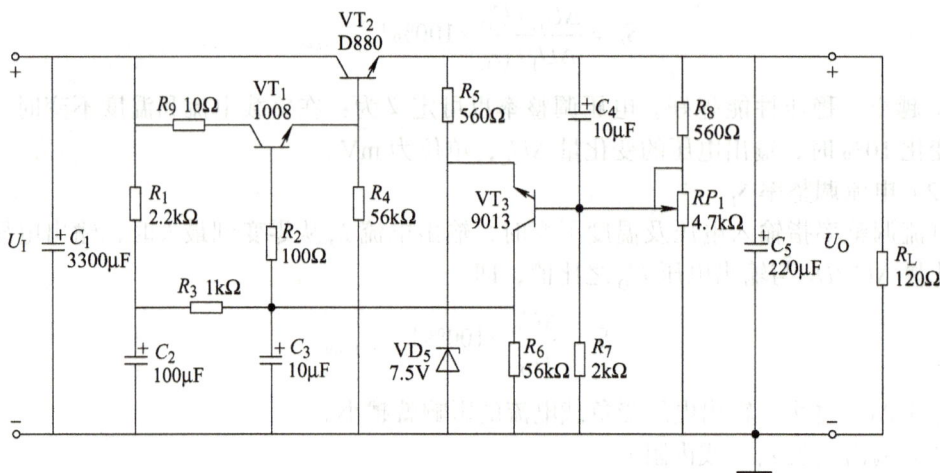

图 1-67 稳压电路

$VD_5$、$R_2$ 构成基准电压，$VD_5$ 为稳压二极管（稳压值为 7.5V），$R_2$ 是限流电阻。$C_3$ 的作用是降低稳压电源的交流内阻和纹波。$C_1$、$R_1$、$C_2$、$R_3$ 组成双 π 型滤波电路，为 $VT_1$ 提供一个纹波电压很小的基极电压，$R_1$、$R_3$ 既是 $VT_3$ 的集电极负载电阻，又是复合调整管基极的偏流电阻。$C_5$ 是输出端的滤波电容，可改善稳压电路的性能。

微视频
晶体管

## 1.3.3　晶体管的识别与检测

### 1. 晶体管概述

晶体管又叫双极型晶体管，简称晶体管。晶体管具有电流放大作用，是信号放大和处理的核心器件，广泛用于电子产品中。

晶体管结构示意图与电路符号如图 1-68 所示，由两个 PN 结（发射结和集电结）组成。它有三个区：发射区、基区和集电区，各自引出一个电极称为发射极 E、基极 B 和集电极 C。

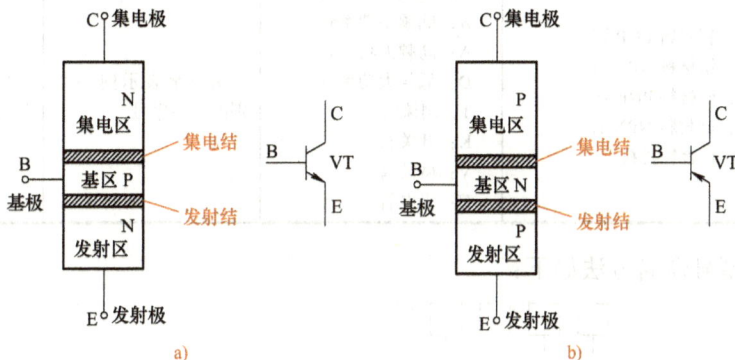

图 1-68　晶体管结构示意图与电路符号
a）NPN 型　b）PNP 型

NPN 型晶体管是由两个 N 型半导体中间夹着一个 P 型半导体构成；PNP 型晶体管是由两个 P 型半导体中间夹着一个 N 型半导体构成的，相当于两个背靠背的二极管。

晶体管的分类如下。

1）以内部三个区的半导体类型分类，有 NPN 型和 PNP 型。

2）以工作频率分类，有低频管（$f_\alpha < 3\mathrm{MHz}$）和高频管（$f_\alpha \geq 3\mathrm{MHz}$）。

3）以功率分类，有小功率管（$P_C < 1\mathrm{W}$）和大功率管（$P_C \geq 1\mathrm{W}$）。

4）以用途分类，有普通晶体管和开关管等。

5）以半导体材料分类，有锗和硅晶体管等。

常见晶体管外形如图 1-69 所示。

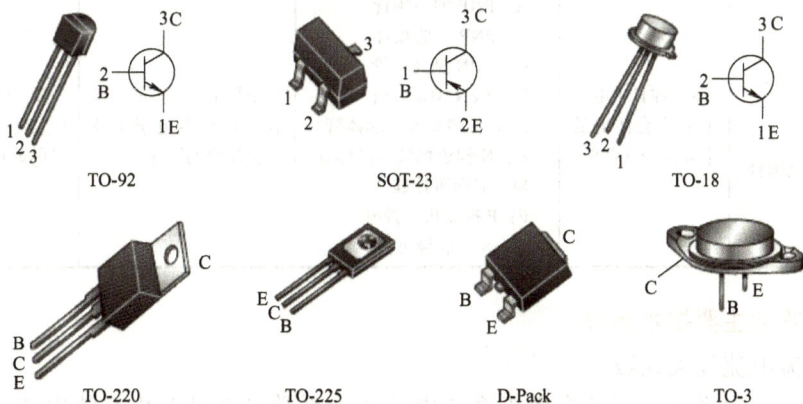

图 1-69　常见晶体管外形

## 2. 晶体管的型号命名方法

### （1）国产晶体管的型号命名规则

我国国家标准规定，晶体管的型号命名由五部分组成，具体见表1-26。

表1-26　国产晶体管命名规则

| 第一部分 | 第二部分 | 第三部分 | 第四部分 | 第五部分 |
|---|---|---|---|---|
| 电极数目 | 材料与极性（用字母表示） | 类型（用字母表示） | 序号（用数字表示） | 规格号（用字母表示） |
| 3：晶体管 | A：锗材料PNP管<br>B：锗材料NPN管<br>C：硅材料PNP管<br>D：硅材料NPN管<br>E：化合物材料 | G：高频小功率管<br>X：低频小功率管<br>A：高频大功率管<br>D：低频大功率管<br>T：闸流管<br>K：开关管<br>V：微波管<br>U：光电管 | 用数字表示同一类别的产品序号 | 用字母表示同一型号的器件的档次 |

晶体管的型号命名方法如下：

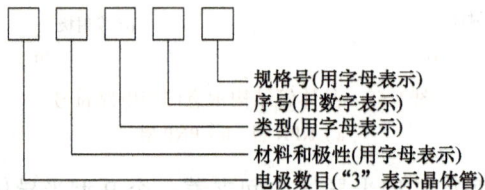

规格号（用字母表示）
序号（用数字表示）
类型（用字母表示）
材料和极性（用字母表示）
电极数目（"3"表示晶体管）

如3AG表示PNP型高频小功率晶体管；3DD表示NPN型低频大功率晶体管。

### （2）日本半导体分立器件工业标准（JIS）规定的命名方法

日本半导体分立器件的型号一般由五～七部分组成，前五部分符号及意义见表1-27。

表1-27　日本电子工业协会半导体器件命名规则

| 第一部分 | 第二部分 | 第三部分 | 第四部分 | 第五部分 |
|---|---|---|---|---|
| 用数字表示器件有效电极数目或类型 | 日本电子工业协会注册标志 | 用字母表示器件的极性和类型 | 用数字表示在日本电子工业协会注册的顺序号 | 用字母表示对原型号的改进产品 |
| 0：光电管和光电二极管<br>1：二极管<br>2：晶体管及晶闸管 | S：在日本电子工业协会注册的半导体分立器件 | A：PNP型高频管<br>B：PNP型低频管<br>C：NPN型高频管<br>D：NPN型低频管<br>J：P沟道场效应晶体管<br>K：N沟道场效应晶体管<br>M：双向可控硅<br>F：P控制极可控硅<br>G：N控制极可控硅 | 用两位以上的数字表示在日本电子工业协会注册的顺序号 | 用A、B、C、D、E、F、G表示对原型号的改进产品 |

## 3. 晶体管的主要技术参数

### （1）交流电流放大系数

交流电流放大系数包括共发射极交流电流放大系数$\beta$和共基极交流电流放大系数$\alpha$，

它是表明晶体管放大能力的重要参数。

（2）集电极最大允许电流 $I_{CM}$

集电极最大允许电流指放大器的电流放大系数明显下降时的集电极电流。

（3）集 – 射极间反向击穿电压 $U_{(BR)CEO}$

集 – 射极间反向击穿电压指晶体管基极开路时，集电极和发射极之间允许加的最高反向电压。

（4）集电极最大允许耗散功率 $P_{CM}$

集电极最大允许耗散功率指晶体管参数变化不超过规定允许值时的最大集电极耗散功率。

### 4. 晶体管的检测

（1）由晶体管外形初判引脚

根据晶体管的外形特点，初判其引脚，常见典型晶体管的引脚排列如图 1-70 所示。需指出，图 1-70 中的引脚排列方法是一般规律，对于外壳上有引脚标志的，应按标志识别；对管壳上无引脚标志的，应以测量为准。

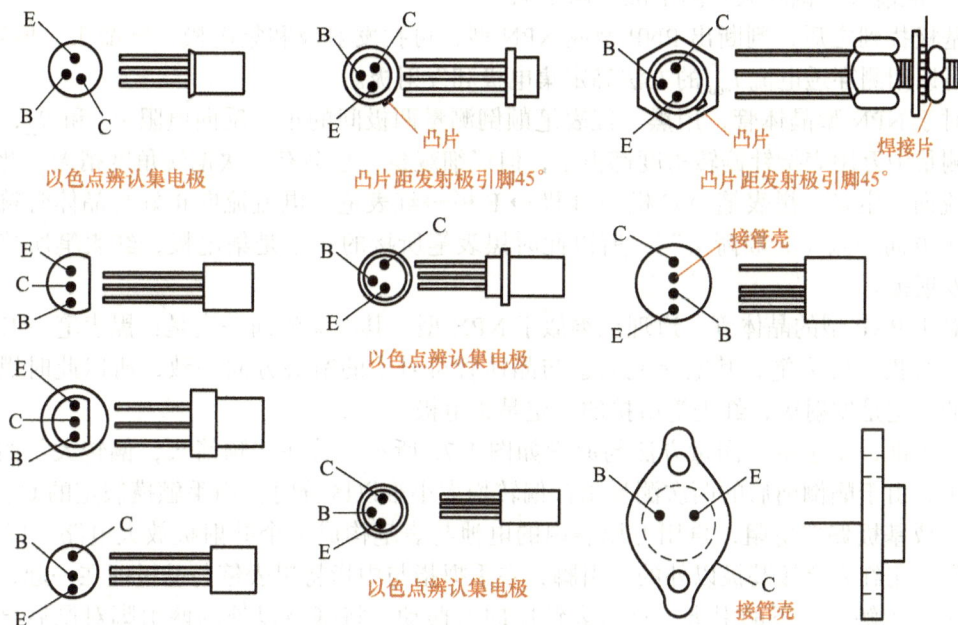

微视频
晶体管的检测

图 1-70　典型晶体管的引脚排列

（2）指针式万用表测量晶体管

1）三颠倒，找基极；PN 结，定管型。

三颠倒，找基极。测量方法及原理如图 1-71 所示。任取一个电极，把它假定为基极，任意一只表笔接这个电极，另一只表笔去测量剩下的两只电极，记下两次数据；然后，对调表笔，再按上述方法测量一次，记下两次数据。在这三次颠倒测量中（不一定必须测三次），直到测量结果为两次阻值都很小（正向电阻），两次阻值都很大（反向电阻），那么假定的基极正确。

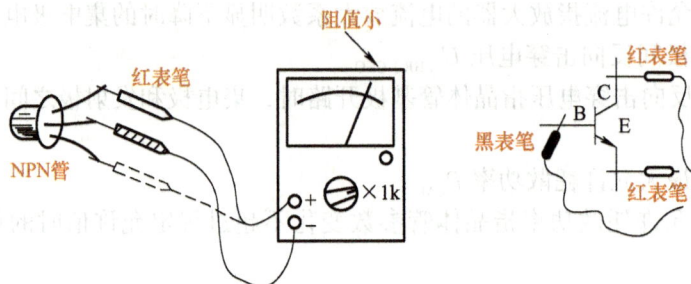

图 1-71  基极测量方法及原理

PN 结，定管型。找出晶体管的基极后，就可以根据基极与另外两个电极之间 PN 结的方向来确定管子的导电类型。在上述测量过程中，黑表笔接基极，测量结果阻值都很小，则该管为 NPN 型；反之，红表笔接基极，测量结果阻值都很小，则该管为 PNP 型。

2）顺箭头，偏转大；测不准，用手触。

基极找到之后，判断出 PNP 型或 NPN 型，再找发射极和集电极。顺箭头，偏转大，这时可以用测穿透电流 $I_{ceo}$ 的方法确定集电极和发射极。

对于 NPN 型晶体管，用黑、红表笔颠倒测量两极间的正、反向电阻 $R_{ce}$ 和 $R_{ec}$，虽然两次测量中万用表指针偏转角度都很小，但仔细观察，总会有一次偏转角度稍大，此时电流的流向一定是：黑表笔→C 极→B 极→E 极→红表笔，电流流向正好与晶体管符号中的箭头方向一致（"顺箭头"），所以此时黑表笔所接的一定是集电极，红表笔所接的一定是发射极。

对于 PNP 型的晶体管，道理也类似于 NPN 型，其电流流向一定是：黑表笔→E 极→B 极→C 极→红表笔，其电流流向也与晶体管符号中的箭头方向一致，所以此时黑表笔所接的一定是发射极，红表笔所接的一定是集电极。

测不准，用手触。测量方法与原理如图 1-72 所示。若在"顺箭头，偏转大"的测量过程中，由于颠倒前后的两次测量指针偏转均太小难以区分时，用手触摸假定的 C、B 两极，形成基极偏置电阻，再用万用表内的电池与表笔构成一个共射极放大电路，以 NPN 管为例，用红表笔接基极以外的一引脚，左手拇指与中指将黑表笔与基极捏在一起，同时用左手食指触摸余下的引脚，这时表针应向右摆动。将基极以外的两引脚对调后再测一次。两次测量中，表针摆动幅度较大的那一次，黑表笔所接为集电极，红表笔所接为发射极。表针摆动幅度越大，说明被测晶体管的 $\beta$ 值越大。对于 PNP 管则对调红、黑表笔测量。

（3）数字式万用表检测晶体管

利用数字式万用表不仅可以判别晶体管引脚极性、测量共发射极电流放大系数 $h_{FE}$，还可以鉴别硅管与锗管。由于数字式万用表电阻档的测试电流很小，所以不适用于检测晶体管，应使用二极管档或 $h_{FE}$ 档进行测试。

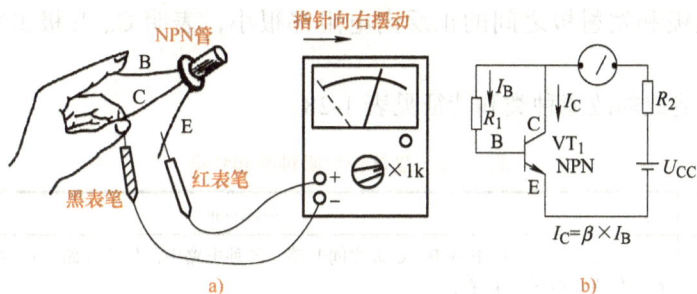

图 1-72　CE 极测量方法及原理

a）测量方法　b）等效原理

将数字式万用表置于二极管测试档位，红表笔固定任意接某个引脚，用黑表笔依次接触另外两个引脚，如果两次显示值均小于 1V 或都显示溢出符号"OL"或"1"，则红表笔所接的引脚就是基极 B。如果在两次测试中，一次显示值小于 1V，另一次显示溢出符号"OL"或"1"（视不同的数字式万用表而定），则表明红表笔接的引脚不是基极 B，应更换其他引脚重新测量，直到找出基极 B 为止。

基极确定后，用红表笔接基极，黑表笔依次接触另外两个引脚，如果显示屏上的数值都显示为 0.600～0.800V，则所测晶体管属于硅 NPN 型中、小功率管，如图 1-73 所示。其中，显示数值相对较大的一次（两次测试值相差较小），黑表笔所接引脚为发射极。

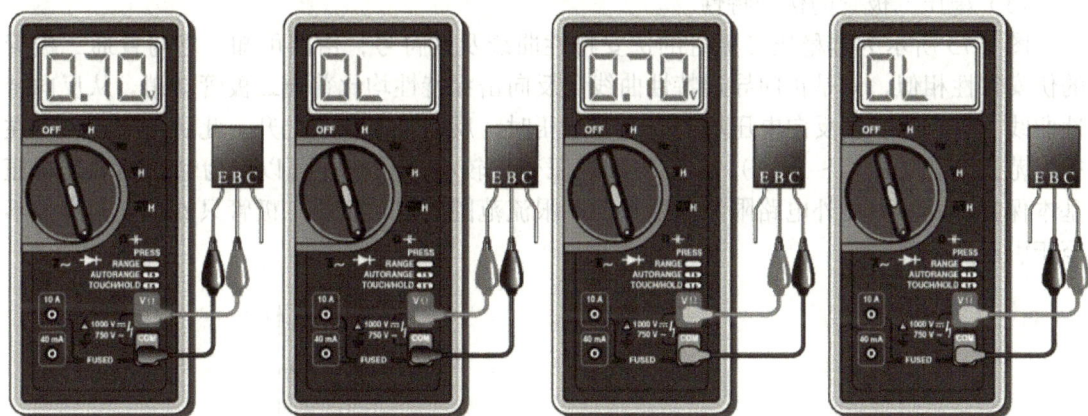

图 1-73　晶体管基极判断方法

用红表笔接基极，黑表笔先后接触另外两个引脚，若两次都显示溢出符号"OL"或"1"，调换表笔测量，即黑表笔接基极，红表笔接触另外两个引脚，显示数值都大于 0.400V，则表明所测晶体管属于硅 PNP 型，此时数值相对较大的那次，红表笔所接的引脚为发射极。

数字式万用表在测量过程中，若显示屏上的显示数值都小于 0.400V，则所测晶体管属于锗管。

（4）晶体管质量的判别

在确定基极的测量时，若测量 B、E 极间和 B、C 极间的正反向阻值都很大或都很小时，说明晶体管已损坏。

若测得集电极和发射极之间的正反向电阻都很小，表明 C、E 极击穿或晶体管性能变差。

晶体管损坏造成的故障种类和特征见表 1-28。

**表 1-28　晶体管故障种类和特征**

| 故障种类 | 故障特征 |
| --- | --- |
| 断路（开路）故障 | 可以是 C、E，B、E 或 B、C 极之间开路，各种电路中晶体管开路后具体故障现象不一样，但都会使直流电压发生变化 |
| 击穿（短路） | 主要发生在 C、E 之间。晶体管发生击穿故障后，会使直流工作电压发生变化 |
| 噪声大故障 | 晶体管本身噪声增大，放大器将出现噪声大故障，但不影响电路中的直流电路工作情况 |

## 1.3.4　稳压管的识别与检测

### 1. 稳压二极管

稳压二极管是一种用特殊工艺制成的面接触型二极管，特殊之处在于它工作在反向击穿状态。它是利用稳压二极管反向击穿时电流在很大范围内变化，而其两端的电压几乎不变的特性，实现稳压的。稳压二极管的外形和电路符号如图 1-74 所示。

（1）稳压二极管的伏安特性

图 1-75 所示为硅稳压二极管的伏安特性曲线及其符号，由图可知，它与普通二极管的伏安特性相似，只是正向导通特性曲线和反向击穿特性均比普通二极管陡峭。从反向特性曲线上可看出，当反向电压增大到击穿电压时，反向电流急剧上升。此后，电流虽然在很大范围变化（$I_{Zmin} \sim I_{Zmax}$），但两端的电压变化较小（$\Delta U_Z$），可以认为管子两端的电压基本保持不变。只要外电路限流电阻保证在限流范围之内，稳压二极管只处于电击穿而不至于引起热击穿。

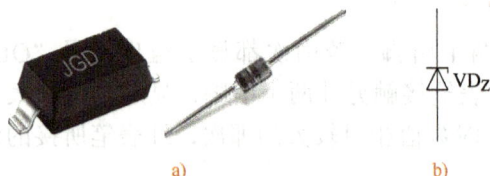

图 1-74　稳压二极管外形及电路符号

a）外形　b）电路符号

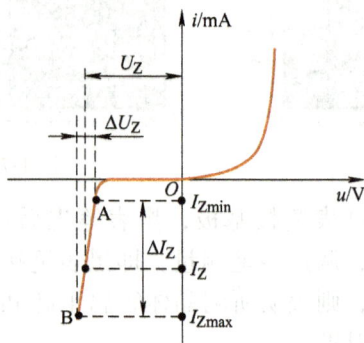

图 1-75　硅稳压二极管伏安特性曲线

（2）稳压管的主要参数

1）稳定工作电压 $U_Z$。稳压管在正常工作时的端电压（即反向击穿电压）。由于稳压管的参数分散性很大，即使同一型号的管子，稳压值也有差异。但是，对于某一只具体的稳压管，$U_Z$ 是确定的值。

2）稳定工作电流 $I_Z$。稳定工作电流 $I_Z$ 是指稳压管工作在稳压状态时流过的电流。当稳压管反向电流小于最小稳定电流 $I_{Zmin}$ 时，没有稳压作用；当稳压管反向电流大于最大稳定电流 $I_{Zmax}$ 时，管子因过流而损坏。

3）动态电阻 $r_Z$。动态电阻 $r_Z$ 是指稳压范围内电压变化量与相应的电流变化量之比，即 $r_Z=\Delta U_Z/\Delta I_Z$。$r_Z$ 值很小，约几欧姆到几十欧姆。$r_Z$ 越小越好，即反向击穿特性曲线越陡，稳压性能越好。

### 2. 稳压管稳压电路

图 1-76 所示为硅稳压管组成的稳压电路：$U_I$ 是整流滤波以后的输出电压；电阻 $R$ 为限流电阻，起稳压限流作用；$VD_Z$ 为稳压管，工作在反向击穿区。负载 $R_L$ 与稳压管 $VD_Z$ 并联，故又称为并联型稳压电路，输出电压就是稳压管两端的稳定电压，即 $U_O=U_I-I_R R=U_Z$。

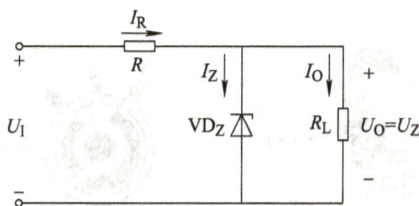

图 1-76　硅稳压管组成的稳压电路

首先分析负载不变（即 $R_L$ 不变），电网电压变化时的稳压过程。例如，当电网电压升高使输入电压 $U_I$ 随着升高时，输出电压 $U_O$ 也升高，由于稳压管负载相并联，则稳压管电压 $U_Z$ 也随之升高，稳压管的电流 $I_Z$ 会明显地增加，电流 $I_R$（$I_R=I_O+I_Z$）随之增大，从而使 $U_R=I_R R$ 增加，导致输出电压 $U_O$ 下降，达到稳压目的。

同样，若电网电压不变（即 $U_I$ 不变），负载（$R_L$）变化时，电路也能起到稳压作用。例如，负载电阻 $R_L$ 增大，输出电压 $U_O$ 将上升。则稳压管两端电压随之升高，从而使稳压管电流 $I_Z$ 会明显增大，使 $I_R$ 和 $U_R$ 增大，输出电压 $U_O$ 下降，达到稳压目的。

以上分析可知，稳压管组成的稳压电路，就是在电网电压波动或负载电流变化时，利用稳压管所起的电流调节作用，通过限流电阻 $R$ 上电压或电流的变化进行补偿，来达到稳压的目的。

### 3. 稳压二极管检测

稳压二极管其极性与性能好坏的测量同普通二极管的测量方法相似，不同之处在于：当使用指针式万用表的 $R \times 1k\Omega$ 档测量二极管时，测得其反向电阻是很大的，此时，将万用表转换到 $R \times 10k\Omega$ 档，如果出现万用表指针向右偏转较大角度，即反向电阻值减小很多的情况，则该二极管为稳压二极管；如果反向电阻基本不变，说明该二极管是普通二极管，而不是稳压二极管。

稳压二极管的测量原理是：万用表 $R \times 1k\Omega$ 档的内电池电压较小，通常不会使普通二极管和稳压二极管击穿，所以测出的反向电阻都很大。当万用表转换到 $R \times 10k\Omega$ 档时，万用表内电池电压变得很大，使稳压二极管出现反向击穿现象，所以其反向电阻下降很多，由于普通二极管的反向击穿电压比稳压二极管高得多，因而普通二极管不击穿，其反向电阻仍然很大。

若测得稳压二极管的正、反向电阻均很小或均为无穷大，则说明该二极管已击穿或开路损坏。

注意：数字式万用表只能测量稳压二极管的正向导通电压，无法测量稳压值。

## 1.3.5　可变电阻器的识别与检测

可变电阻器是指电阻在规定范围内可连续调节的电阻器，又称电位器。

微视频
电位器

### 1. 结构和种类

（1）结构

电位器由外壳、滑动片、电阻体和三个引出端组成，如图 1-77 所示。

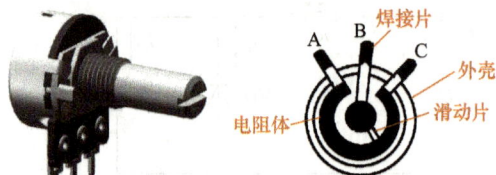

图 1-77　电位器的结构

（2）种类

参考图 1-78 所示。按调节方式可分为旋转式（或转柄式）和直滑式电位器；按联数可分为单联式和双联式电位器；按有无开关可分为无开关和有开关两种；按阻值输出的函数特性可分为线性电位器（A 型）、指数式电位器（B 型）和对数式电位器（C 型）三种。

图 1-78　常见可变电阻器的外形

a）单联式电位器　b）双联式电位器　c）直滑式电位器　d）微调电位器　e）带开关电位器

### 2. 主要技术参数

电位器的主要技术参数除了标称阻值、允许偏差和额定功率与固定电阻器相同外，还有以下几个主要参数。

（1）零位电阻

零位电阻指的是电位器的最小阻值，即动片端与任一定片端之间最小阻值。

（2）阻值变化特性

指阻值输出函数特性。常见的阻值变化特性有三种，如图 1-79 所示。

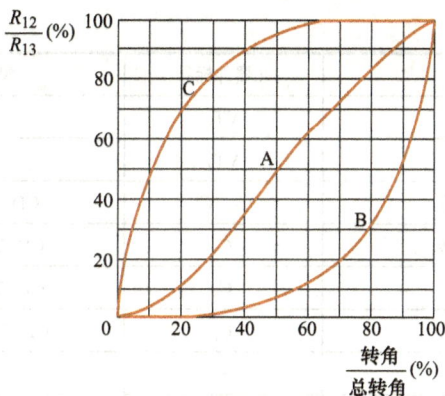

图 1-79　阻值变化特性曲线

直线式（A 型）：电位器阻值的变化与动触点位置的变化接近直线关系。

指数式（B 型）：电位器阻值的变化与动触点位置的变化成指数关系。

对数式（C 型）：电位器阻值的变化与触点位置的变化成对数关系。

### 3. 电位器的检测

1）测量电位器的标称阻值。

2）判断电位器是否接触良好（取万用表合适的电阻档）。

3）测量电位器各端子与外壳及旋转轴之间的绝缘电阻值是否足够大（正常应接近∞）。

## 1.3.6　任务实施

### 1. 设备、器材

稳压电路所需元器件（材）明细见表 1-29。

表 1-29　稳压电路所需元器件（材）明细表

| 序号 | 名称 | 元器件标号 | 型号规格 | 数量 |
|---|---|---|---|---|
| 1 | 碳膜电阻器 | $R_1$ | 2.2kΩ，1/4W | 1 |
| 2 | 碳膜电阻器 | $R_2$ | 100Ω，1/4W | 1 |
| 3 | 碳膜电阻器 | $R_5$、$R_8$ | 560Ω，1/4W | 2 |
| 4 | 碳膜电阻器 | $R_3$ | 1kΩ，1/4W | 1 |
| 5 | 碳膜电阻器 | $R_7$ | 2kΩ，1/4W | 1 |
| 6 | 碳膜电阻器 | $R_9$ | 10Ω，1/4W | 1 |
| 7 | 碳膜电阻器 | $R_4$、$R_6$ | 56kΩ，1/4W | 2 |
| 8 | 微调电位器 | $RP_1$ | WS-4.7kΩ | 1 |
| 9 | 假负载 | $R_L$ | 120Ω，8W | 2 |
| 10 | 稳压二极管 | $VD_5$ | 1N4737（7.5V） | 1 |
| 11 | 晶体管 | $VT_3$ | 9013 | 1 |

（续）

| 序号 | 名称 | 元器件标号 | 型号规格 | 数量 |
|---|---|---|---|---|
| 12 | 晶体管 | $VT_1$ | 1008 | 1 |
| 13 | 晶体管 | $VT_2$ | D880 | 1 |
| 14 | 电解电容器 | $C_3$、$C_4$ | CD-16V-10μF | 2 |
| 15 | 电解电容器 | $C_2$ | CD-25V-100μF | 1 |
| 16 | 电解电容器 | $C_5$ | CD-25V-220μF | 1 |
| 17 | 电解电容器 | $C_1$ | CD-25V-3300μF | 1 |
| 18 | 自攻螺钉 | — | BA3×8 | |
| 19 | 万能板或印制电路板 | | 配套 | 1 |

### 2. 任务实施

（1）电路的分析与计算

1）写出当负载 $R_L$ 不变，由于电网电压上升导致输出电压 $U_O$ 增大的稳压过程。

稳压过程：

2）当输入电压 $U_I$ 不变，负载 $R_L$ 减小时导致负载输出电流增加，引起输出电压 $U_O$ 减小的稳压过程。

稳压过程：

3）计算出 $RP_1$ 的中心抽头在最上端和最下端输出电压的变化范围。

（2）电路仿真

参考图 1-80 所示绘制稳压电路仿真图。图中输入电压 $V_1$ 用 20V 直流电压代替，晶体管、稳压二极管用库中参数与图 1-67 中的晶体管、稳压二极管参数接近的代替。

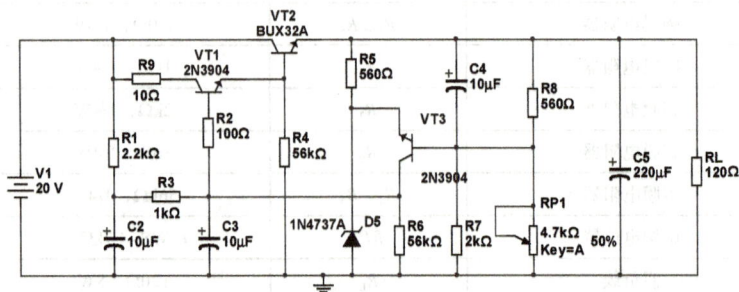

图 1-80　稳压电路仿真图

打开仿真旋钮，用 A（增加）或 Shift+A（减小）调节可调电阻 $RP_1$，使输出电压为

12V；然后用测量探针（或直流电压表）测量 $VT_1$、$VT_2$、$VT_3$ 等晶体管的 $U_B$、$U_C$、$U_E$ 的电位，参考图 1-81 所示。

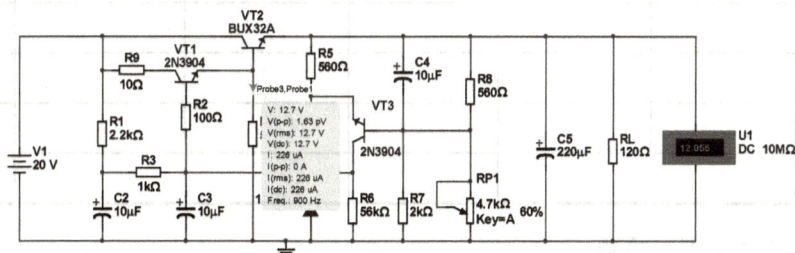

图 1-81　输出电压及晶体管电位的仿真图

　　打开仿真旋钮，用 A（增加）或 Shift+A（减小）调节可调电阻 $RP_1$，仿真输出电压的调节范围。

　　使仿真电路的输入电压分别为 16V、18V、20V，仿真测量输出电压的大小。

　　使仿真电路的负载电阻分别为 120Ω、240Ω、1200Ω、2400Ω，仿真测量输出电压的大小。

　　（3）元器件的识别与检测

　　1）色环电阻的识别与检测。

　　先根据色环电阻的色环颜色读出电阻的值，再用万用表进行检测，填入表 1-30 中，判别是否满足要求。

表 1-30　色环电阻的识别与检测

| 电阻标号 | 色环顺序 | 电阻标称值 | 误差 | 万用表检测值 | 是否满足要求 |
|---|---|---|---|---|---|
| $R_1$ | | | | | |
| $R_2$ | | | | | |
| $R_3$ | | | | | |
| $R_4$ | | | | | |
| $R_5$ | | | | | |
| $R_6$ | | | | | |
| $R_7$ | | | | | |
| $R_8$ | | | | | |
| $R_9$ | | | | | |

　　2）电容器的识别与检测。

　　找出电容器 $C_2 \sim C_5$，根据标注读出其电容值和耐压值，用指针式万用表 $R \times 1\text{k}\Omega$ 档检测电容器的质量，填入表 1-31 中。

表 1-31　电容器的识别与检测

| 电容器标号 | 电容器的标注 | 电容器的容量标称值 | 电容器的耐压 | 正向漏电电阻 /kΩ | 反向漏电电阻 /kΩ | 质量情况 |
|---|---|---|---|---|---|---|
| $C_2$ | | | | | | |
| $C_3$ | | | | | | |
| $C_4$ | | | | | | |
| $C_5$ | | | | | | |

3）晶体管的识别与检测。

根据晶体管的型号，识别晶体管的极性，把指针万用表打到 $R \times 1\text{k}\Omega$ 档或数字式万用表置于二极管测试档位，测量其正反向电阻或电压，填入表 1-32 中。

表 1-32　晶体管各极间正反向电阻值或电压值

| 晶体管标号 | B、E 间电阻值 /kΩ 或电压值 /V | | B、C 间电阻值 /kΩ 或电压值 /V | | C、E 间电阻值 /kΩ 或电压值 /V | |
|---|---|---|---|---|---|---|
| | 正向 | 反向 | 正向 | 反向 | 正向 | 反向 |
| $VT_1$ | | | | | | |
| $VT_2$ | | | | | | |
| $VT_3$ | | | | | | |

4）稳压二极管的识别与检测。

根据稳压二极管上面的标注写出稳压二极管的型号及稳压值。

稳压二极管的型号：_____；稳压值：_____。

用万用表 $R \times 1\text{k}\Omega$ 档检测稳压二极管的正反向电阻。

稳压二极管的正向电阻：_____；稳压二极管的反向电阻：_____。

5）电位器（$RP_1$）的识别与检测。

用万用表欧姆档测量电位器的两个固定端的电阻，并与标称阻值进行比较。

电位器的测量值：_____；电位器的标称阻值：_____。

测量滑动端与固定端的阻值变化情况。移动滑动端，如阻值从最小到最大之间连续变化，而且最小值越小，最大值越接近标称值，说明电位器质量较好；如阻值间断或不连续，说明电位器滑动端接触不良，则不能选用。

（4）电路装配

1）根据原理图设计好元器件的布局。

2）在万能板上安装元器件。电阻、电容、稳压二极管和晶体管正确成形，注意元器件成形时尺寸须符合电路通用板插孔间距要求。按要求进行装接，不装错，元器件排列整齐并符合工艺要求，尤其应注意稳压二极管、晶体管及电解电容器的极性不要装错。

3）装配完成后进行自检。装配完成后应重点检查装配的准确性，焊点质量应无虚、假、漏、搭焊等。

装配好的电路如图 1-82 所示。

图 1-82　稳压电路实物

（5）电路测试

焊接完成后进行复查，经检查无误后，通电检测。

1）把变压器的一次绕组接到 220V 的市电上，调整 $RP_1$ 使输出直流电压为 12V 时，分别测量 $VT_1$、$VT_2$、$VT_3$ 晶体管的各电极对地电压，判断晶体管的工作状态，填入表 1-33 中。

表 1-33　晶体管各电极对地电压

| 测试点 | 电压值 /V | | |
| --- | --- | --- | --- |
| | $VT_1$ | $VT_2$ | $VT_3$ |
| $V_E$ | | | |
| $V_B$ | | | |
| $V_C$ | | | |
| 晶体管的工作状态 | | | |

2）调节取样电位器 $RP_1$，用万用表 50V 直流电压档测量输出电压，观察指针变化。当取样电位器逆时针旋到底，输出电压 $U_O$=_____V；反之电位器顺时针旋到底，输出电压 $U_O$=_____V。连续调节电位器，万用表指针_____（连续 / 不连续）变化。

3）利用现有直流稳压电源，断开直流熔断器，在稳压电路的输入端接入不同的输入电压，测量输出电压。首先直流稳压电源输出为 18V，在输出电流为 0.1A（外接 120Ω/8W 负载，调节可调电阻 $RP_1$ 使输出电压为 12V），改变直流输入电压为 16V 或 18V 时分别测输出电压，记录输出电压值并根据公式 $S_U = \dfrac{\Delta U_O / U_O}{\Delta U_I / U_I} \times 100\% \big|_{\Delta I_O = 0, \Delta T = 0}$ 计算电压调整率，填入表 1-34 中。

表 1-34　输入电压变化时输出电压的检测及电压调整率的计算

| $U_I$/V | 16 | 18 | 20 |
| --- | --- | --- | --- |
| $U_O$/V | | | |
| 电压调整率 | | | |

结果表明：当输入电压变化时，稳压电路_____（可以／不可以）实现稳压作用。

4）接入 120Ω/8W 负载，调节 $RP_1$ 使输出电压为 12V，改变负载电阻阻值，测量输出电压和输出电流，填入表 1-35 中。

表 1-35　负载电阻变化时输出电压和输出电流的检测

| $R_L/\Omega$ | 120 | 240 | 1200 | 2400 |
|---|---|---|---|---|
| $U_O/V$ | | | | |
| $I_O/mA$ | | | | |

结果表明：当负载（电阻）变化时稳压电路_____（可以／不可以）实现稳压作用。

根据公式 $R_O = \dfrac{\Delta U_O}{\Delta I_O}\Big|_{U_I=常数}$，计算电源的内阻 $R_O$=_____。

5）测试纹波电压。在输入为 AC 220V、输出电流为 0.1A 时，用毫伏表测试输出纹波电压并记录。

### 3. 评分标准

稳压电路的制作、调试与检测评分标准见表 1-36。

表 1-36　稳压电路的制作、调试与检测评分标准

| 项目及配分 | 工艺标准及测试要求 | 扣分标准 | 扣分记录 | 得分 |
|---|---|---|---|---|
| 电路的分析与计算 10 分 | 1. 能分析稳压电路的稳压过程<br>2. 能计算输出电压的调节范围 | 1. 不能分析稳压电路的稳压过程，每个扣 3 分<br>2. 不能计算输出电压的调节范围，扣 4 分 | | |
| 电路仿真 10 分 | 能按要求对电路进行仿真 | 不能对电路仿真，每处扣 5 分 | | |
| 元器件检测 10 分 | 1. 能读、测出色环电阻的阻值<br>2. 能用万用表判别稳压二极管的极性及质量性能<br>3. 能用万用表判别晶体管的极性及质量性能<br>4. 能用万用表测量电位器的阻值及质量性能 | 1. 不能读、测色环电阻的阻值，每个扣 1 分<br>2. 不能用万用表判别稳压二极管的极性及质量性能，扣 2 分<br>3. 不能用万用表判别晶体管的极性及质量性能，每个扣 2 分<br>4. 不能用万用表测量电位器的阻值及质量性能，扣 5 分 | | |
| 元器件成形 10 分 | 能按要求进行成形 | 成形损坏元器件，扣 10 分；成形不规范，每个扣 2 分 | | |
| 布线 10 分 | 1. 布线合理、紧凑<br>2. 元器件连接关系和电路原理图一致 | 1. 布局不合理，每处扣 5 分<br>2. 连接关系错误，每处扣 10 分 | | |
| 插件 10 分 | 1. 电阻器、稳压二极管卧式安装，贴紧电路板。电容器、晶体管、可调电阻器立式安装<br>2. 按图装配，元件的位置、极性正确 | 1. 元件安装歪、不对称、高度不合格，每处扣 1 分<br>2. 错装、漏装，每处扣 5 分 | | |

（续）

| 项目及配分 | 工艺标准及测试要求 | 扣分标准 | 扣分记录 | 得分 |
|---|---|---|---|---|
| 焊接<br>10分 | 1. 焊点光亮、清洁，钎料适量<br>2. 无漏焊、虚焊、假焊、搭焊、溅焊等现象<br>3. 焊接后元件引脚剪脚留头长度小于1mm | 1. 焊点不光亮、钎料过多或过少、布线不平直，每处扣1分，扣完为止<br>2. 漏焊、虚焊、假焊、搭焊、溅焊，每处扣3分，扣完为止<br>3. 引脚剪脚留头长度大于1mm，每处扣1分，扣完为止 | | |
| 测试<br>30分 | 通电试验：检查各元器件装配无误后，通电试验，如有故障应进行排除 | 不会排除故障不得分<br>正常不扣分 | | |
| | 输出电压范围的测量 | 不会调整、测量，扣5分 | | |
| | 测量晶体管引脚电位 | 不会测电位或测错，每处扣1分 | | |
| | 输入电压变化后输出电压的测量及电压调整计算 | 不会测量、计算，每处扣2分 | | |
| | 输出内阻的测量计算 | 不会测量、计算，每处扣2分 | | |
| | 测纹波电压 | 不会测扣2分，读数有误差扣1分 | | |
| 安全、文明生产 | 1. 安全用电，不人为损坏元器件、加工件和设备等<br>2. 保持实习环境整洁、秩序井然、操作习惯良好 | 1. 发生安全事故扣总分20分<br>2. 违反文明生产要求视情况扣总分5～20分 | | |
| 总分 | | | | |

## 任务 1.4　LM317 可调稳压电源的安装与调试

### 学习目标

#### 1. 能力目标

1）能正确识别任务中所用电子元器件。

2）能用万用表检测任务中所用电子元器件。

3）能正确焊接直插式元器件。

4）能完成 LM317 可调稳压电源电路的安装和调试。

#### 2. 知识目标

1）了解 LM317 三端可调稳压器的特点。

2）理解七段数字显示器原理。

3）了解 DSN-DVM-368 直流电压表的特点、主要参数。

#### 3. 素质目标

1）培养质量与成本意识。

2）培养良好的诚信品质、敬业精神、责任意识。

## 1.4.1 电路结构及原理分析

LM317 可调稳压电源电路如图 1-83 所示。$U_1$ 为可调直流稳压集成电路 LM317；$VD_3 \sim VD_6$ 构成桥式整流电路；$C_3$ 为抗干扰电容，用以旁路在输入导线过长时窜入的高频干扰脉冲；$C_4$ 为滤波电容；$R_1$、$RP_1$ 为取样电阻，调节 $RP_1$ 的大小可以调节输出电压的大小；$C_5$ 可以滤除 $RP_1$ 两端的纹波，防止放大后从输出端输出；$C_1$、$C_2$ 具有改善输出瞬态特性和防止电路产生自激振荡的作用；$VD_1$ 起保护 LM317 的作用，当输入端短路且 $C_1$ 容量较大时，如不接二极管，$C_1$ 上的电荷将通过稳压器内电路放电，可能使集成块击穿而损坏，接上二极管后，$C_1$ 上电压使二极管正偏导通，电容通过二极管放电从而保护了稳压器；$VD_2$ 给 $C_5$ 提供一个泄放回路；$R_2$ 和 $LED_1$ 构成电源指示电路，$R_2$ 为限流电阻。

交流电压经 $VD_3 \sim VD_6$ 构成的桥式整流变成脉动直流电，再经 $C_4$ 滤波后作为 $U_1$（LM317）的输入电压，调整 $RP_1$ 的大小可以改变输出电压的大小。

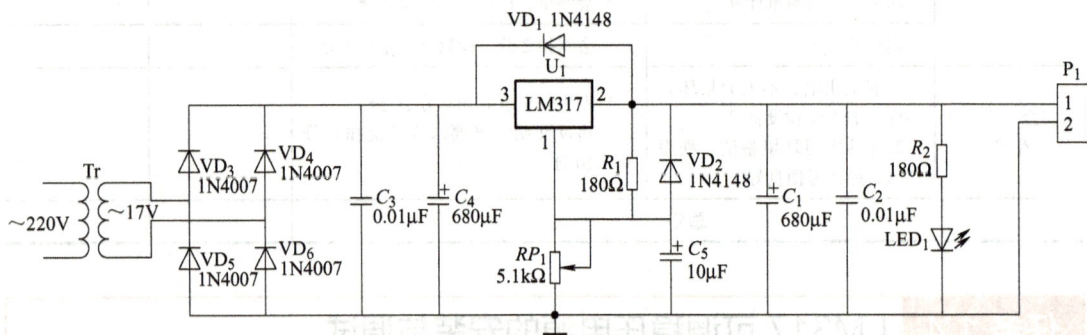

图 1-83　LM317 可调稳压电源电路

## 1.4.2　LM317 三端可调稳压器简介

LM317 是应用最为广泛的电源集成电路之一，它不仅具有固定式三端稳压电路的最简单形式，又具备输出电压可调的特点。此外，还具有调压范围宽、稳压性能好、噪声低、纹波抑制比高等优点。LM317 外形及引脚排列如图 1-84 所示。从电压调节器的正面看，第一个引脚（左侧）是调整（控制）引脚，中间是输出脚，最后一个引脚（右侧）是输入脚。

LM317 主要参数如下：①输出电压：DC 1.25 ~ 37V；②输出电流：5mA ~ 1.5A；③芯片内部具有过热、过电流、短路保护电路；④最大输入 – 输出电压差：DC 40V；⑤最小输入 – 输出电压差：DC 3V；⑥使用环境温度：–10 ~ +85℃。

LM317 典型应用电路如图 1-85 所示。LM317 的输出端与调整端之间的电压 $U_{REF}$ 固定在 1.25V，调整端的电流很小且十分稳定（50μA），故可将其略去，因此输出电压为

$$U_O = 1.25\left(1 + \frac{RP}{R_1}\right) \tag{1-4}$$

改变 $RP$ 的大小，可改变输出电压的大小。

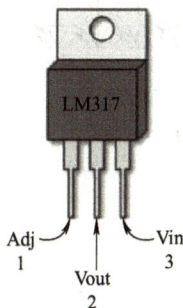

图 1-84　LM317 三端可调稳压器外形及引脚排列

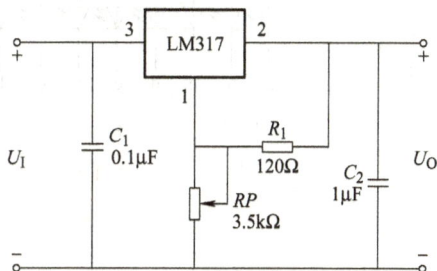

图 1-85　LM317 典型应用电路

## 1.4.3　电压显示数码管

### 1. LED 数码管

常用的数字显示器件包括半导体数码管、荧光数码管、辉光数码管和液晶数码管等多种显示器件。其显示字形的方式包括分段式显示、字形重叠式显示和点阵式显示等。目前使用比较广泛、成本较低的显示器件为由发光二极管构成的七段数字显示器，即 LED 数码管，它是一种应用非常广泛的半导体发光器件，其基本单元就是发光二极管，如图 1-86 所示。

图 1-86　LED 数码管

七段数字显示器就是将七个发光二极管（加小数点为八个）按一定的方式排列起来，七段 a、b、c、d、e、f、g（小数点 h）各对应一个发光二极管，利用不同发光段的组合，显示不同的阿拉伯数字，如图 1-87 所示。

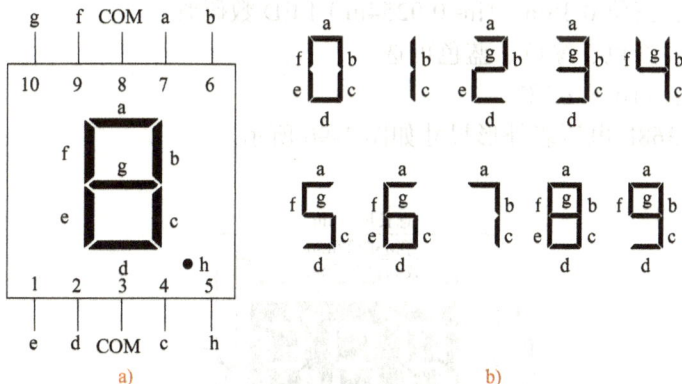

图 1-87　七段数字显示器及发光段组合图
a）显示器　b）七段组合图

按内部连接方式不同，七段数字显示器分为共阳极和共阴极两种，如图 1-88 所示。

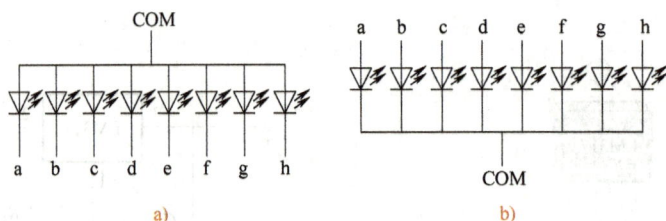

a)　　　　　　　　　　　　　　　b)

图 1-88　七段数字显示器的连接方式

a）共阳极接法　b）共阴极接法

### 2. DSN-DVM-368 直流电压表

DSN-DVM-368 直流电压表如图 1-89 所示，具有精度高、使用方便、启动电压低（红色 4.5V，绿色 5.0V，蓝色 5.0V）等优点。

DSN-DVM-368 主要参数如下：

① 测量范围：0.00 ～ 30.0V。

② 供电范围：红色 DC 4.50 ～ 30.0V，绿色 DC 4.70 ～ 30.0V，蓝色 DC 5.00 ～ 30.0V。

③ 最高输入：DC 30.0V。注：输入电压高于 30V 有可能永久性损坏！

图 1-89　DSN-DVM-368
直流电压表

④ 允许误差：±1%；大于或等于 10V 时误差是 ±0.3V；小于 10V 时误差是 ±0.1V。

⑤ 输入阻抗：>100kΩ。

⑥ 工作电流：红色 <23mA，绿色 <18mA，蓝色 <13mA。

⑦ 刷新速度：约 300ms 一次。

⑧ 显示方式：三位 0.36in（1in=0.0254m）LED 数码管。

⑨ 显示颜色：红色、绿色、蓝色可选。

⑩ 工作温度：-10 ～ 65℃。

DSN-DVM-368L 电压表外形尺寸如图 1-90 所示。

图 1-90　DSN-DVM-368L 电压表外形尺寸

DSN-DVM-368L 电压表接线方法如图 1-91 所示。

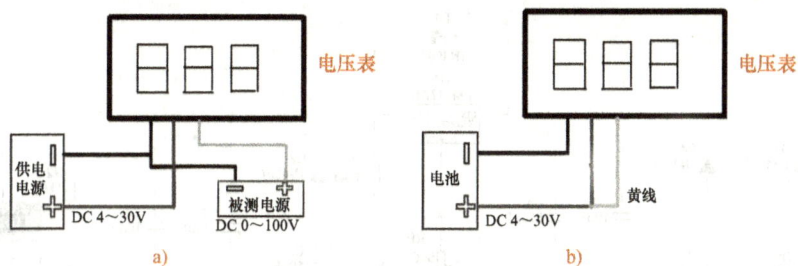

图 1-91　DSN-DVM-368L 电压表接线方法

a）三线接线方法　b）三线改两线接线方法

## 1.4.4　任务实施

### 1. 设备、器材

LM317 可调稳压电源元器件（材）明细见表 1-37。

表 1-37　LM317 可调稳压电源元器件（材）明细表

| 序号 | 名称 | 元器件标号 | 型号规格 | 数量 |
|---|---|---|---|---|
| 1 | 电阻器 | $R_1$ | 180Ω，1/4W | 1 |
| 2 | 电阻器 | $R_2$ | 10kΩ，1/4W | 1 |
| 3 | 微调电位器 | $RP_1$ | WS-5.1kΩ | 1 |
| 4 | 保护二极管 | $VD_1$、$VD_2$ | 1N4148 | 2 |
| 5 | 整流二极管 | $VD_3$、$VD_4$、$VD_5$、$VD_6$ | 1N4007 | 4 |
| 6 | 发光二极管 | $LED_1$、$LED_2$ | | 2 |
| 7 | 电容器 | $C_1$、$C_4$ | 680μF/25V | 2 |
| 8 | 电容器 | $C_2$、$C_3$ | 0.01μF | 2 |
| 9 | 电容器 | $C_5$ | 10μF/10V | 1 |
| 10 | 可调集成稳压块 | $U_1$ | LM317 | 1 |
| 11 | 散热器 | — | 与 LM317 配套 | 1 |
| 12 | 数码管电压表 | | | 1 |
| 13 | 降压变压器 | Tr | 220V/17V | 1 |
| 14 | 万能板或印制电路板 | — | 配套 | 1 |
| 15 | 假负载 | $R_L$ | 120Ω，8W；240Ω，8W | 各 1 |

### 2. 实施过程

（1）电路仿真

参考图 1-92 所示绘制 LM317 可调稳压电源电路仿真图。

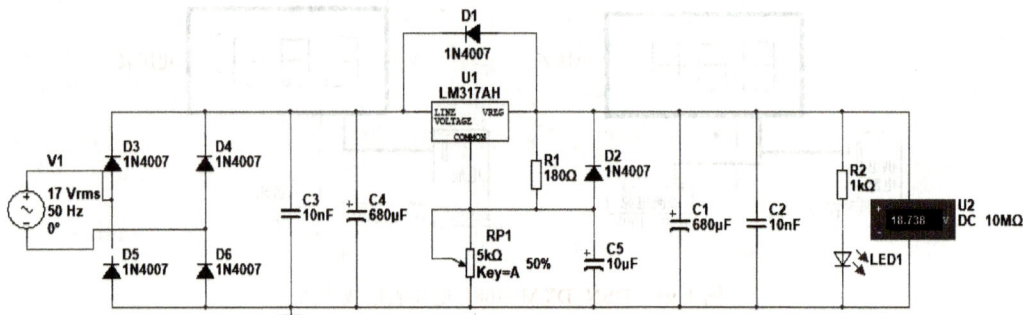

图 1-92　LM317 可调稳压电源电路仿真图

打开仿真旋钮，用 A（增加）或 Shift+A（减小）调节可调电阻 $RP_1$，仿真输出电压的调节范围。

（2）元器件的识别与检测

1）整流二极管的识别与检测。

根据二极管的外形标记，找出二极管 $VD_1 \sim VD_6$ 的正负极，并用万用表判断确认，在下面方框中画出极性示意图。

把数字式万用表打在—▷⊢档，分别测量二极管正反向情况，填入表 1-38 中。

表 1-38　二极管正反向电阻测量

| 测量项目 | $VD_1$ 测量值 | $VD_2$ 测量值 | $VD_3$ 测量值 | $VD_4$ 测量值 | $VD_5$ 测量值 | $VD_6$ 测量值 |
|---|---|---|---|---|---|---|
| 正向 | | | | | | |
| 反向 | | | | | | |

查阅相关资料，1N4007 相关参数。

1N4007 相关参数：$I_{FM}$＿＿＿＿＿＿；$U_{RM}$＿＿＿＿＿＿；$I_R$＿＿＿＿＿＿。

2）发光二极管的识别与检测。

用观察法判别极性：一般发光二极管两引脚中，较长的是正极，较短的是负极。对于透明或半透明塑封发光二极管，可以用肉眼观察到它的内部电极的形状，正极的内电极较小，负极的内电极较大。画出发光二极管的正负极的示意图。

用万用表测量发光二极管的极性和质量好坏。

把数字式万用表打在—▷⊢档，分别测量发光二极管正反向情况，并做记录。

正向：＿＿＿＿＿＿；反向＿＿＿＿＿＿；质量情况：＿＿＿＿＿＿。

3）电容的识别与检测。

找出电容器 $C_1 \sim C_5$，根据标注读出其电容值和耐压值，用数字式万用表电容档测量电容器的容量，填入表 1-39 中。

表 1-39  电容器的识别与检测

| 电容器标号 | 电容器的标注 | 电容器的容量标称值 | 电容器的耐压 | 万用表测量值 | 质量情况 |
|---|---|---|---|---|---|
| $C_1$ | | | | | |
| $C_2$ | | | | | |
| $C_3$ | | | | | |
| $C_4$ | | | | | |
| $C_5$ | | | | | |

4）色环电阻的识别与检测。

先根据色环电阻的色环颜色读出电阻的值，再用万用表进行检测，填入表 1-40 中，判别是否满足要求。

表 1-40  色环电阻的识别与检测

| 电阻标号 | 色环顺序 | 电阻标称值 | 误差 | 万用表检测值 | 是否满足要求 |
|---|---|---|---|---|---|
| $R_1$ | | | | | |
| $R_2$ | | | | | |

5）LM317 的识别。

说出 LM317 的功能，画图说明引脚排列情况。

6）电位器的识别与检测。

写出电位器上的标识，并用万用表检测其质量情况。

（3）电路安装

元器件的安装一般遵循先小后大、先低后高的原则。

完成装配后的电路如图 1-93a 所示，图 1-93b 为焊接电压表（参考图 1-91 接线）后的电路。

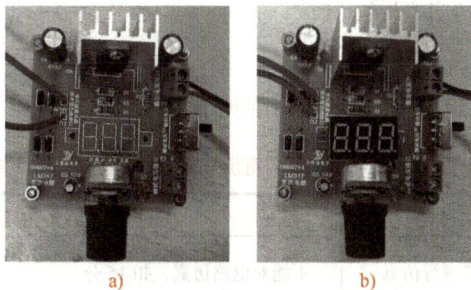

图 1-93  装配后的电路

（4）电路的调试

焊接完成后进行复查，经检查无误后，通电检测。

1）把变压器的一次绕组接到 220V 的市电上（二次电压为 17V），调节取样电位器 $RP_1$，用万用表 50V 直流电压档测量输出电压。当取样电位器逆时针旋到底，输出电压 $U_O=$_____V；反之电位器顺时针旋到底，输出电压 $U_O=$_____V。

2）利用现有直流稳压电源，在稳压电路的输入端接入 10V 电源，调整 $RP_1$ 使输出电压为 5V 时，测量、记录输出电压值，填入表 1-41 中，调整输入电压为 15V、20V 时，测量、记录输出电压值，并根据公式 $S_U=\dfrac{\Delta U_O/U_O}{\Delta U_I/U_I}\times100\%\big|_{\Delta I_O=0,\Delta T=0}$ 计算电压调整率，填入表 1-41。

表 1-41  输入电压变化时输出电压的检测及电压调整率的计算

| $U_I/V$ | 10 | 15 | 20 |
|---|---|---|---|
| $U_O/V$ | | | |
| 电压调整率 | | | |

结果表明：当输入电压变化时，稳压电路_____（可以／不可以）实现稳压作用。

3）接入 120Ω/8W 负载，利用现有直流稳压电源，在稳压电路的输入端接入 15V 电源，调节 $RP_1$ 使输出电压为 12V，测量输出电压和输出电流，填入表 1-42 中；改变负载电阻为 240Ω/8W，测量输出电压和输出电流，填入表 1-42。

表 1-42  负载电阻变化时输出电压和输出电流的检测

| $R_L/\Omega$ | 120 | 240 |
|---|---|---|
| $U_O/V$ | | |
| $I_O/mA$ | | |

结果表明：当负载（电阻）变化时稳压电路_____（可以／不可以）实现稳压作用。

根据公式 $R_O=\dfrac{\Delta U_O}{\Delta I_O}\big|_{U_I=常数}$，计算电源的内阻 $R_O=$_____。

4）测试纹波电压。在输入交流电压为 17V，输出直流电压为 12V、电流为 0.1A 时，用毫伏表测试输出纹波电压并记录。

### 3. 评分标准

LM317 可调直流稳压电路制作评分标准见表 1-43。

表 1-43  LM317 可调直流稳压电路制作评分标准

| 项目及配分 | 工艺标准及测试要求 | 扣分标准 | 扣分记录 | 得分 |
|---|---|---|---|---|
| 电路仿真<br>15 分 | 能按要求对电路进行仿真 | 不能对电路仿真，扣 15 分 | | |

（续）

| 项目及配分 | 工艺标准及测试要求 | 扣分标准 | 扣分记录 | 得分 |
|---|---|---|---|---|
| 元器件检测<br>15 分 | 1. 能读、测出色环电阻的阻值<br>2. 能用万用表判别整流二极管和发光二极管的极性<br>3. 能识别电容器的标注，能用万用表检测电容器<br>4. 能用万用表测量电位器的阻值及质量性能<br>5. 能说明 LM317 功能及引脚排列情况 | 1. 不能读、测色环电阻的阻值，每个扣 1 分<br>2. 不能用万用表判别整流二极管和发光二极管的极性及质量性能，扣 2 分<br>3. 不能识别电容器的标注，不能用万用表检测电容器，每个扣 2 分<br>4. 不能用万用表测量电位器的阻值及质量性能，扣 5 分<br>5. 不能说明 LM317 功能及引脚排列情况，扣 5 分 | | |
| 元器件成形<br>10 分 | 能按要求进行成形 | 成形损坏元器件，扣 10 分；成形不规范，每个扣 2 分。扣完为止 | | |
| 插件<br>15 分 | 1. 电阻器、二极管卧式安装，贴紧电路板。电容器、晶体管、可调电阻器立式安装<br>2. 按图装配，元件的位置、极性正确 | 1. 元件安装歪、不对称、高度不合格，每处扣 1 分<br>2. 错装、漏装，每处扣 5 分<br>扣完为止 | | |
| 焊接<br>15 分 | 1. 焊点光亮、清洁，钎料适量<br>2. 无漏焊、虚焊、假焊、搭焊、溅焊等现象<br>3. 焊接后元件引脚剪脚留头长度小于 1mm | 1. 焊点不光亮、钎料过多或过少、布线不平直，每处扣 1 分，扣完为止<br>2. 漏焊、虚焊、假焊、搭焊、溅焊，每处扣 3 分，扣完为止<br>3. 引脚剪脚留头长度大于 1mm，每处扣 1 分，扣完为止 | | |
| 测试<br>30 分 | 通电试验：检查各元器件装配无误后，通电试验，如有故障应进行排除 | 共 5 分<br>不会排除故障不得分<br>正常不扣分 | | |
| | 输出电压范围的测量 | 不会调整、测量，扣 4 分 | | |
| | 输入电压变化后输出电压的测量 | 不会测量，每处扣 2 分。共 8 分，扣完为止 | | |
| | 输入电压变化后电压调整率计算 | 不会计算扣 2 分 | | |
| | 输出内阻的测量计算 | 不会测量、计算，每处扣 2 分，共 8 分，扣完为止 | | |
| | 测纹波电压 | 不会测扣 3 分，读数有误差扣 1 分 | | |
| 安全、文明生产 | 1. 安全用电，不人为损坏元器件、加工件和设备等<br>2. 保持实习环境整洁、秩序井然、操作习惯良好 | 1. 发生安全事故扣总分 20 分<br>2. 违反文明生产要求视情况扣总分 5～20 分 | | |
| 总分 | | | | |

## 习题 1

1. 画图说明直流稳压电源的组成及作用。

2. 画出项目中的指示电路，说明其组成及各元器件的作用。

3. 简述电子元器件的分类。

4. 举例说明国内电阻器的型号命名方法。

5. 电阻器的主要技术参数有哪些？

6. 色环电阻的色环与数值及误差的对应关系如何？

7. 写出下列电阻器的标称阻值和允许偏差，并说明它们的标志方法。

   绿蓝黑银，红紫黄金，棕绿黑棕棕，棕橙黑黑棕，2K2J，3R3K，101J，103K

8. 如何进行电阻器的检测？

9. 二极管的分类如何？

10. 二极管主要技术参数有哪些？

11. 如何用万用表进行二极管极性判别？

12. 如何用观察法判别发光二极管的极性？

13. 手工插装的元器件引脚成形有什么要求？

14. 电烙铁按加热方式和功能如何分类？

15. 什么是钎焊？

16. 简述手工五步焊接法焊接过程。

17. 常用的拆焊工具有哪些？

18. 简述用空心针、手动吸锡器、电动吸锡器拆除插装元器件的过程。

19. 画出项目中的整流电路，说明其主要元器件的作用及工作过程。

20. 电感线圈的分类如何？

21. 电感线圈的主要技术参数有哪些？

22. 电感线圈的主要标志方法有哪些？

23. 变压器的主要技术参数有哪些？

24. 举例说明国内电容器型号命名方法。

25. 写出下列电容器容量的大小，并说明它们的标志方法。

    103，684，4n7，2μ2

26. 如何测量整流桥堆？

27. 画出项目中的稳压电路，说明其工作过程。

28. 晶体管主要技术参数有哪些？

29. 稳压二极管主要技术参数有哪些？

30. 电位器的分类如何？

31. 画出项目中的 LM317 可调稳压电源电路，说明其工作过程。

# 项目 2
## 红外线倒车雷达电路的制作

倒车雷达系统又称驻车辅助系统。在倒车过程中，如果在车辆要经过的路径上有障碍物，则停车距离控制系统会向驾驶员发出警告。常见的有超声波倒车雷达、红外线倒车雷达。

红外倒车雷达主要由发射器、接收器、控制电路、显示器等组成。红外线测距原理是利用红外信号遇到障碍物距离的不同，反射的强度也不同的原理，进行障碍物远近的检测。即红外发射器（发光管）发出红外光，接收器（接收管）接收前方物体发射光，据此判断前方是否有障碍物；根据发射光的强弱可以判断物体的距离，距离近则反射光强，距离远则反射光弱。

本项目完成红外线倒车雷达电路的制作。该电路由多谐振荡器电路、红外信号发射和接收电路、红外信号放大和电压比较电路组成。它具有电路简单、成本低、电路工作稳定的特点，广泛应用于各种测距场合。

### 任务 2.1  红外线倒车雷达电路原理分析

#### 学习目标

**1. 能力目标**

1）能阐述红外线倒车雷达的电路组成。
2）能阐述 555 定时器的功能及引脚排列情况。
3）能分析由 555 定时器构成多谐振荡器的工作过程。
4）能阐述集成运算放大器 LM324 的功能及引脚排列情况。
5）能分析由 LM324 构成交流反相放大器和比较器的工作过程。
6）能分析红外线倒车雷达电路工作过程。

**2. 知识目标**

1）了解红外线对管的结构及应用。
2）了解 NE555 定时器结构及应用。
3）了解 LM324 结构及引脚排列。

**3. 素质目标**

1）培养主动学习的能力。
2）培养分析问题、解决问题的能力。

## 2.1.1 红外线倒车雷达电路结构

红外线倒车雷达电路结构如图 2-1 所示。电路使用红外发射管和红外接收管作为传感器件，电路的核心元件包括 NE555 定时器和集成运放 LM324。NE555 构成多谐振荡电路发射红外波信号，LM324 主要用来放大红外接收信号和构成电压比较器电路，发光二极管用来指示倒车距离范围。本电路所用元器件均为贴片式元器件。

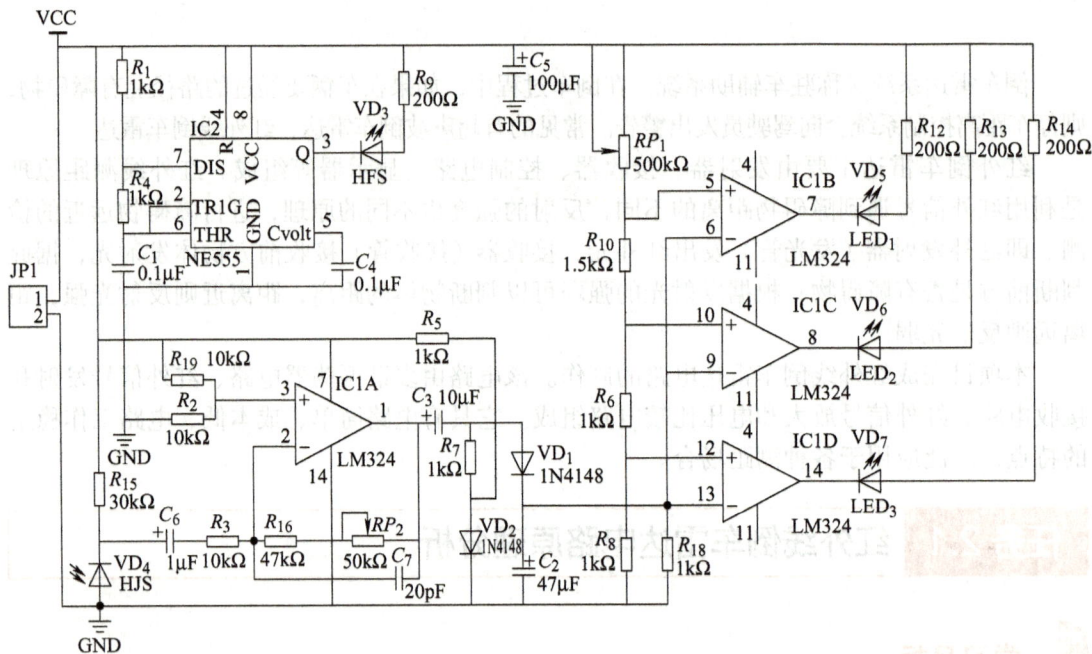

图 2-1　红外线倒车雷达电路

## 2.1.2 电路主要元器件简介

### 1. 红外线对管

习惯把红外发射管和红外接收管称为红外线对管，如图 2-2 所示。红外线发射管也称红外线发射二极管，它是可以将电能直接转换成近红外光（不可见光）并能辐射出去的发光器件。红外线发射管被广泛用于测距仪、消费电子、安防系统、医疗设备等领域，平时见到比较多的是用在遥控发射电路中。红外发光二极管通常使用砷化镓（GaAs）、砷铝化镓（GaAlAs）等材料，采用全透明或浅蓝色、黑色的树脂封装。红外接收管就是将光信号（不可见光）转换成电信号（一般是接收、放大、解调一体头），红外信号经接收管解调后，数据“0”和“1”的区别通常体现在高低电平的时间长短或信号周期上，单片机解码时，通常将接收头输出脚连接到单片机的外部中断，结合定时器判断外部中断间隔的时间从而获取数据。重点是找到数据“0”与“1”间的波形差别。

微视频
光电二极管

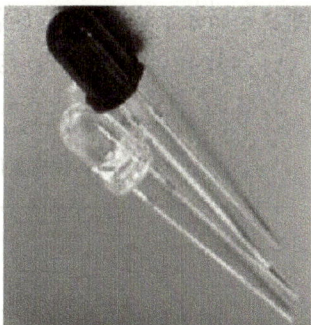

图 2-2　红外线对管

### 2. NE555 集成电路

555 集成电路（或定时器）是一种模拟电路和数字电路相结合的中规模集成器件，用于取代机械式定时器的中规模集成电路，因输入端设计有三个 5kΩ 的电阻而得名。它性能优良，适用范围很广，外部加接少量的阻容元件可以很方便地组成单稳态触发器和多谐振荡器，以及不需外接元件就可组成施密特触发器。因此 555 集成电路被广泛应用于脉冲波形的产生与变换、测量与控制等方面。

（1）555 集成电路实物、引脚排列及功能

图 2-3 为 555 集成电路实物、引脚排列及功能。

- 引脚 1：GND（地），接地作为低电平（0V）；
- 引脚 2：TRIG（触发），当此引脚电压降至（1/3）VCC（或由控制端决定的阈值电压）时输出端给出高电平；
- 引脚 3：OUT（输出），输出高电平（+VCC）或低电平；
- 引脚 4：RST（复位），当此引脚接高电平时定时器工作，当此引脚接地时芯片复位，输出低电平；
- 引脚 5：CTRL（控制），控制芯片的阈值电压；
- 引脚 6：THR（阈值），当此引脚电压升至（2/3）VCC（或由控制端决定的阈值电压）时输出端给出低电平；
- 引脚 7：DIS（放电），内接 OC 门，用于给电容放电；
- 引脚 8：V+，VCC（供电），提供高电平并给芯片供电。

图 2-3　555 集成电路实物、引脚排列及功能

555 集成电路的内部逻辑如图 2-4 所示，一般由分压器、比较器、触发器和开关以及输出 4 部分组成。电路内部 $A_1$、$A_2$ 为比较器，$G_1$、$G_2$ 与非门组成基本 R-S 触发器，晶体管为放电管。

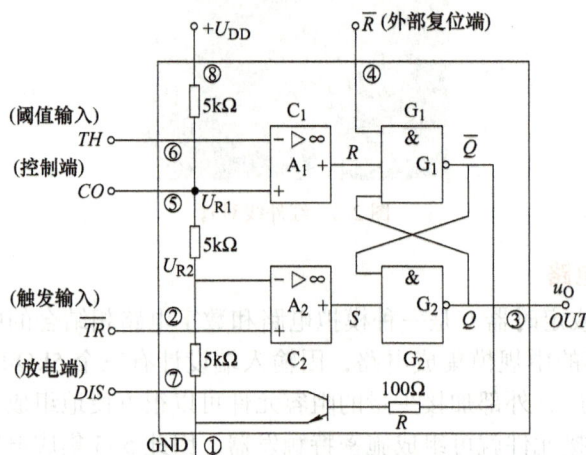

图 2-4 555 集成电路的内部逻辑

以单时基双极型国产 5G555 定时器为例，其功能表见表 2-1。

表 2-1 5G555 定时器功能表

| $\overline{R_d}$ | $U_{TH}$ | $U_{\overline{TR}}$ | $u_O$ | 放电端 DIS |
|---|---|---|---|---|
| 0 | × | × | 0 | 与地导通 |
| 1 | $> \frac{2}{3}U_{DD}$ | $> \frac{1}{3}U_{DD}$ | 0 | 与地导通 |
| 1 | $< \frac{2}{3}U_{DD}$ | $> \frac{1}{3}U_{DD}$ | 保持原状态不变 | 保持原状态不变 |
| 1 | $< \frac{2}{3}U_{DD}$ | $< \frac{1}{3}U_{DD}$ | 1 | 与地断开 |

电压比较器 $A_1$ 和 $A_2$ 的参考电压分别为 $\frac{2}{3}U_{DD}$ 和 $\frac{1}{3}U_{DD}$，当高电平触发端 6 脚（图 2-4 中⑥）的触发电平 $< \frac{2}{3}U_{DD}$ 时，$A_1$ 输出的端 $R=1$；当触发电平 $> \frac{2}{3}U_{DD}$ 时，$A_1$ 输出 $R=0$，使基本 R-S 触发器置 0。当低电平触发端 2 脚的触发电平 $> \frac{1}{3}U_{DD}$ 时，$A_2$ 输出端 $S=1$；当触发电平 $< \frac{1}{3}U_{DD}$ 时，$A_2$ 输出 $S=0$，使基本 R-S 触发器置 1。4 端 $\overline{R}$（或 $\overline{R_d}$）为外部复位端，此端为负脉冲，可使基本 R-S 触发器直接复位。5 端为电压控制端，可在此端外加电压以改变电压比较器的参考电压值，不用时可接 0.01μF 电容到"地"，以防干扰。3 端为输出端，输出电流可达 200mA，因此可直接驱动一些小型负载，如继电器、扬声器、指示灯、发光二极管。8 端为电源端，电源电压在 5 ～ 18V 范围内均可使用。

（2）555 定时器构成的多谐振荡器

多谐振荡器的功能是产生一定频率和一定幅度的矩形波信号。其输出状态不断在"1"和"0"之间变换，所以它又称为无稳态电路。

1）电路结构。

555 定时器构成的多谐振荡器电路如图 2-5a 所示，高电平触发端 $TH$ 和低电平触发端 $\overline{TR}$ 直接连接，无外部信号输入端，放电端 $D$ 也接在两个电阻之间。

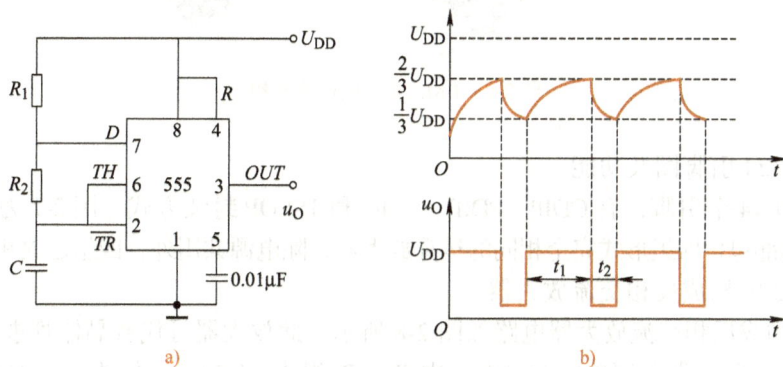

图 2-5 多谐振荡器

a）电路 b）输入和输出波形

2）工作原理。

接通电源 $u_C=0$，$u_{TH}=u_{\overline{TR}}<\dfrac{1}{3}U_{DD}$，$u_O=1$，放电管截止，则电源对 $C$ 充电，充电回路：$U_{DD}\rightarrow R_1 \rightarrow R_2 \rightarrow C \rightarrow$ 地，充电时间常数 $\tau_1=(R_1+R_2)C$，电路处于第一暂稳态。

随电容 $C$ 充电，电容 $C$ 两端电压 $u_C$ 逐渐升高，当 $u_C>\dfrac{2}{3}U_{DD}$（稳态值为 $U_{DD}$），即 $u_{TH}>\dfrac{2}{3}U_{DD}$ 时，$u_O$ 为低电平。此时，放电管由截止转为导通，$C$ 放电，放电回路：$C \rightarrow R_2 \rightarrow$ 放电管 $\rightarrow$ 地，放电时间常数 $\tau_2=R_2C$，电路处于第二暂稳态。

$C$ 放电至 $u_C<\dfrac{2}{3}U_{DD}$ 后，电路又翻转到第一暂稳态，电容 $C$ 放电结束，再处于充电状态，重复以上过程。输入和输出波形如图 2-5b 所示。

3）振荡周期。

振荡周期 $T=t_1+t_2$。$t_1$ 代表充电时间（电容两端电压从 $\dfrac{1}{3}U_{DD}$ 上升到 $\dfrac{2}{3}U_{DD}$ 所需时间），$t_1\approx0.7(R_1+R_2)C$，$t_2$ 代表充电时间（电容两端电压从 $\dfrac{2}{3}U_{DD}$ 下降到 $\dfrac{1}{3}U_{DD}$ 所需时间），$t_2\approx0.7R_2C$。因而有 $T=t_1+t_2\approx0.7(R_1+2R_2)C$。

### 3. 集成运算放大器 LM324

LM324 是低成本的四路运算放大器，具有真正的差分输入。这四个高增益放大器可通过单个电压源进行操作。该四路放大器可以工作于低至 3.0V 或高达 32V 的电源电压。LM324 集成运放实物如图 2-6 所示。

图 2-6　LM324 集成运放实物

（1）LM324 引脚图及功能

LM324 有 14 个引脚，有 CDIP、PDIP、SOIC 和 TSSOP 封装方式。图 2-7 为 LM324 引脚排列，它的内部包含四组形式完全相同的运算放大器，除电源共用外，四组运放相互独立。

（2）LM324 构成反相交流放大器

LM324 构成反相交流放大器电路如图 2-8 所示。此放大器可代替晶体管进行交流放大，电路无须调试。放大器采用单电源供电，由 $R_1$、$R_2$ 组成（1/2）$V_{CC}$ 偏置，$C_1$ 是消振电容。

放大器电压放大倍数 $A_v$ 仅由外接电阻 $R_i$、$R_f$ 决定：$A_v = -R_f/R_i$，负号表示输出信号与输入信号相位相反，按图中所给数值，此电路输入电阻为 $R_i$，一般情况下先取 $R_i$ 与信号源内阻相等，然后根据要求的放大倍数选定 $R_f$。$C_o$ 和 $C_i$ 为耦合电容。

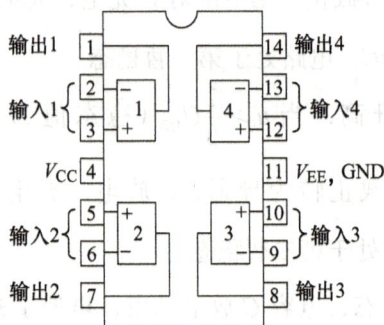

图 2-7　LM324 引脚排列

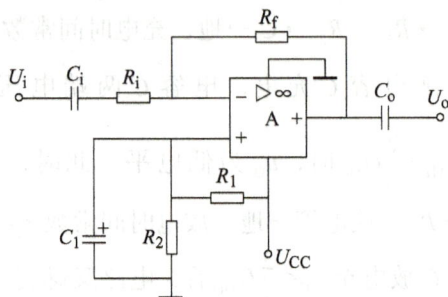

图 2-8　LM324 构成反相交流放大器电路

（3）LM324 构成电压比较器

当去掉运放的反馈电阻时或反馈电阻趋于无穷大时（即开环状态），理论上认为运放的开环放大倍数也为无穷大（实际上是很大，如 LM324 运放开环放大倍数为 100dB，即 10 万倍），此时运放便形成一个电压比较器，其输出如不是高电平（$V+$），就是低电平（$V-$ 或接地）。当正输入端电压高于负输入端电压时，运放输出低电平。LM324 构成电压比较器电路如图 2-9 所示。

两个运放组成一个电压上、下限比较器，电阻 $R_1$、$R_2$ 组成分压电路，为运放 $A_1$ 设定比较电平 $U_1$；电阻 $R_3$、$R_4$ 组成分压电路，为运放 $A_2$ 设定比较电平 $U_2$。输入电压 $U_i$ 同时加到 $A_1$ 的正输入端和 $A_2$ 的负输入端之间，当 $U_i > U_1$ 时，运放 $A_1$ 输出高电平；当 $U_i < U_2$

时，运放 $A_2$ 输出高电平。运放 $A_1$、$A_2$ 只要有一个输出高电平，晶体管 $VT_1$ 就会导通，发光二极管 $LED_1$ 就会点亮。

若选择 $U_1>U_2$，则当输入电压 $U_i$ 超出 $[U_2，U_1]$ 区间范围时，$LED_1$ 点亮，这便是一个电压双限指示器。

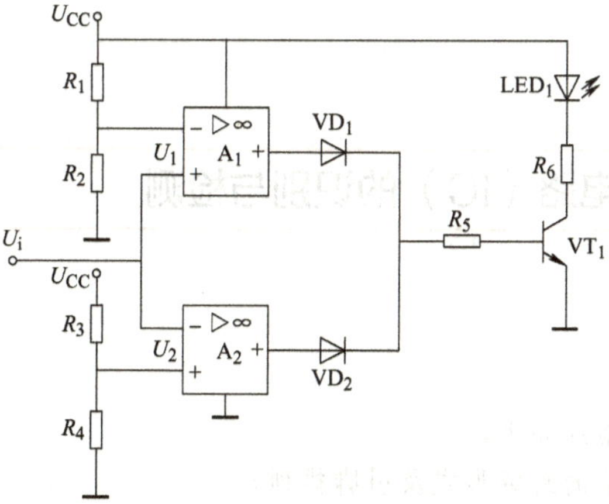

图 2-9　LM324 构成电压比较器电路

若选择 $U_2>U_1$，则当输入电压在 $[U_2，U_1]$ 区间范围时，$LED_1$ 点亮，这是一个"窗口"电压指示器。

此电路与各类传感器配合，可用于各种物理量的双限检测、短路、断路报警等。

## 2.1.3　红外线倒车雷达电路工作原理

贴片式红外倒车雷达电路参考图 2-1 所示，其工作原理如下：NE555 及外围元器件组成多谐振荡器电路，产生驱动红外线发射管工作的振荡电压，驱动发射管 $VD_3$ 发射出红外线信号。红外线被物体反射回来后，由红外线接收管 $VD_4$ 接收并送入 LM324 的第 2 脚进行放大，放大后的信号经 IC1A 的第 1 脚输出，经 $C_3$ 耦合、$VD_1$ 和 $C_2$ 整流滤波后送至 IC1B、IC1C、IC1D 的三个比较器的反相输入端，分别与三个比较器的同相输入端的电压进行比较，当反相输入端的电压高于同相输入端的电压时，该比较器输出低电平，使与其连接的发光二极管点亮。由发光二极管点亮的个数来指示距离的远近。

## 2.1.4　任务实施

1. 查阅网络资料或晶体管手册，写出某红外线对管的型号及主要技术参数。


2. 查阅网络资料或集成电路手册，写出 NE555 集成电路的典型应用电路，分析电路工作过程。

3. 查阅网络资料或集成电路手册，画出 LM324 集成电路典型应用电路，分析电路工作过程。

---

任务 2.2 **集成电路（IC）的识别与检测**

### 📖 学习目标

#### 1. 能力目标

1）能阐述集成电路的分类。

2）能识别集成电路的封装形式及引脚排列。

3）能识别集成电路型号命名。

4）能用万用表进行集成电路的简单检测。

> 杭州工匠：
> 中国"芯"的
> 奋斗者梁骏

#### 2. 知识目标

1）了解集成电路的特点和分类。

2）掌握集成电路的封装形式。

3）掌握国产集成电路的型号命名方法。

4）掌握集成电路的测量方法。

5）掌握集成电路引脚识别方法。

#### 3. 素质目标

1）培养利用各种信息媒体，获取新知识、新技术的能力。

2）培养职业道德和社会责任感，提高职业素质和社会竞争力。

### 2.2.1 集成电路概述

集成电路（Integrated Circuit，IC）是利用半导体工艺或厚、薄膜工艺将电路的有源元件、无源元件及其连线制作在半导体基片上或绝缘基片上，形成具有特定功能的电路，并封装在管壳中，也俗称芯片。

> 微视频
> 集成电路概述

特点：具有体积小、重量轻、功耗低、成本低、可靠性高、性能稳定等优点。

集成电路分类主要有以下几种。

（1）按功能结构分类

集成电路按其功能、结构的不同，可以分为模拟集成电路、数字集成电路和数/模混合集成电路三大类。

　　模拟集成电路又称线性电路，用来产生、放大和处理各种模拟信号（指幅度随时间变化的信号。例如半导体收音机的音频信号、录放机的磁带信号等），其输入信号和输出信号成比例关系。而数字集成电路用来产生、放大和处理各种数字信号（指在时间上和幅度上离散取值的信号。例如 5G 手机、数码相机、计算机 CPU、数字电视的逻辑控制和重放的音频信号和视频信号）。

　　（2）按制作工艺分类

　　集成电路按制作工艺可分为半导体集成电路和膜集成电路。

　　膜集成电路又分为厚膜集成电路和薄膜集成电路。

　　（3）按集成度高低分类

　　集成电路按集成度高低的不同可分如下几种。

- 小规模集成电路（Small Scale Integrated circuits，SSI）。
- 中规模集成电路（Medium Scale Integrated circuits，MSI）。
- 大规模集成电路（Large Scale Integrated circuits，LSI）。
- 超大规模集成电路（Very Large Scale Integrated circuits，VLSI）。
- 特大规模集成电路（Ultra Large Scale Integrated circuits，ULSI）。
- 巨大规模集成电路也被称作极大规模集成电路或超特大规模集成电路（Giga Scale Integration，GSI）。

　　（4）按导电类型不同分类

　　集成电路按导电类型可分为双极型集成电路和单极型集成电路。

　　双极型集成电路的制作工艺复杂，功耗较大，代表集成电路有 TTL、ECL、HTL、LST-TL、STTL 等类型。单极型集成电路的制作工艺简单，功耗也较低，易于制成大规模集成电路，代表集成电路有 CMOS、NMOS、PMOS 等类型。

　　（5）按应用领域分

　　集成电路按应用领域可分为标准通用集成电路和专用集成电路。

　　（6）按外形分

　　集成电路按外形可分为圆形（金属外壳晶体管封装型，一般适合用于大功率）、扁平型（稳定性好，体积小）和双列直插型。

## 2.2.2　集成电路的封装

　　封装形式是指安装半导体集成电路芯片用的外壳，起着安装、固定、密封、保护芯片等方面的作用。

　　集成电路常用的封装材料有金属、陶瓷及塑料三种。

　　① 金属封装：这种封装散热性好，可靠性高，但安装使用不方便，成本高。一般高精密度集成电路或大功率器件均以此形式封装。按国家标准分，有 T 和 K 型两种。

　　② 陶瓷封装：这种封装散热性差，但体积小、成本低。陶瓷封装的形式可分为扁平式和双列直插式。

　　③ 塑料封装：这是目前使用最多的封装形式。

　　集成电路的封装形式如图 2-10 所示。

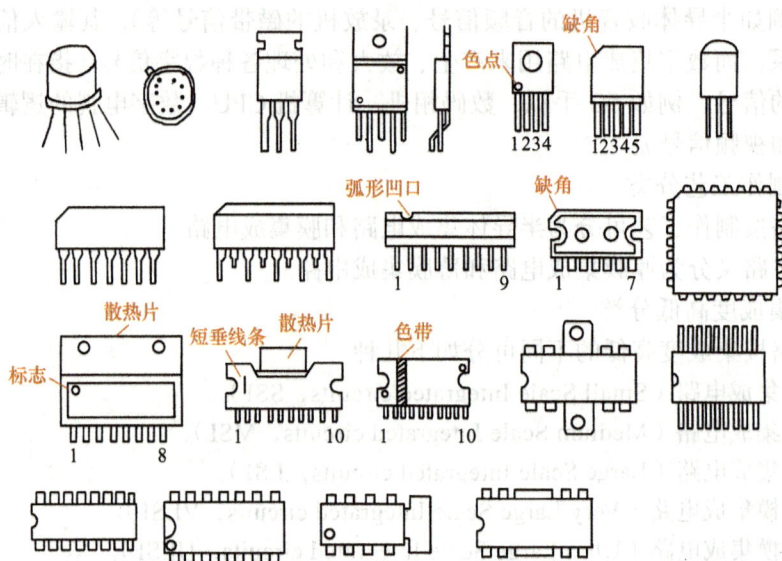

图 2-10　集成电路的封装形式

## 2.2.3　国产集成电路的型号命名方法

国产半导体集成电路型号命名方法（国家标准 GB 3430—1989）适用于按半导体集成电路系列和品种的国家标准所生产的半导体集成电路（以下简称器件）。此标准已废止且目前无最新标准，此处作为学习内容进行介绍。

器件的型号由五部分组成。其五个组成的符号及意义见表 2-2。

表 2-2　集成电路器件命名方法

| 第零部分 | 第一部分 | 第二部分 | 第三部分 | 第四部分 |
|---|---|---|---|---|
| 用字母表示器件符合国家标准 | 用字母表示器件的类型 | 用阿拉伯数字表示器件的系列和品种代号 | 用字母表示器件的工作温度范围 | 用字母表示器件的封装 |
| 符号及意义 | 符号及意义 | 符号及意义 | 符号及意义 | 符号及意义 |
| C 中国制造 | T TTL<br>H HTL<br>E ECL<br>C CMOS<br>F 线性放大器<br>D 音响、视频电路<br>W 稳压器<br>J 接口电路<br>B 非线性电路<br>M 存储器<br>U 微型机电路 | | C 0 ~ 70℃<br>E-40 ~ 35℃<br>R-55 ~ 35℃<br>M-55 ~ 125℃ | W 陶瓷扁平<br>B 塑料扁平<br>F 全密封扁平<br>D 陶瓷直插<br>P 塑料直插<br>J 黑陶瓷直插<br>K 金属菱形<br>T 金属圆形 |

### 2.2.4　集成电路的测量方法

集成电路常用的检测方法有在线测量法、非在线测量法（裸式测量法）。

在线测量法是通过万用表检测集成电路在路（在电路中）直流电阻，对地交、直流电压及工作电流是否正常，来判断该集成电路是否损坏。这种方法是检测集成电路最常用和实用的方法。

非在线测量法是在集成电路未接入电路时，通过万用表测量集成电路各引脚对应于接地引脚之间的正、反向直流电阻值，然后与已知正常同型号集成电路各引脚之间的直流电阻值进行比较，以确定其是否正常。

#### 1. 直流电阻检测法

直流电阻测量法是一种用万用表欧姆档直接在电路板上测量集成电路各引脚和外围元器件的正、反向直流电阻值，并与正常数据进行比较，来发现和确定故障的一种方法。

使用集成电路时，总有一个引脚与印制电路板上的"地"线是连通的，在电路中该引脚称为地脚。由于集成电路内部元器件之间的连接都采用直接耦合，因此，集成电路的其他引脚与接地引脚之间都存在着确定的直流电阻。这种确定的直流电阻被称为内部等效直流电阻，简称内阻。当拿到一块新的集成电路时，可通过用万用表测量各引脚的内阻来判断其好坏，若与标准值相差过大，则说明集成电路内部损坏。

#### 2. 总电流测量法

该法是通过检测集成电路电源进线的总电流，来判断集成电路好坏的一种方法。由于被测集成电路内部绝大多数为直接耦合，被测集成电路损坏时（如某一个 PN 结击穿或开路）会引起后级饱和与截止，使总电流发生变化。所以通过测量总电流的方法可以判断集成电路的好坏。也可用测量电源通路中电阻的电压降，根据欧姆定律计算出总电流。

#### 3. 对地交、直流电压测量法

这是一种在通电情况下，用万用表直流电压档对直流供电电压、外围元器件的工作电压进行测量，检测集成电路各引脚对地直流电压值，并与正常值相比较，进而压缩故障范围，找出损坏元件的测量方法。

对于输出交流信号的输出端，要用交流电压法来判断。检测交流电压时要把万用表档位置于"交流档"，然后检测该脚对电路"地"的交流电压。如果电压异常，则可断开引脚连线测接线端电压，以判断电压变化是由外围元器件引起，还是由集成电路引起的。

对于一些多引脚的集成电路，不必检测每一个引脚的电压，只要检测几个关键引脚的电压值即可大致判断故障位置。

### 2.2.5　集成电路的使用常识

#### 1. 引脚识别

1）圆形封装：将管底对准集成电路，引脚编号按顺时针方向排列（现应用较少），如图 2-11 所示。

图 2-11　圆形封装引脚识别

2）单列直插式封装（SIP）：集成电路引脚朝下，以缺口、凹槽或色点作为引脚参考标记，引脚编号顺序一般从左到右排列，如图 2-12 所示。

图 2-12　单列直插式封装引脚识别

3）双列直插式封装（DIP）：集成电路引脚朝下，以缺口或色点等标记为参考标记，引脚编号按逆时针方向排列，如图 2-13 所示。

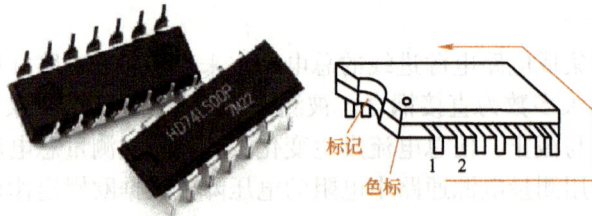

图 2-13　双列直插式封装引脚识别

4）三脚封装：正面（印有型号商标的一面）朝向集成电路，引脚编号顺序一般自左向右排列。

**2. 使用注意事项**

1）集成电路在使用情况下的各项电性能参数不得超出该集成电路所允许的最大使用范围。

2）安装集成电路时要注意方向不要搞错。

3）在焊接时，不得使用大于 45W 的电烙铁。

4）焊接 CMOS 集成电路时，要采用漏电流小的烙铁，或焊接时暂时拔掉烙铁电源。

5）遇到空的引脚，不应擅自接地。

6）注意引脚承受的应力与引脚间的绝缘。

7）对功率集成电路需要有足够的散热器，并尽量远离热源。

8）切忌带电插拔集成电路。

9）集成电路及其引脚应远离脉冲高压源。

10）防止感性负载的感应电动势击穿集成电路。

## 2.2.6  任务实施

### 1. 器材和设备

1）指针式、数字式万用表各一块。

2）各种不同封装的集成电路。

### 2. 实施步骤

（1）各种集成电路引脚的识别

1）从外形或集成电路体上的标示识别其类型及封装形式，填入表 2-3。

2）识别各种集成电路引脚的脚号，填入表 2-3。

表 2-3  集成电路引脚识别

| 序号 | 封装形式 | 引脚排列规律 |
| --- | --- | --- |
| 1 | | |
| 2 | | |
| 3 | | |
| 4 | | |

（2）非在线检测集成电路正反向电阻

以某 16 引脚集成电路为例进行检测，把检测数据填入表 2-4 中。

表 2-4  非在线检测集成电路正反向电阻

| 引脚号 | 实测值 | |
| --- | --- | --- |
| | 正向电阻值 /kΩ | 反向电阻值 /kΩ |
| 1 | | |
| 2 | | |
| 3 | | |
| 4 | | |
| 5 | | |
| 6 | | |
| 7 | | |
| 8 | | |
| 9 | | |
| 10 | | |
| 11 | | |
| 12 | | |
| 13 | | |
| 14 | | |
| 15 | | |
| 16 | | |

## 任务 2.3 贴片元器件的识别与检测

### 学习目标

#### 1. 能力目标

1）能识别贴片元器件的封装形式及引脚识别。

2）能根据贴片元器件的标注读取其主要技术参数。

3）能用万用表检测贴片元器件的主要技术参数，并判断质量好坏。

#### 2. 知识目标

1）掌握两个焊接端的封端形式。

2）掌握晶体管、MOS 管、稳压类器件的封装形式。

3）掌握 IC 类的封装形式。

#### 3. 素质目标

1）培养利用各种信息媒体，获取新知识、新技术的能力。

2）培养质量意识、绿色环保意识、安全意识、信息素养、创新精神。

　　表面贴装技术（Surface Mounted Technology，SMT）主要是顺应电子产品轻薄、高集成化发展趋势，发展而来的一种电子组装技术与工艺，是在电子产品二次封装即在 PCB 基础上进行加工的系列工艺流程的简称，是目前电子组装行业里最流行的一种技术。贴片元器件正是为了适应这种技术与趋势发展而来的一种无引脚或短引脚、高封装率的元器件一次封装技术。图 2-14 为表面贴装 PCB。

　　贴片元器件与插装元器件一样分为两类：被动的元件与主动的器件，分别是表面贴装元件（Surface Mount Component，SMC）与表面贴装器件（Surface Mounted Devices，SMD），如图 2-15 所示。

图 2-14　表面贴装 PCB

图 2-15　元件器件分类

电子元器件
- 元件（被动）
  - 电阻 $R$
  - 电容 $C$
  - 电感 $L$
- 器件（主动）
  - 二极管 VD
  - 晶体管 VT
  - 集成电路 IC

　　电子元件，又称"无源器件"，指当施以电信号时，不改变自身特性即可提供简单的、可重复的反应，它们对电压、电流无控制和变换作用。

电子器件，也称"有源器件"，对施加信号有反应，可以改变自身特性，可以控制电压或电流，以产生增益或开关作用。

## 2.3.1  元器件的封装

封装（Footprint 或 Package）是把元件"本体"或"芯片的裸芯（die）"上的电路引脚，通过微细导线（20 ～ 50μm）接引到外部接头或直接焊接至外部接头处，如图 2-16 所示，以便它们可以安装在 PCB 上。它起着机械支撑和机械保护、环境保护，传输信号和分配电源、散热等作用。封装形式是指安装集成电路裸芯用的外壳或无源器件外形尺寸。它们是元件的"衣服"，所以同一种元器件可以有不同封装，不同的元器件也可以有相同的封装。图 2-17 为贴片电容的封装。

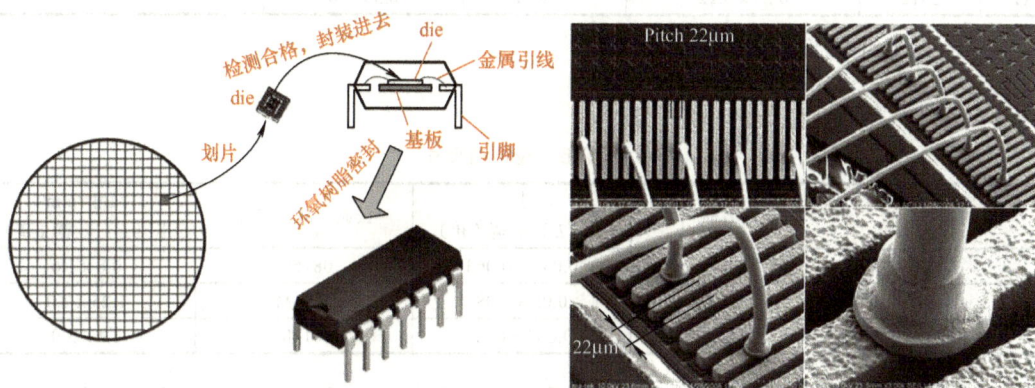

图 2-16  芯片封装过程

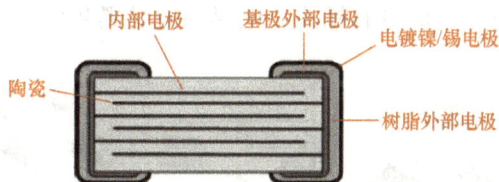

图 2-17  贴片电容封装

## 2.3.2  两个焊接端的封装形式

### 1. 矩形封装

通常有片式电阻（Chip-R）/ 片式电容（Chip-C）/ 片式电感（Chip-L），常以它们的外形尺寸（英制）的长和宽命名，来标志它们的大小，以英制（in）或公制（mm）为单位 1in=25.4mm，如外形尺寸为 0.12in×0.06in，记为 1206，公制记为 3.2mm×1.6mm。常用的尺寸规格见表 2-5（一般长度误差值为 ±10%），较特别尺寸见表 2-6。

**表 2-5 矩形封装尺寸表**

| NO | 英制名称 | 尺寸 /in 长（L）× 宽（W） | 公制（M）名称 | 尺寸 /mm 长（L）× 宽（W） |
|---|---|---|---|---|
| 1 | 0105 | 0.016 × 0.008 | 0402M | 0.4 × 0.2 |
| 2 | 0201 | 0.024 × 0.012 | 0603M | 0.6 × 0.3 |
| 3 | 0402 | 0.04 × 0.02 | 1005M | 1.0 × 0.5 |
| 4 | 0603 | 0.063 × 0.031 | 1608M | 1.6 × 0.8 |
| 5 | 0805 | 0.08 × 0.05 | 2012M | 2.0 × 1.25 |
| 6 | 1206 | 0.126 × 0.063 | 3216M | 3.2 × 1.6 |
| 7 | 1210 | 0.126 × 0.10 | 3225M | 3.2 × 2.5 |
| 8 | 1808 | 0.18 × 0.08 | 4520M | 4.5 × 2.0 |
| 9 | 1812 | 0.18 × 0.12 | 4532M | 4.5 × 3.2 |
| 10 | 2010 | 0.20 × 0.10 | 5025M | 5.0 × 2.5 |
| 11 | 2512 | 0.25 × 0.12 | 6330M | 6.3 × 3.0 |

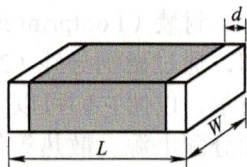

注：1. $L$（Length）：长度；$W$（Width）：宽度。

2. in：英寸。

3. 1in=25.4mm。

**表 2-6 较特别尺寸**

| 序号 | 英制名称 | 尺寸 /in 长（L）× 宽（W） | 公制（M）名称 | 尺寸 /mm 长（L）× 宽（W） |
|---|---|---|---|---|
| 1 | 0306 | 0.031 × 0.063 | 0816M | 0.8 × 1.6 |
| 2 | 0508 | 0.05 × 0.08 | 0508M | 1.25 × 2.0 |
| 3 | 0612 | 0.063 × 0.12 | 0612M | 1.6 × 3.0 |

　　贴片电阻、电容、电感三种元件（如图 2-18 所示），如果它们的封装名称相同，则它们的长、宽是相同的，但高度不一样，电阻的一般最小，电感次之，电容最高。三者的区别还可以从外形颜色来区分：电阻一般是深黑色，上标有"数字代码"表示其阻值大小；电容一般是灰黄色或棕色，上面没有标注；电感一般是黑灰色。

图 2-18 贴片电阻、电容、电感

　　下面以贴片电阻上的"数字代码"说明其电阻大小。

　　贴片电阻的阻值通常由上面的印字"数字代码"标示，各个厂家的印字规则虽然不完全相同，但绝大部分遵照一定规则。常见的印字标注方法有常规三位数标注法、常规四位数标注法、三位数乘数代码标注法、R 表示小数点位置。

　　常规三位数标注法："ABC"，多用于 E-24 系列，精度为 ±5%（J）、±2%（G）。其表示的阻值大小为"$AB × 10^C$"，如上图 2-18 所示实际标注"104"，其阻值为 $10 × 10^4 = 100000\Omega$ 即为 100kΩ。另外一些为了区分 E-24 的常规三位数标注法与 E-96 的三位数乘数代码标注法，会在数字下面"画线"，如图 2-19 所示。

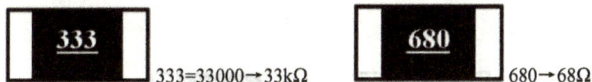

图2-19　三位数标注法电阻

$333=33000\rightarrow 33k\Omega$　　$680\rightarrow 68\Omega$

　　常规四位数标注法："ABCD"，多用于E-24、E-96系列，精度为 ±1%（F）、±0.5%（D），其表示的阻值大小为"$ABC\times 10^D$"，如上图2-18中所示实际标注"5112"，其阻值为 $511\times 10^2=51100\Omega$ 即为51.1kΩ。

　　三位数乘数代码标注法：多用于E-96系列，精度为 ±1%（F）、±0.5%（D）。前两位数字为代码，具体值从E-96乘数代码表（参见表2-7）查找，第三位字母为乘方，英文字母代码表示10的N次方，即 $A=10^0$，$B=10^1$，$C=10^2$，$D=10^3$，$E=10^4$，$F=10^5$，$X=10^{-1}$，$Y=10^{-2}$。举例参考图2-20所示。

表2-7　E-96乘数代码表

| 代码 | 阻值 | 代码 | 阻值 | 代码 | 阻值 | 代码 | 阻值 |
|---|---|---|---|---|---|---|---|
| 01 | 100 | 25 | 178 | 49 | 316 | 73 | 562 |
| 02 | 102 | 26 | 182 | 50 | 324 | 74 | 576 |
| 03 | 105 | 27 | 187 | 51 | 332 | 75 | 590 |
| 04 | 107 | 28 | 191 | 52 | 340 | 76 | 604 |
| 05 | 110 | 29 | 196 | 53 | 348 | 77 | 619 |
| 06 | 113 | 30 | 200 | 54 | 357 | 78 | 634 |
| 07 | 115 | 31 | 205 | 55 | 365 | 79 | 649 |
| 08 | 118 | 32 | 210 | 56 | 374 | 80 | 665 |
| 09 | 121 | 33 | 215 | 57 | 383 | 81 | 681 |
| 10 | 124 | 34 | 221 | 58 | 392 | 82 | 698 |
| 11 | 127 | 35 | 226 | 59 | 402 | 83 | 715 |
| 12 | 130 | 36 | 232 | 60 | 412 | 84 | 732 |
| 13 | 133 | 37 | 237 | 61 | 422 | 85 | 750 |
| 14 | 137 | 38 | 243 | 62 | 432 | 86 | 768 |
| 15 | 140 | 39 | 249 | 63 | 442 | 87 | 787 |
| 16 | 143 | 40 | 255 | 64 | 453 | 88 | 806 |
| 17 | 147 | 41 | 261 | 65 | 464 | 89 | 825 |
| 18 | 150 | 42 | 267 | 66 | 475 | 90 | 845 |
| 19 | 154 | 43 | 274 | 67 | 487 | 91 | 866 |
| 20 | 158 | 44 | 280 | 68 | 499 | 92 | 887 |
| 21 | 162 | 45 | 287 | 69 | 511 | 93 | 909 |
| 22 | 165 | 46 | 294 | 70 | 523 | 94 | 931 |
| 23 | 169 | 47 | 301 | 71 | 536 | 95 | 953 |
| 24 | 174 | 48 | 309 | 72 | 549 | 96 | 976 |

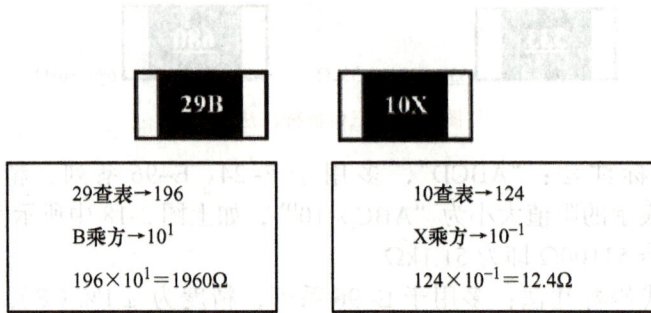

| 29B | 10X |
|---|---|
| 29查表→196 | 10查表→124 |
| B乘方→$10^1$ | X乘方→$10^{-1}$ |
| $196×10^1=1960\Omega$ | $124×10^{-1}=12.4\Omega$ |

图 2-20　三位数乘数代码标注法电阻

R 表示小数点位置：多用于标示小于 1Ω 的电阻，用于表示小数点，如图 2-21 所示。

R50→0.5Ω　　R047→0.047Ω

图 2-21　R 表示小数点

## 2. 贴片发光二极管封装

小功率贴片二极管也采用矩形封装，如图 2-22 所示。

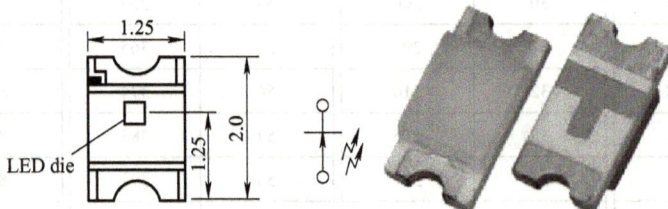

图 2-22　贴片发光二极管

## 3. MELF 封装

MELF（Metal Electrical Face）是圆柱体的封装形式，通常有晶圆电阻（Melf-R）/贴式电感（Melf Inductors），如图 2-23 所示，MELF 封装尺寸见表 2-8。

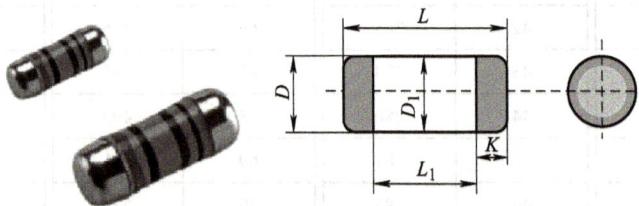

图 2-23　圆柱体无引线贴片晶圆电阻

表 2-8  MELF 封装尺寸

| 序号 | 工业命名 | 公制（M）名称 | 尺寸 /mm 长（L）× 直径（D） |
|---|---|---|---|
| 1 | 0102 | 2211M | 2.2 × 1.1 |
| 2 | 0204 | 3715M | 3.6 × 1.4 |
| 3 | 0207 | 6123M | 5.8 × 2.2 |
| 4 | 0309 | 8734M | 8.5 × 3.2 |

### 4. SOD 封装

SOD（Small Outline Diode）是专为小型二极管设计的一种封装，如图 2-24 所示。SOD 封装尺寸见表 2-9。

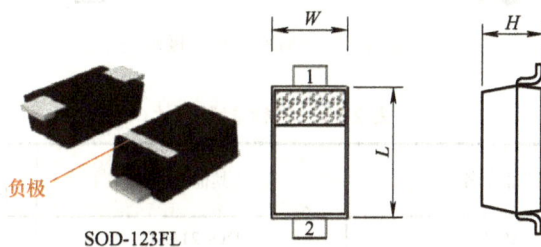

图 2-24  SOD 封装

表 2-9  SOD 封装尺寸

| 序号 | 工业命名 | 尺寸 /mm 长（L）× 宽（W）× 高（H） |
|---|---|---|
| 1 | SOD–123 | 2.7 × 1.6 × 1.17 |
| 2 | SOD–323 | 1.8 × 1.3 × 0.95 |
| 3 | SOD–523 | 1.2 × 0.8 × 0.6 |
| 4 | SOD–723 | 1.0 × 0.6 × 0.52 |
| 5 | SOD–923 | 0.8 × 0.6 × 0.39 |

SOD–80 封装二极管及封装尺寸见图 2-25 及表 2-10。

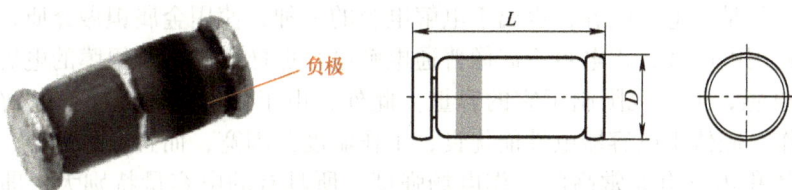

图 2-25  SOD-80 封装二极管

表 2-10　SOD-80 封装尺寸

| 工业命名 | 其他命名 | 尺寸 /mm 长（$L$）× 直径（$D$） |
|---|---|---|
| SOD-80 | LL-34/Mini-MELF | 3.8 × 1.5 |

### 5. SMX 封装

SMX 封装也是二极管产品的一种封装形式，主要用于齐纳二极管或整流二极管。其封装如图 2-26 所示，SMX 封装尺寸见表 2-11 和图 2-27 所示。

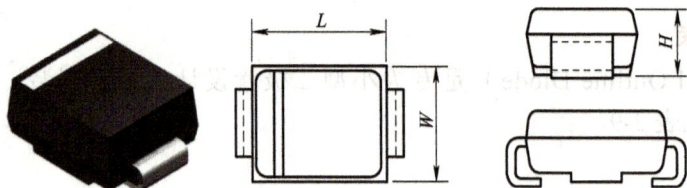

图 2-26　SMX 封装二极管

表 2-11　SMX 封装尺寸

| 序号 | 工业命名 | 其他命名 | 尺寸 /mm 长（$L$）× 宽（$W$）× 高（$H$） |
|---|---|---|---|
| 1 | SMA | DO-214AC | 5.2 × 2.6 × 2.4 |
| 2 | SMB | DO-214AA | 5.4 × 3.6 × 2.4 |
| 3 | SMC | DO-214AB | 7.9 × 5.9 × 2.4 |

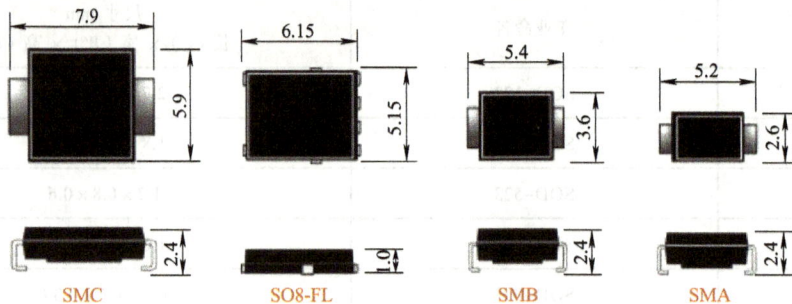

图 2-27　SMX 封装尺寸

### 6. 钽电容封装

钽电容全称是钽电解电容，也属于电解电容的一种，使用金属钽做介质，不像普通电解电容那样使用电解液，钽电容不需像普通电解电容那样使用镀了铝膜的电容纸绕制，本身几乎没有电感，但这也限制了它的容量。此外，由于钽电容内部没有电解液，很适合在高温下工作。固体钽电容器电性能优良，工作温度范围宽，而且形式多样，体积效率优异，其单位体积内具有非常高的工作电场强度，所具有的电容量特别大，即比容量非常高，因此特别适宜于小型化。

电容上有标记的端为"+"，其容量与电阻"常规三位数字"法类似，即前两位表示数字，第三位表示倍率，不同的是电容的默认单位为 pF。如图 2-28 所示：227 → $22 \times 10^7$=220000000pF=220μF。Size X 封装如图 2-29 所示，封装尺寸见表 2-12。

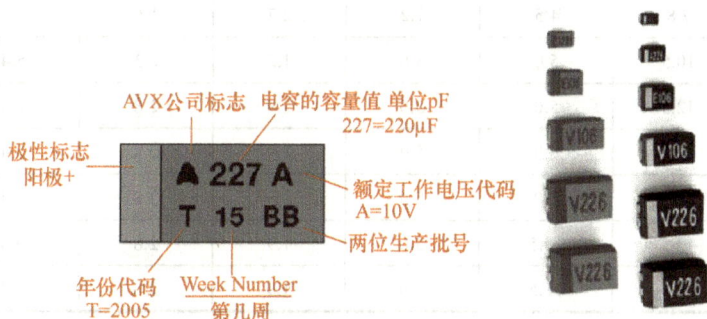

图 2-28　钽电容及其封装标志

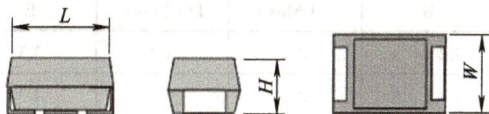

图 2-29　Size X 封装

表 2-12　Size X 封装尺寸

| NO | 工业命名 | 公制（M）名称 | 耐压 | 尺寸 /mm 长（$L$）× 宽（$W$）× 高（$H$） |
|---|---|---|---|---|
| 1 | Size A | EIA 3216–18 | 10V | 3.2 × 1.6 × 1.8 |
| 2 | Size B | EIA 3528–21 | 16V | 3.5 × 2.8 × 2.1 |
| 3 | Size C | EIA 6032–28 | 25V | 6.0 × 3.2 × 2.8 |
| 4 | Size D | EIA 7343–31 | 35V | 7.3 × 4.3 × 3.1 |
| 5 | Size E | EIA 7343–43 | 50V | 7.3 × 4.3 × 4.3 |

## 7. 贴片式线绕功率电感封装

功率电感（如图 2-30 所示）分带磁罩和不带磁罩两种，主要由磁心和铜线组成，在电路中主要起滤波和振荡作用。功率电感也有空心线圈的，也有带磁心的，主要特点是用粗导线绕制，可承受数十安，数百、数千甚至于数万安。

电感识别时，其默认单位为"μH"，其识别方法也类似于电阻的"常规三位数标注法"，即标示"101"的实际电感量为 $10 \times 10^1$=100μH；4R7 表示 4.7μH。屏蔽贴片电感封装尺寸见表 2-13 和表 2-14。

图 2-30　贴片功率电感

表 2-13　屏蔽贴片电感封装尺寸表

| 型号 | A（Max） | B（Max） | C（Ref.） | D（Ref.） | E | F | G |
|---|---|---|---|---|---|---|---|
| CKCH73 | 7.8 | 4.0 | 1.2 | 2.7 | 1.6 | 3.1 | 4.0 |
| CKCH74 | 7.8 | 4.5 | 1.2 | 2.7 | 1.6 | 3.1 | 4.0 |
| CKCH105 | 10.5 | 5.0 | 3.8 | 1.2 | 2.3 | 5.4 | 6.6 |
| CKCH124 | 12.5 | 5.0 | 5.0 | 1.9 | 2.8 | 5.4 | 7.0 |
| CKCH125 | 12.5 | 6.0 | 5.0 | 1.9 | 2.8 | 5.4 | 7.0 |
| CKCH127 | 12.5 | 8.0 | 5.0 | 1.9 | 2.8 | 5.4 | 7.0 |
| CKCH129 | 12.5 | 10.5 | 5.0 | 1.9 | 2.8 | 5.4 | 7.0 |
| CKCH1510 | 15.5 | 11.5 | 5.0 | 1.9 | 2.8 | 5.2 | 9.7 |

表 2-14　CD 屏蔽贴片电感封装尺寸表

| 型号 | A | B | C（Max） | D（Max） | E | F | G |
|---|---|---|---|---|---|---|---|
| CKCD2D18 | 3.2 ± 0.3 | 3.2 ± 0.3 | 2.3 | 4.2 | 3.3 | 0.5 | 3.3 |
| CKCD3D16 | 3.8 ± 0.5 | 3.8 ± 0.5 | 2.1 | 5.5 | 4.3 | 1.0 | 4.3 |
| CKCD3D28 | 3.8 ± 0.5 | 3.8 ± 0.5 | 3.2 | 5.5 | 4.3 | 1.0 | 4.3 |
| CKCD4D18 | 4.7 ± 0.5 | 4.7 ± 0.5 | 2.1 | 6.9 | 5.3 | 1.5 | 5.3 |
| CKCD4D28 | 4.7 ± 0.5 | 4.7 ± 0.5 | 3.5 | 6.9 | 5.3 | 1.5 | 5.3 |
| CKCD5D18 | 5.7 ± 0.5 | 5.7 ± 0.5 | 2.2 | 8.2 | 6.3 | 2.0 | 6.3 |
| CKCD5D28 | 5.7 ± 0.5 | 5.7 ± 0.5 | 3.2 | 8.2 | 6.3 | 2.0 | 6.3 |
| CKCD6D28 | 6.7 ± 0.5 | 6.7 ± 0.5 | 3.2 | 9.5 | 7.3 | 2.0 | 7.3 |
| CKCD6D38 | 6.7 ± 0.5 | 6.7 ± 0.5 | 4.2 | 9.5 | 7.3 | 2.0 | 7.3 |

## 2.3.3　晶体管、MOS 管、稳压类器件的封装

晶体管、MOS 管广义上都称为晶体管，在电路中的作用主要是对信号进行放大、变换或开关；常见于功率放大器或开关电源中，其在开关电源中的作用主要是开关作用；在其控制端（晶体管的 B 极、MOS 管的 G 极）加上合适的电压或电流，就可以控制另外两极导通。表 2-15 为常见晶体管的电路图形符号与贴片封装外形。

稳压芯片在电路的作用是稳定输出电压，其内部是比较复杂的带反馈调整的集成电路，可以在规定范围内使输出电压稳压，不随输入电压或负载功率变化而变化。

表 2-15　常见晶体管的电路图形符号与贴片封装外形

| 类型 | 常见晶体管 NPN 型 | 常见晶体管 PNP 型 | 常见 MOS 管——N 沟道 | 常见 MOS 管——P 沟道 | 常见稳压管 |
|---|---|---|---|---|---|
| 型号 | 2N3906、9013、9014、8050、2N5401 | 2N3904、9012、9014、8550、2N5551 | Si2305、BSS123、AO3402、BM3401、IRLR7843 | FDV301N、AO3401、FR3709Z | ASM1117、LM1117 |

（续）

| 电路图形符号 |  |  | 源极 S 栅极 G D 漏极<br>P型衬底<br>B 衬底引线 | p沟道 | U2<br>Vin　Vout<br>GND |
|---|---|---|---|---|---|
| 封装外形 | SOT-23<br>Mark: 3S | SOT-23<br>Mark: 3S | (SOT-23)　DPAK<br>(TO-252) | SOT-23 | SOT-223<br>BL1117<br>XXXX XXC<br>TO-252<br>BL1117<br>XXXX XXC |

## 2.3.4　IC 类的封装

### 1. IC 引脚的三种形状

一般以集成电路（Integrated Circuit，IC）的封装形式来划分其类型，这些封装类型因其端子 PIN（零件脚）的大小以及引脚之间的间距不一样，而呈现出各种各样的形状。引脚主要有下列三种形状，如图 2-31 所示。

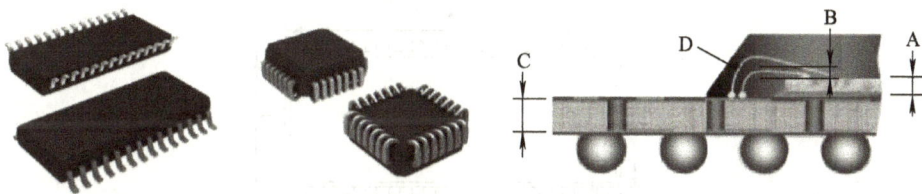

图 2-31　翼形、J 形、球栅引脚

1）翼形端子（Gull–Wing）常见的器件器种有 SOIC 和 QFP。具有翼形器件端子的器件焊接后具有吸收应力的特点，因此与 PCB 匹配性好，这类器件端子共面性差，特别是多端子间距的 QFP，端子极易损坏，贴装过程应小心对待。

2）J 形端子（J–Lead）。常见的器件品种有 SOJ 和 PLCC。J 形端子刚性好且间距大，共面性好，但由于端子在元件本体之下，故有阴影效应，焊接温度不易调节。

3）球栅阵列（Ball Grid Array）。芯片 I/O 端子呈阵列式分布在元器件底面上，并呈球状，适应于多端子数器件的封装，常见的有 BGA、CSP 等，这类元器件焊接时也存在阴影效应。

**2. IC 的封装命名方法**

通常采用"类型＋引脚数"的格式命名，如：SOIC-14、SOIC-16、SOJ-20、QFP-100、PLCC-44 等。

**3. 常见 IC 封装类型**

（1）小外形封装（Small Out-Line Package，SOP）

由双列直插式封装 DIP 演变而来，是一种很常见的元器件形式。表面贴装型封装之一，引脚从封装两侧引出呈海鸥翼状（L 字形）。材料有塑料和陶瓷两种。1968—1969 年，飞利浦公司就开发出小外形封装（SOP）。以后逐渐派生出 SOJ（J 形引脚小外形封装）、TSOP（薄小外形封装）、SSOP（缩小型 SOP）、SOP（薄的缩小型 SOP）及 SOT（小外形晶体管）、SOIC（小外形集成电路）等。SOP 常见封装如图 2-32 ～图 2-37 所示。

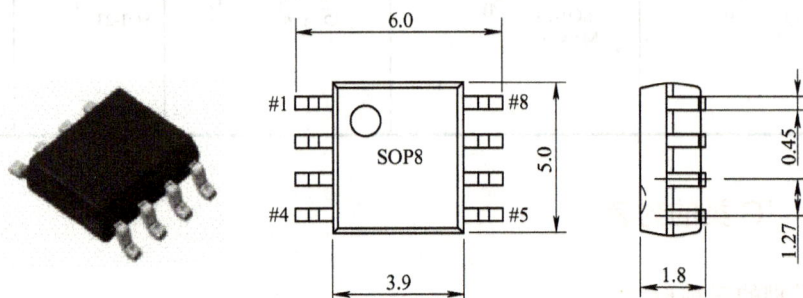

图 2-32　SOP-8 封装

小尺寸 J 形引脚封装（Small Out-Line J-Lead Package，SOJ）：零件两面有脚，脚向零件底部弯曲（J 形引脚），引脚间距 1.27mm。

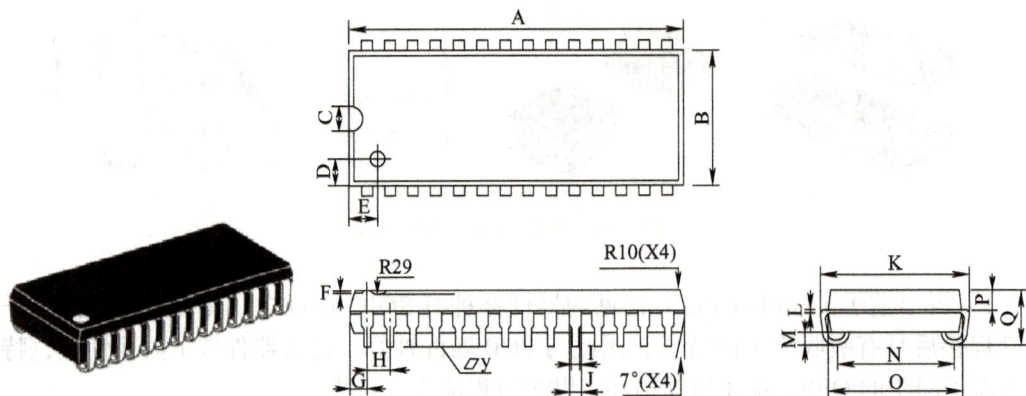

图 2-33　SOJ-28 封装

窄间距小外形封装（Shrink Small-Outline Package，SSOP）：零件两面有脚，脚间距 0.65mm。

薄型小尺寸封装（Thin Small Outline Package，TSOP）：成细条状，长宽比约为 2∶1，而且只有两面有脚，脚间距 0.5mm，适合用表面贴装技术在印制电路板上安装布线。

图 2-34　SSOP-28 封装

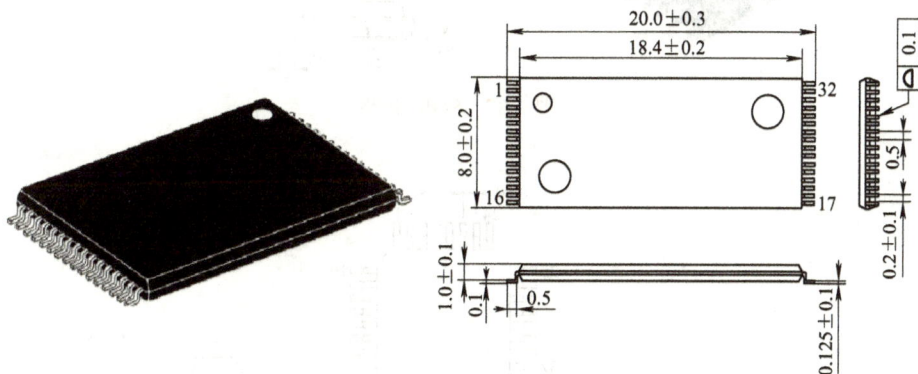

图 2-35　TSOP-32 封装

　　薄的缩小型小尺寸封装（Thin Shrink Small Outline Package，TSSOP）：比 SOIC 薄，引脚更密，脚间距 0.65mm，相同功能的话封装尺寸更小。有 TSSOP-8、TSSOP-20、TSSOP-24、TSSOP-28 等，引脚数量在 8 个以上，最多 64 个。

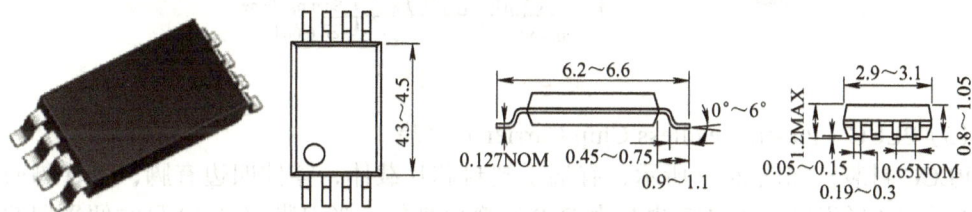

图 2-36　TSSOP-8 封装

　　小外形集成电路封装（Small Outline Integrated Circuit Package，SOIC）：零件两面有脚，脚向外张开（一般称为翼形引脚）。SOIC 实际上至少参考了两个不同的封装标准。EIAJ 标准中 SOIC 大约为 5.3mm 宽，习惯上使用 SOP；而 JEDEC 标准中 SOIC8 ～ 16 大约为 3.8mm 宽，SOIC16 ～ 24 大约为 7.5mm 宽，脚间距 1.27mm，习惯上使用 SOIC。

　　（2）方形扁平封装（Quad Flat Package，QFP）

　　方形扁平封装，零件四边有脚，零件脚向外张开，采用 "L" 翼形引脚。QFP 的外形有方形和矩形两种，如图 2-38 所示。日本电子工业协会用 EIAJ-IC-74-4 对 QFP 封装体外形尺寸进行了规定，使用 5mm 和 7mm 的整倍数，到 40mm 为止。TQFP 为 0.8mm 脚间距的封装，LQFP 为 0.5mm 脚间距的封装。

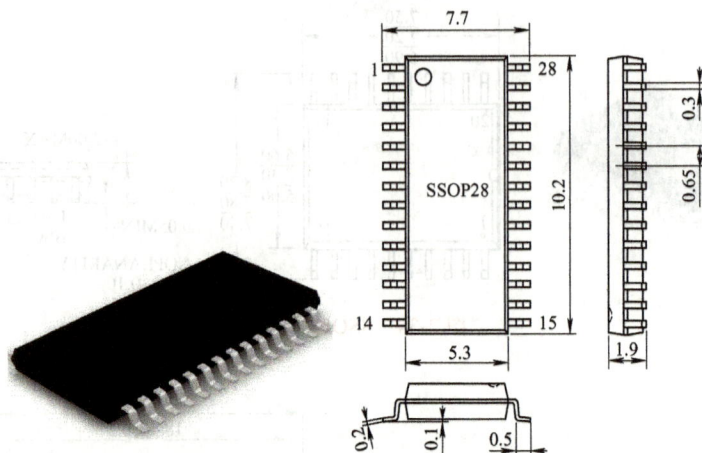

图 2-37  SOIC 封装

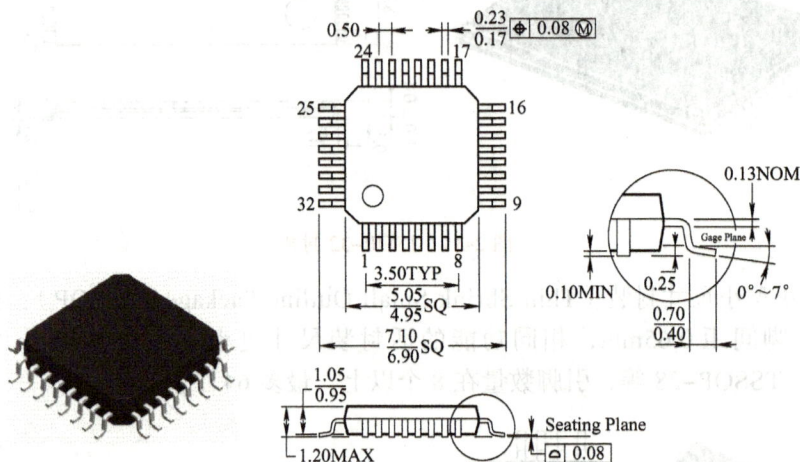

图 2-38  QFP 封装

（3）PLCC（Plastic Leadless Chip Carrier）封装

PLCC 封装，如图 2-39 所示，有端子塑封芯片载体，零件四边有脚，零件脚向零件底部弯曲（J 形引脚）。PLCC 也是由 DIP 演变而来的，当引脚超过 40 只时便采用此类封装，也采用"J"结构。每种 PLCC 表面都标有试探性定位点，以供贴片时判定方向。

（4）LCCC 封装

LCCC 封装，如图 2-40 所示。无端子陶瓷芯片载体。陶瓷芯片载体封装的芯片是全密封的，具有很好的环境保护作用。无端子陶瓷芯片载体的电极中心距有 1.0mm 和 1.27mm 两种。

（5）球栅阵列（Ball Grid Array，BGA）封装

BGA 封装，如图 2-41 所示，其外引线为焊球或焊凸点，它们成阵列分布于封装基板的底部平面上，在基板上面装配大规模集成电路（LSI）芯片，是 LSI 芯片的一种表面组装封装类型。钎球材料为低熔点共晶焊料合金 63Sn37Pb，直径约 1mm，间距范围 1.27 ～ 2.54mm，焊球与封装体底部的连接不需要另外使用钎料。组装时焊球熔融，与 PCB 表面焊盘接合在一起，呈现桶状。

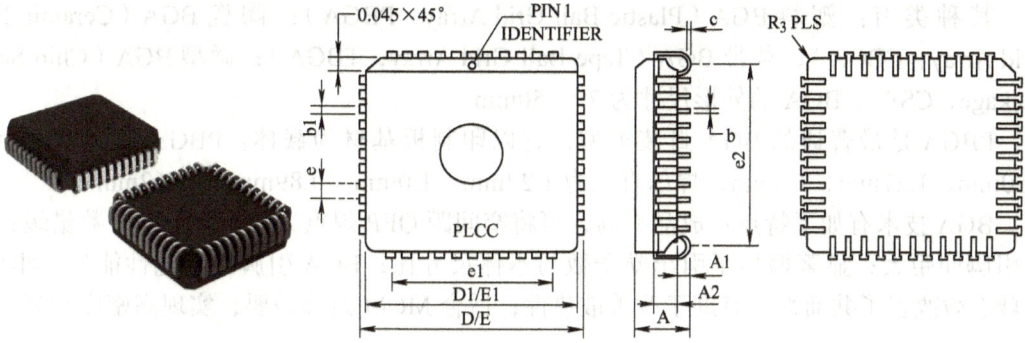

图 2-39　PLCC 封装

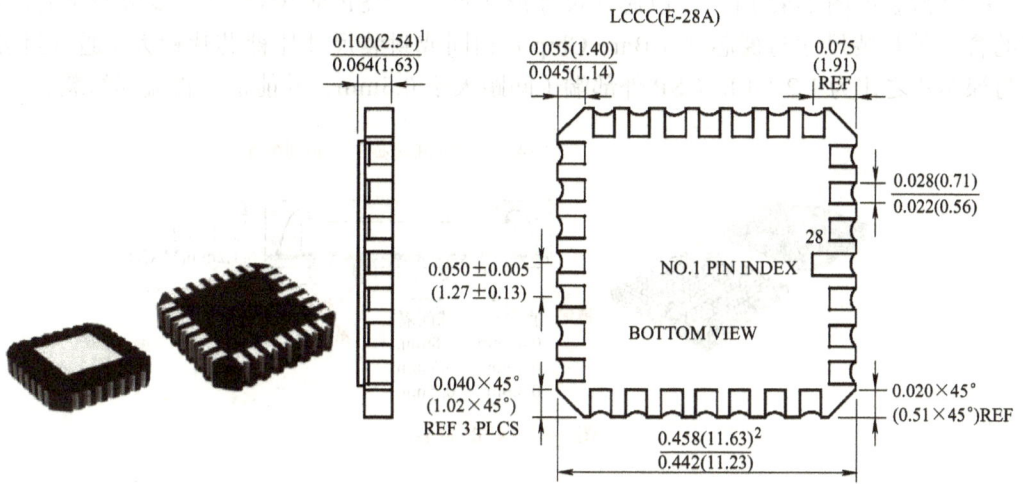

图 2-40　LCCC 封装

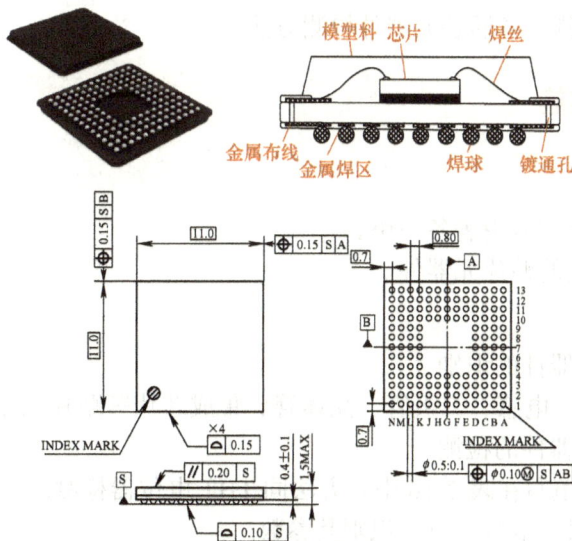

图 2-41　BGA 封装

其种类有：塑料 BGA（Plastic Ball Grid Array，PBGA）；陶瓷 BGA（Ceramic Ball Grid Array，CBGA）；载带 BGA（Tape Ball Grid Array，TBGA）；微型 BGA（Chip Scale Package，CSP）。BGA 的外形尺寸为 7 ~ 50mm。

PBGA 是最普通的 BGA 封装类型，它以印制板基材为载体。PBGA 的焊球间距为 1.50mm、1.27mm、1.0mm，焊球直径为 1.27mm、1.0mm、0.89mm、0.762mm。

BGA 技术有如下特点：成品率高，可将窄间距 QFP 焊点失效率降低两个数量级；芯片引脚间距大；显著增加了引出端子数与本体尺寸比；BGA 引脚短、电性能好、牢固；焊球有效改善了共面性，有助于改善散热性；适合 MCM 封装需要，实现高密度和高性能封装。

（6）CSP（Chip Scale Package）封装

CSP 封装如图 2-42 所示，以芯片尺寸形式封装。CSP 是 BGA 进一步微型化的产物，它的含义是封装尺寸与裸芯片（Bare Chip）相同或封装尺寸比裸芯片稍大（通常封装尺寸与裸芯片之比为 1.2：1），CSP 外部端子间距大于 0.5mm，并能适应再流焊组装。

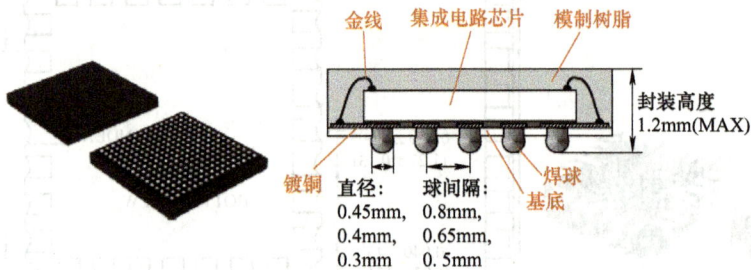

图 2-42　CSP 封装

## 2.3.5　贴片元器件的检测

贴片元器件的检测参考插装元器件检测方法。

## 2.3.6　任务实施

### 1. 器材和设备

1）指针式、数字式万用表各一块。

2）各种不同封装的贴片元器件。

### 2. 实施步骤

（1）各种贴片元器件的识别

识别电阻、电容、电感、二极管、晶体管、集成芯片等贴片元器件。

（2）各种贴片元器件的检测

以下检测数据均填写在表 2-16 中。方法同 THT 电位器检测。

1）根据贴片电阻、电容、电感识别其参数。

2）用万用表检测电阻、电容、电感参数。

表 2-16　贴片电阻、电位器的检测数据记录

| 序号 | 标称值 | 实测值 |
|---|---|---|
| 1 | | |
| 2 | | |
| 3 | | |
| 4 | | |
| 5 | | |

## 任务 2.4　贴片元器件的焊接

### 学习目标

#### 1. 能力目标

1）能正确使用焊接贴片元器件的常用工具。

2）能正确焊接贴片元器件。

#### 2. 知识目标

1）了解焊接贴片元器件的常用工具。

2）掌握贴片元器件的手工焊接方法。

3）掌握贴片元器件拆焊方法。

#### 3. 素质目标

1）培养精益求精的工匠精神。

2）培养安全、环保、成本、质量等意识。

### 2.4.1　焊接贴片元器件的常用工具

#### 1. 电烙铁

电烙铁一般选用恒温电烙铁，烙铁头可以选择尖头的，也可以选择小刀头的。在焊接引脚比较多的芯片时，建议选择尖头烙铁头的电烙铁。

微视频
贴片元器件焊接常用工具

#### 2. 焊锡丝

在焊接贴片元件的时候，尽可能地使用细的焊锡丝，便于控制给锡量，避免浪费焊锡。一般选用直径 0.8mm 的松香芯焊锡丝。

#### 3. 镊子

镊子（如图 2-43 所示）的主要作用是方便夹起和放置贴片元器件。如可用镊子夹住电阻放到电路板上进行焊接。要求镊子前端尖且平，以便于夹元器件。另外，对于一些需要防止静电的芯片，需要用到防静电镊子。

### 4. 吸锡带

焊接贴片元器件时，很容易出现上锡过多的情况。特别在焊密集多引脚贴片芯片时，很容易导致芯片相邻的两脚甚至多脚被焊锡短路。这时可用吸锡带（如图 2-44 所示），去除多余的焊锡。先用电烙铁把焊点上的锡熔化，使锡转移到吸锡带或多股铜线上，并拽动吸锡带，各引脚上的焊锡即被吸锡带吸附，从而使元件的引脚与线路脱离。当吸锡带吸满锡后，剪去已吸附焊锡的网线。如果没有吸锡带，也可用导线中的细铜丝（需要削除绝缘皮）拉直后浸上松香。

图 2-43　镊子

图 2-44　吸锡带

### 5. 带灯放大镜

对于一些引脚特别细小密集的贴片芯片，焊接完毕之后需要检查引脚是否焊接正常、有无短路现象，此时用人眼是很费力的，因此可以用到放大镜，从而方便可靠地查看每个引脚的焊接情况。这种放大镜在一般的条件下是可以使用的，但是如果遇到光线比较暗的时候，就显示出它的不足，此时可用带灯放大镜，如图 2-45 所示，它是在普通放大镜基础上加上光源，现在一般采用 LED 灯作为光源。

### 6. 酒精

在使用松香作为助焊剂时，很容易在电路板上留下多余的松香。为了美观，这时可以用酒精棉球将电路板上残留的松香擦干净。

### 7. 热风枪

热风枪（图 2-46）主要由气泵、印制电路板、气流稳定器、外壳和手柄等部件组成，主要是利用发热电阻丝的枪芯吹出的热风来对元件进行焊接与摘取元件的工具。其优点是焊具与焊点之间没有硬接触，所以不会损伤焊点与焊件。对于普通的贴片焊接，可以不用热风枪，而对引脚比较多的芯片或 CPU，一般用热风枪进行拆焊。

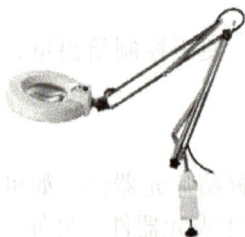

图 2-45　带灯放大镜

图 2-46　热风枪

## 2.4.2　贴片元器件的手工焊接

### 1.清洁和固定 PCB

在焊接前应对要焊的 PCB（如图 2-47 所示）进行清洁，使其干净。如 PCB 表面有手印以及氧化物之类的，可用橡皮擦除。

手工焊接 PCB 时，可以用焊台之类的固定好，也可用手固定，从而方便焊接。但应避免手指接触 PCB 上的焊盘影响上锡。

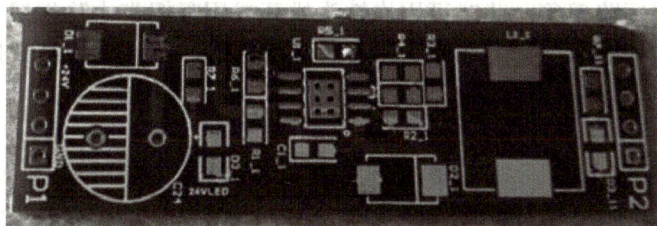

图 2-47　待焊接的 PCB

### 2.引脚少的贴片元器件焊接

对于引脚少（一般为 2 ～ 5 个）的贴片元器件如电阻、电容、二极管、晶体管等，一般采用单脚固定法，固定、焊接过程参见图 2-48 所示。以贴片电阻焊接为例，先对 PCB 上一个焊盘上锡，然后左手用镊子夹持元器件，将其放到安装位置并轻抵住电路板，右手拿烙铁靠近已镀锡焊盘，熔化焊锡将该引脚焊好，依次点焊其他引脚即可。

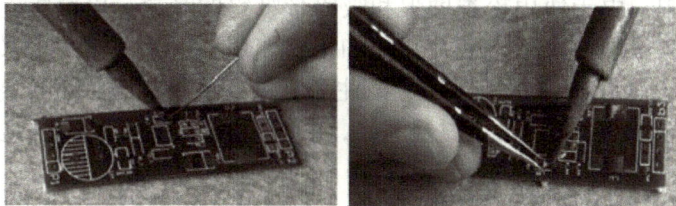

图 2-48　引脚少的贴片元器件焊接

### 3.集成贴片芯片的焊接

对于引脚多的贴片芯片，可采用多脚固定的方法进行焊接，固定过程可参考图 2-49 所示。先焊接固定一个引脚后，再对该引脚对角的引脚进行焊接固定，从而达到整个芯片被固定好的目的。

**注意：**芯片的引脚要判断正确，放置正确，芯片引脚一定要与焊盘对齐。

具体焊接过程如下，在芯片焊盘一角上焊，用镊子夹持芯片，用电烙铁熔化铜箔上焊锡，固定一引脚，再固定芯片对角线引脚。对于芯片引脚比较少的情况下，可以采用点焊的方法焊接其余各引脚。

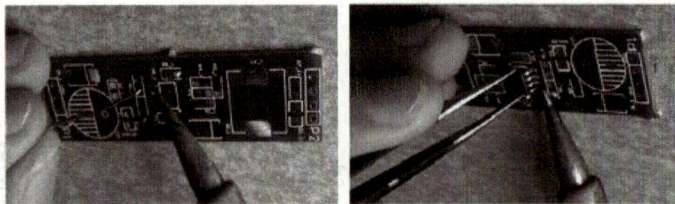

图 2-49 集成贴片芯片对角引脚固定焊接

对于引脚多而且密集的芯片，除了点焊外，还可以采取拖焊，参考图 2-50 所示，即在一侧的引脚上足锡，然后利用烙铁将焊锡熔化，往该侧剩余的引脚上抹去，熔化的焊锡可以流动，也可以将电路板适当地倾斜，通过烙铁头将多余的焊锡去掉。焊接过程中可能出现相邻引脚被锡短路现象，此时可用烙铁头挑开或用吸锡带去除焊锡。可将电线的外皮剥去之后，露出细铜丝，用烙铁熔化一些松香在铜丝上，作为吸锡带使用。

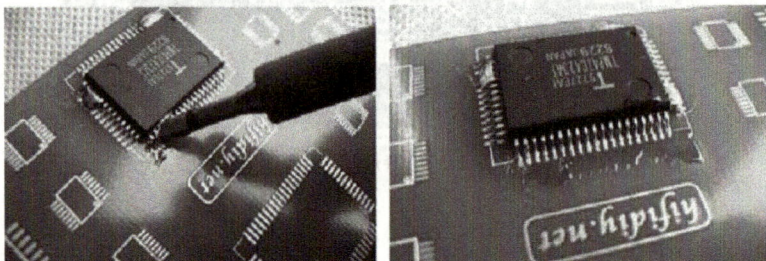

图 2-50 集成贴片芯片拖焊

吸锡带的使用方法很简单，参考图 2-51 所示，向吸锡带加入适量助焊剂（如松香）然后紧贴焊盘，用干净的烙铁头放在吸锡带上，待吸锡带被加热到要吸附焊盘上的焊锡熔化后，慢慢地从焊盘的一端向另一端轻压拖拉，焊锡即被吸入带中。

在焊接过程中，由于使用松香助焊和吸锡带吸锡的缘故，电路板上芯片引脚的周围残留了一些松香，虽然并不影响芯片工作和正常使用，但不美观。可采用棉签蘸酒精进行清洗，如图 2-52 所示。清洗擦除时应该注意酒精要适量，且浓度要高一些，以快速溶解松香之类的残留物；擦除的力度要控制好，不能太大，以免擦伤阻焊层以及伤到芯片引脚等。

图 2-51 吸锡带吸去芯片引脚上多余的焊锡

图 2-52 清除残留的松香

### 2.4.3　贴片元器件拆焊

引脚不多的贴片元器件的拆焊：先在元器件焊接引脚多熔些焊锡丝，然后轮流用烙铁加热元器件的焊点，当元器件的几个引脚焊锡都在熔化状态时用镊子或烙铁嘴给元器件向外施加一点力，使元器件移出焊盘，即可取下元器件。

拆焊贴片式集成电路时，可将调温烙铁温度调至 260℃左右，用烙铁头配合吸锡器将集成电路引脚焊锡全部吸除后，用尖嘴镊子轻轻插入集成电路底部，一边用烙铁加热，一边用镊子逐个轻轻提起集成电路引脚，使集成电路引脚逐渐与印制板脱离。用镊子提起集成电路时一定要随烙铁加热的部位同步进行，防止操之过急将线路板损坏。

拆焊高引脚密度贴片集成芯片时主要用热风枪，将热风枪的温度与风量调到适当位置，用镊子夹住元件，用热风枪来回吹所有的引脚，等都熔化时将元器件提起。

### 2.4.4　任务实施

#### 1. 在 PCB 上完成以下贴片元器件的焊接

1）完成 10 个贴片电阻的焊接。
2）完成 10 个贴片电容的焊接。
3）完成 10 个贴片电感的焊接。
4）完成 10 个贴片二极管的焊接。
5）完成 10 个贴片晶体管的焊接。
6）完成两个 8、16 脚集成贴片芯片的焊接。

#### 2. 贴片元器件的拆焊

用调温电烙铁、金属编织网、热风枪等工具完成以下贴片元器件的拆焊。
1）完成 10 个贴片电阻的拆焊。
2）完成 10 个贴片电容的拆焊。
3）完成 10 个贴片电感的拆焊。
4）完成 10 个贴片二极管的拆焊。
5）完成 10 个贴片晶体管的拆焊。
6）完成两个 8、16 脚集成贴片芯片的拆焊。

## 任务 2.5　红外线倒车雷达电路安装与调试

### 学习目标

#### 1. 能力目标

1）能用 Multisim 完成红外线倒车雷达电路的仿真。
2）学会识读红外线倒车雷达电路原理图、PCB 图。
3）能完成红外线倒车雷达电路安装及焊接。

4）能完成红外线倒车雷达测量和调试。

### 2. 知识目标

1）掌握常用电子元器件的检测方法。
2）掌握红外线倒车雷达电路的安装方法和调试方法。

### 3. 素质目标

1）培养质量与成本意识。
2）培养社会责任感和担当精神。

## 2.5.1　红外线倒车雷达电路安装

红外线倒车雷达电路元器件清单见表 2-17。

**表 2-17　红外线倒车雷达电路元器件清单**

| 序号 | 名称 | 元器件标号 | 型号规格 | 数量 |
|------|------|-----------|----------|------|
| 1 | 0805 贴片电阻 | $R_1$、$R_4 \sim R_8$、$R_{18}$ | 1kΩ | 7 |
| 2 | 0805 贴片电阻 | $R_2$、$R_3$、$R_{19}$ | 10kΩ | 1 |
| 3 | 0805 贴片电阻 | $R_{15}$ | 30kΩ | 1 |
| 4 | 0805 贴片电阻 | $R_{16}$ | 4.7kΩ | 1 |
| 5 | 0805 贴片电阻 | $R_{10}$ | 1.5kΩ | 1 |
| 6 | 0805 贴片电阻 | $R_9$、$R_{12}$、$R_{13}$、$R_{14}$ | 200Ω | 4 |
| 7 | 直插二极管 | $VD_1$、$VD_2$ | 1N4148 | 2 |
| 8 | 红外发射管 | VD3 | 5mm 直插 | 1 |
| 9 | 红外接收管 | VD4 | 5mm 直插 | 1 |
| 10 | 可调电阻 | $RP_1$ | 500kΩ | 1 |
| 11 | 可调电阻 | $RP_2$ | 50kΩ | 1 |
| 12 | 贴片集成电路 | $IC_1$ | LM324 | 1 |
| 13 | 贴片集成电路 | $IC_2$ | NE555 | 1 |
| 14 | 发光二极管 | $LED_1$ | 5mm 红，直插 | 1 |
| 15 | 发光二极管 | $LED_2$ | 5mm 黄，直插 | 1 |
| 16 | 发光二极管 | $LED_3$ | 5mm 绿，直插 | 1 |
| 17 | 瓷片电容器 | $C_1$、$C_4$ | CC-63V-0.01μF | 2 |
| 18 | 瓷片电容器 | $C_7$ | CC-63V-20pF | |
| 19 | 直插电解电容器 | $C_6$ | CD-35V-1μF | 1 |
| 20 | 直插电解电容器 | $C_3$ | CD-35V-10μF | 1 |
| 21 | 直插电解电容器 | $C_2$ | CD-35V-47μF | 1 |
| 22 | 直插电解电容器 | $C_5$ | CD-35V-100μF | 1 |
| 23 | 万能板（或印制电路板 71×45） | — | 配套 | 1 |

## 1. 电路仿真

### （1）多谐振荡器的仿真

参考图 2-53 所示，完成 NE555 构成多谐振荡器的仿真。

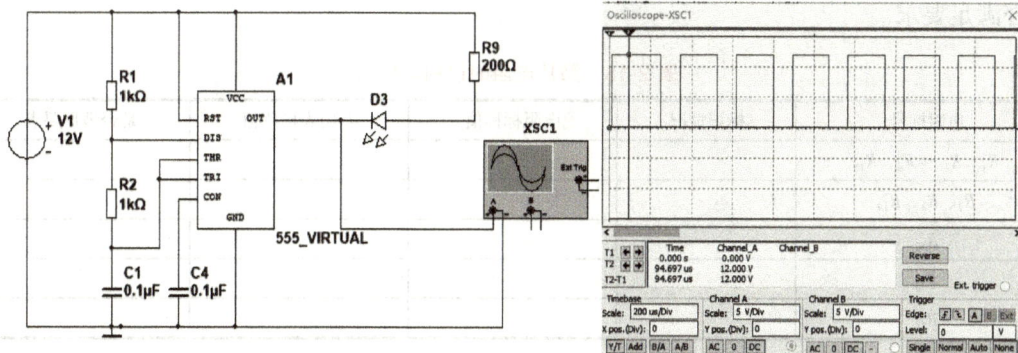

图 2-53  NE555 构成多谐振荡器的仿真

### （2）红外线倒车雷达电路的仿真

参考图 2-54 所示，红外接收二极管用信号发生器代替，设置发生器信号为方波信号、频率为 5kHz，当调节信号发生器输出电压时，使仿真结果为一盏 LED 灯亮、两盏 LED 灯亮、三盏 LED 灯亮。可通过改变电位器的阻值来调节反射距离和灵敏度，使电路达到可以在一定范围内测量倒车距离。

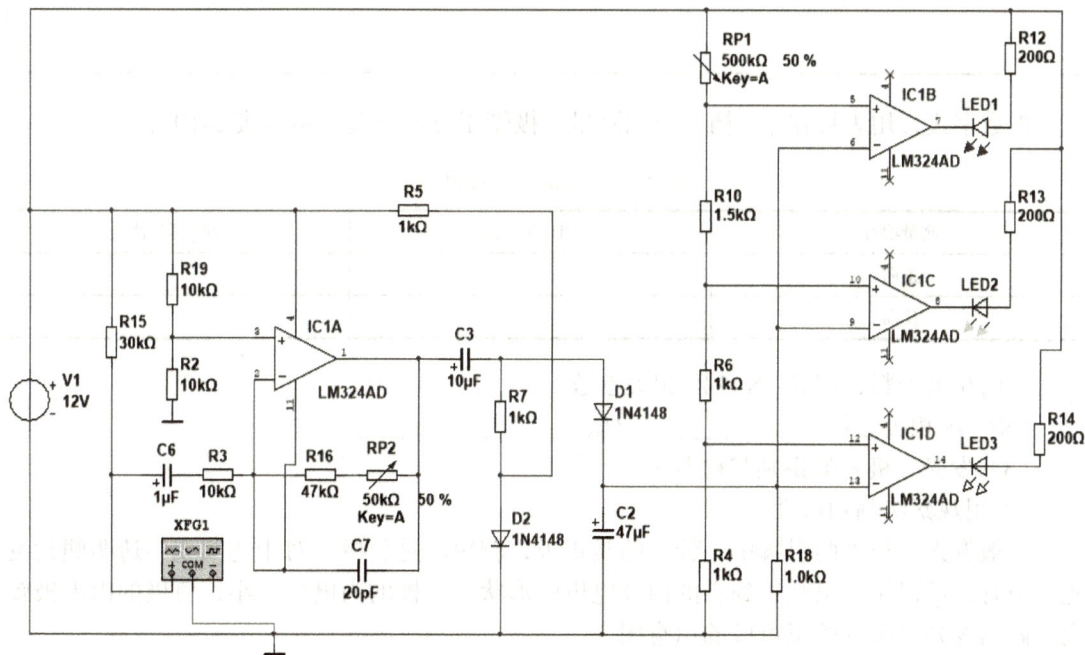

图 2-54  红外线倒车雷达电路的仿真

### 2. 元器件的识别与检测

（1）电阻的识别与检测

$R_1$、$R_4 \sim R_8$、$R_{18}$，写出以上电阻的标识：_____；读出电阻值：_____。

先根据贴片电阻的标识读出电阻的值，再用万用表进行检测，填入表 2-18 中，判别是否满足要求。

表 2-18 贴片电阻的识别与检测

| 电阻标号 | 标识情况 | 电阻标称值 | 万用表检测值 | 是否满足要求 |
|---|---|---|---|---|
| $R_1$、$R_4 \sim R_8$、$R_{18}$ | | | | |
| $R_2$、$R_3$、$R_{19}$ | | | | |
| $R_{10}$ | | | | |
| $R_{15}$ | | | | |
| $R_{16}$ | | | | |

（2）二极管的识别与检测

根据二极管的外形标记，找出 1N4148 二极管的正负极，并用万用表判断确认，在下面方框中画出极性示意图。

把数字式万用表打在 ⫾▷⊦ 档，分别测量二极管正反向情况，填入表 2-19 中。

表 2-19 二极管正反向测量

| 测量项目 | VD$_1$ 测量值 | VD$_2$ 测量值 |
|---|---|---|
| 正向 | | |
| 反向 | | |

查阅相关资料，记录 1N4148 相关参数。

1N4148 相关参数：$I_{FM}$_____；$U_{RM}$_____；$I_R$_____。

（3）发光二极管的识别与检测

1）用观察法判别极性。

一般发光二极管两引脚中，较长的是正极，较短的是负极。对于透明或半透明塑封发光二极管，可以用肉眼观察到它的内部电极的形状，正极的内电极较小，负极的内电极较大。画出发光二极管的正负极的示意图。

2）用万用表测量发光二极管的极性和质量好坏。

把数字式万用表打在—▷⊢档，分别测量发光二极管正反向情况，并做记录，填入表 2-20 中。

表 2-20　二极管正反向测量

| 测量项目 | VD$_3$ 测量值 | LED$_1$ 测量值 | LED$_2$ 测量值 | LED$_3$ 测量值 |
|---|---|---|---|---|
| 正向 | | | | |
| 反向 | | | | |

（4）红外发射、接收二极管的识别

用万用表测量红外发射二极管的极性和质量好坏。

把数字式万用表打在—▷⊢档，分别测量发光二极管正反向情况，并做记录。

正向：_____；反向_____；质量情况：_____。

用万用表测量红外接收二极管的极性和质量好坏。

把数字式万用表打在—▷⊢档，分别测量发光二极管正反向情况，并做记录。

正向：_____；反向_____；质量情况：_____。

（5）电容的识别与检测

找出电容器 $C_1 \sim C_7$，根据标注读出其电容值和耐压值，用数字式万用表电容档测量电容器的容量，填入表 2-21 中。

表 2-21　电容器的检测

| 电容器标号 | 电容器的标注 | 电容器的容量标称值 | 电容器的耐压 | 万用表测量值 | 质量情况 |
|---|---|---|---|---|---|
| $C_1$ | | | | | |
| $C_2$ | | | | | |
| $C_3$ | | | | | |
| $C_4$ | | | | | |
| $C_5$ | | | | | |
| $C_6$ | | | | | |
| $C_7$ | | | | | |

（6）电位器的识别与检测

写出电位器上的标识，并用万用表检测其质量情况，填入表 2-22 中。

表 2-22　电位器的识别与检测

| 电位器标号 | 标识情况 | 标称阻值 | 万用表检测值 | 是否满足要求 |
|---|---|---|---|---|
| $RP_1$ | | | | |
| $RP_2$ | | | | |

（7）集成电路的识别

写出 LM324、NE555 集成芯片的功能及各引脚的功能。

1）LM324 集成芯片的功能和各引脚功能情况。

LM324 的功能：_____。

把 LM324 集成芯片各引脚功能填入表 2-23 中。

表 2-23　LM324 集成芯片引脚排列及功能情况

| 引脚号 | 功能 | 引脚号 | 功能 |
|---|---|---|---|
| 1 | | 8 | |
| 2 | | 9 | |
| 3 | | 10 | |
| 4 | | 11 | |
| 5 | | 12 | |
| 6 | | 13 | |
| 7 | | 14 | |

2）NE555 集成芯片的功能和各引脚功能情况。

NE555 的功能：_____。

把 NE555 集成芯片各引脚功能填入表 2-24 中。

表 2-24　NE555 集成芯片引脚排列及功能情况

| 引脚号 | 功能 | 引脚号 | 功能 |
|---|---|---|---|
| 1 | | 5 | |
| 2 | | 6 | |
| 3 | | 7 | |
| 4 | | 8 | |

## 3. 电路安装

参考图 2-55 完成电路的安装。

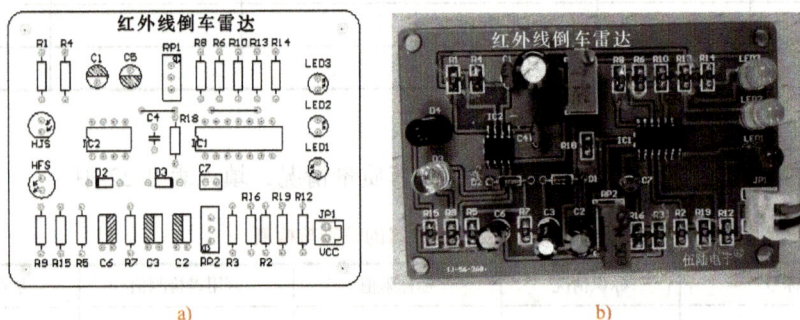

图 2-55　电路安装

安装注意事项：

1）电路安装、元器件焊接前，先认真分析原理图，找到相关元器件在电路板上一一对应的位置；

2）元器件安装、焊接遵照从小到大、从低到高的原则来进行；

3）有极性元器件如电解电容，焊接前先判断极性，确认无误后再焊接；

4）红外发射管、红外接收管在焊接前先判断自身极性，确认无误后再焊接。

## 2.5.2  红外线倒车雷达电路调试

1）电路安装完成后，检查电路安装无误后，接通 12V 直流电源（注意电源 "+" "–" 极），观察电路有无异样（如是否有元器件发热等）。用数字式万用表 DC 电压档测量 NE555（1 脚地，8 脚 12V）、LM324（4 脚 9V，11 脚地）是否有 12V 电压。如果有，则进入下一步；如果无，先检查供电电路是否有虚焊或断线。

2）再开电。用示波器检查 NE555 第 3 脚对地是否有 500Hz 左右方波。如果有，则进入下一步；如果无，检查 NE555 振荡元件 $R_1$、$R_4$、$C_1$（虚焊、开路等）。

3）用示波器检查接收管输出端是否有方波（要用纸遮挡发射管，使波形返回到接收管，调整纸和发射管之间距离，看接收方波大小），有波形的，则进入下一步；无波形的，检查接收管及其电路。

4）用示波器检查 $VD_1$ 正端是否有方波（要用纸遮挡发射管，使波形返回到接收管，调整纸和发射管之间距离，看接收方波大小），有波形的，则进入下一步；无波形的，检查 A1 级放大器及其外围电路。

5）用数字式万用表 DC 直流电压档测量 IC1B、IC1C、IC1D 这三个比较器的两个输入比较电压。$V+$ 大于 $V-$ 的输出电压为高电平（接近电源电压）；相反 $V+$ 小于 $V-$ 的输出电压为低电平（接近 0V）。正常后，进入下一步；不正常的，查找相应电路。

6）不用纸挡住发射管时，调 $RP_1$，使三个发光管都灭；挡住距离为 30cm 时，调 $RP_1$，使 1 个发光管刚亮为好；挡住距离为 20cm 时，调 $RP_1$，使两个发光管刚亮为好；挡住距离为 10cm 时，调 $RP_1$，使三个发光管刚亮为好。此步要反复调。不明显时用示波器监测 $VD_1$ 正端，调 $RP_2$ 使波形变大，再反复调 $RP_1$，使发光二极管满足题目要求为止。

7）对于一通电就有灯亮的，先用数字式万用表 DCV 20V 档测量三个比较器的两个输入比较电压 $V+$ 和 $V-$ 数值大小情况，按第 6）步方式保证比较器输出正常；否则检查比较器输入端外围电阻，直到正常为止。表 2-25 为集成芯片 LM324 测试。

表 2-25  集成芯片 LM324 测试

| LED 状态 | 13 脚 | 5 脚 | 10 脚 | 7 脚 | 8 脚 | 14 脚 |
|---|---|---|---|---|---|---|
| LED 全灭 | | | | | | |
| $LED_3$ 亮 | | | | | | |
| $LED_2$、$LED_3$ 亮 | | | | | | |
| LED 全亮 | | | | | | |

8）波形测量。用数字示波器测量红外发射信号（IC1A 的 3 脚），并做记录，见表 2-26。

表 2-26   波形测量

| 红外发射信号（IC1A 的 3 脚）波形 | 测量数据填写 | |
|---|---|---|
| | 周期 | 测量档位 |
| | | |
| | 幅值 | 测量档位 |
| | | |

红外线倒车雷达电路制作评分标准见表 2-27。

表 2-27   红外线倒车雷达电路制作评分标准

| 项目及配分 | 工艺标准或要求 | 扣分标准 | 扣分记录 | 得分 |
|---|---|---|---|---|
| 电路计算 10 分 | 1. 能完成多谐振荡器的仿真 2. 能完成红外倒车雷达电路的仿真 | 1. 不能完成多谐振荡器的仿真，扣 5 分 2. 不能完成红外倒车雷达电路的仿真，扣 5 分 | | |
| 元器件检测 20 分 | 1. 能读、测出色环电阻的阻值 2. 能根据电容器的标准读取参数，并用万用表判别其质量性能 3. 能用万用表判别发光二极管、光电二极管的极性及质量性能 4. 能用万用表检测电位器 | 1. 不能读、测色环电阻的阻值，每个扣 2 分 2. 不能根据电容器的标准读取参数；不能用万用表判别其质量性能。每个扣 2 分 3. 不能用万用表判别发光二极管、光电二极管的极性及质量性能，每个扣 2 分 4. 不能用万用表检测电位器，每个扣 2 分 以上扣完 20 分为止 | | |
| 元器件成形 10 分 | 能按要求对直插式元器件进行成形 | 成形不符合要求，每个扣 2 分；损坏元器件，扣 10 分 以上扣完 10 分为止 | | |
| 插件 10 分 | 1. 直插式二极管、电位器卧式安装，贴紧电路板；发光二极管、电容器立式安装 2. 按图装配，元件的位置、极性正确 | 1. 元器件安装歪、不对称、高度不合格，每处扣 2 分 2. 没按要求安装，每处扣 2 分 3. 错装、漏装每处扣 2 分 以上扣完 10 分为止 | | |
| 焊接 20 分 | 1. 焊点光亮、清洁，钎料适量 2. 无漏焊、虚焊、假焊、搭焊、溅焊等现象 3. 焊接后元件引脚剪脚留头长度小于 1mm | 1. 焊点不光亮、钎料过多或过少、布线不平直，每处扣 1 分 2. 漏焊、虚焊、假焊、搭焊、溅焊，每处扣 1 分 3. 引脚剪脚留头长度大于 1mm，每处扣 1 分 以上扣完 20 分为止 | | |
| 测试 30 分 | 1. 按测试要求和步骤测量 2. 正确使用万用表、示波器 | 1. 测量方法或步骤错误，每处扣 5 分 2. 不会测量或测量结果错误，每处扣 5 分 以上扣完 30 分为止 | | |

（续）

| 项目及配分 | 工艺标准或要求 | 扣分标准 | 扣分记录 | 得分 |
|---|---|---|---|---|
| 安全、文明生产 | 1. 安全用电，不人为损坏元器件、加工件和设备等<br>2. 保持实习环境整洁、秩序井然、操作习惯良好 | 1. 发生安全事故扣总分 20 分<br>2. 违反文明生产要求视情况扣总分 5～20 分 | | |
| 总分 | | | | |

## 习题 2

1. 什么是红外线对管？试说明基本工作原理。
2. 画出 NE555 集成电路引脚排列简图，说明各引脚的功能。
3. 画出 LM324 集成电路引脚排列简图。
4. 画出制作用红外线倒车雷达电路，简述其电路结构，分析其工作原理。
5. 集成电路的分类如何？
6. 什么是集成电路的封装？有什么作用？常用的封装有哪几种？
7. 什么是集成电路在线和非在线测量法？
8. 如何识别不同封装形式集成电路的引脚排列顺序。
9. 简述引脚数目少（一般为 2～5 个）的贴片元器件的焊接过程。
10. 简述引脚多的贴片芯片的焊接过程。
11. 简述不同引脚贴片元器件的拆焊过程。

# 项目 3 功率放大电路的制作

在实际应用中，要求多级放大电路的输出级能带动一定的负载，如使扬声器发出声音、推动电动机旋转等。这就要求多级放大电路的输出级能够给负载提供足够大的信号功率，将这样的输出级称为功率放大电路（简称功放）。常用的功率放大器有分立元器件功率放大电路和集成电路功率放大电路，本项目主要完成分立元器件 OTL 功率放大电路和 TDA2030 集成功率放大电路制作。

## 任务 3.1 分立元器件 OTL 功率放大电路的制作

### 学习目标

#### 1. 能力目标

1）能分析、计算 OTL 功放电路最大输出功率。
2）能分析任务中功率放大电路的工作过程。
3）能说明扬声器的结构组成。
4）能对扬声器进行检测。
5）能正确使用常用电子仪器。
6）能用 Multisim 完成分立元器件 OTL 功率放大电路的仿真。
7）能完成分立元器件 OTL 功率放大电路安装及焊接。
8）能完成分立元器件 OTL 功率放大电路测量和调试。

#### 2. 知识目标

1）了解扬声器的分类。
2）理解扬声器的工作原理和主要性能指标。
3）掌握扬声器的检测方法。
4）掌握常用电子仪器的使用方法
5）掌握电子电路的调试方法。
6）掌握电子电路的检修方法。

#### 3. 素质目标

1）培养质量与成本意识。
2）培养分析问题和解决问题的能力。

## 3.1.1  电路原理分析

本任务的 OTL 功率放大电路（器）如图 3-1 所示。其中由晶体管 VT$_3$ 组成推动级（也称前置放大级）。VT$_4$、VT$_5$ 是一对参数对称的 NPN 和 PNP 型晶体管，它们组成互补推挽 OTL 功放电路。由于每一个管子都接成射极输出器形式，因此具有输出电阻低、负载能力强等优点，适合于功率输出级用。VT$_3$ 工作于甲类状态，它的集电极电流 $I_{C3}$ 由电位器 $RP_6$ 进行调节。$I_{C3}$ 的一部分电流经电阻 $R_{11}$、$R_{13}$、$R_{15}$ 及二极管 $VD_1$，给 VT$_4$、VT$_5$ 提供偏压。调节 $R_{14}$，可以使 VT$_4$、VT$_5$ 得到合适的静态电流而工作于甲、乙类状态，以克服交越失真。静态时要求输出端中点 $A$ 的电位 $U_A = \dfrac{1}{2}U_{CC}$（即图中 12V 的一半电压 6V），可以通过调节 $RP_6$ 来实现，又由于 $RP_6$ 的一端接在 $A$ 点，因此在电路中引入交、直流电压并联负反馈，一方面能够稳定放大器的静态工作点，同时也改善了非线性失真。

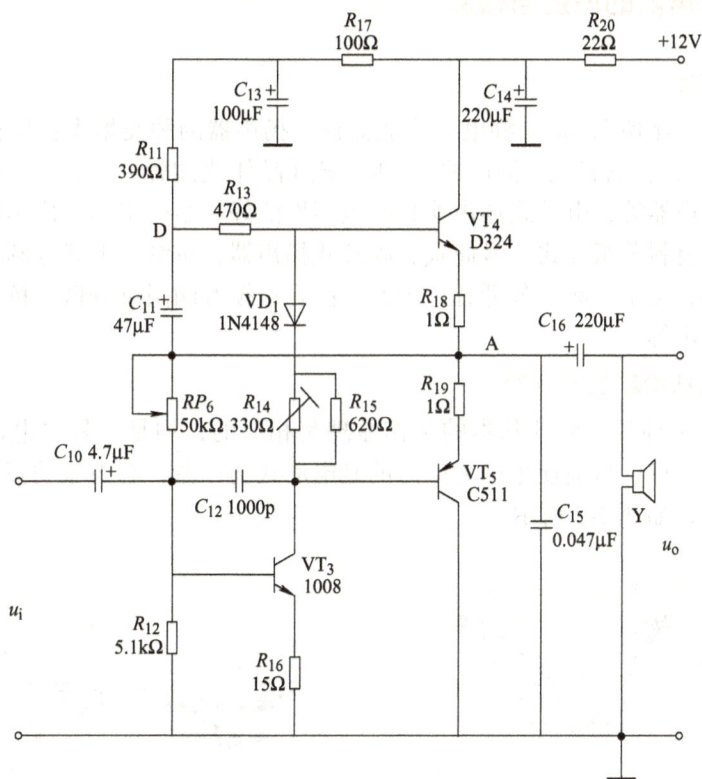

图 3-1  功率放大电路（器）

当输入正弦交流信号 $u_i$ 时，经 VT$_3$ 放大、倒相后同时作用于 VT$_4$、VT$_5$ 的基极，$u_i$ 的负半周使 VT$_4$ 导通（VT$_5$ 截止），有电流通过负载 $R_L$（扬声器 Y），同时向电容 $C_{16}$ 充电，在 $u_i$ 的正半周，VT$_5$ 导通（VT$_4$ 截止），则已充好电的电容器 $C_{16}$ 起着电源的作用，通过负载 $R_L$ 放电，这样在 $R_L$ 上就得到完整的正弦波。

$C_{11}$ 和 $R_{11}$ 构成自举电路，用于提高输出电压正半周的幅度，以得到大的动态范围。

无自举电路时，在输出信号正半周最大值附近，由于 VT$_4$ 的导通电流 $i_{C4}$ 最大，对应 $i_{B4}$ 也最大。$i_{B4}$ 由 +12V 电源提供，在 $R_{11}$、$R_{13}$、$R_{17}$ 上形成的压降和 $u_{BE4}$ 也最大。从而使 VT$_4$ 的发射极跟随输出的电压 $U_A$ 在正向最大峰值点附近受削弱（$U_A < +12V$），亦即经 $C_{16}$ 耦合到 $R_L$ 的输出电压波形失真并导致 $U_{om}$ 也达不到 $\frac{1}{2}U_{CC}$（即 6V）。加入自举电路后，由于 $R_{11}C_{11}$ 的时间常数比信号周期大得多，$C_{11}$ 两端电压保持为 $\frac{1}{2}U_{CC}$，图中 D 点电位会随 A 点输出正半周信号的增大而上升，并在正向峰值附近通过 $C_{11}$ 的自举作用而升得比 $+U_{CC}$ 的电位还要高，从而有效地克服正向最大峰值点附近 A 点波形被压缩的缺陷，保证了最大正向峰值输出电压接近 $\frac{1}{2}U_{CC}$。$R_{17}$ 的作用是使 D 点与电源 $+U_{CC}$ 隔离，从而使 D 点电位可以高于 $+U_{CC}$。

## 3.1.2 扬声器的识别与检测

### 1. 扬声器概述

扬声器又称"喇叭"，是一种电声换能器件。扬声器的种类繁多：按换能机理和结构分动圈式（电动式）、电容式（静电式）、压电式（晶体或陶瓷）、电磁式（压簧式）、电离子式和气动式扬声器等，电动式扬声器具有电声性能好、结构牢固、成本低等优点，应用广泛；按声辐射材料分纸盆式、号筒式、膜片式扬声器；按纸盆形状分圆形、椭圆形、双纸盆和橡皮折环；按工作频率分低音、中音、高音；按音圈阻抗分低阻抗和高阻抗；按效果分直辐和环境声等。

### 2. 扬声器的结构和工作原理

扬声器有许多种类，但其基本的工作原理是相似的，均是一种将电信号转换为声音信号进行重放的元件。目前使用最为广泛的是电动式扬声器，它由振动膜、音圈、永久磁铁、支架等组成，如图 3-2 所示。

图 3-2 扬声器的结构

a）电动式扬声器的结构　b）球顶扬声器的结构

当扬声器的音圈通入音频电流后，音圈在电流的作用下便产生交变的磁场，永久磁铁同时也产生一个大小和方向不变的恒定的磁场。由于音圈所产生磁场的大小和方向随音频电流的变化不断地在改变，这样两个磁场的相互作用使音圈做垂直于音圈中电流方向的运动，由于音圈和振动膜相连，从而带动振动膜产生振动，由振动膜振动引起空气的振动而发出声音。当输入音圈的电流越大，其磁场的作用力就越大，振动膜振动的幅度也就越大，声音则越响。扬声器发出高音的部分主要在振动膜的中央，当扬声器振动膜的中央材质越硬，则其重放的声音效果越好。扬声器发出低音的部分主要在振动膜的边缘，如果扬声器的振动膜边缘较为柔软且纸盆口径较大，则扬声器发出的低音效果越好。

### 3. 扬声器的主要性能指标

扬声器的主要性能指标有额定功率、额定阻抗、频率响应、指向特性以及失真度等参数。

（1）额定功率

扬声器的功率有标称功率和最大功率之分。标称功率又称额定功率、不失真功率。它是指扬声器在额定不失真范围内容许的最大输入功率，在扬声器的商标、技术说明书上标注的功率即为该功率值。

最大功率是指扬声器在某一瞬间所能承受的峰值功率。为保证扬声器工作的可靠性，要求扬声器的最大功率为标称功率的 2 ~ 3 倍。

（2）额定阻抗

扬声器的阻抗一般和频率有关。额定阻抗是指音频为 400Hz 时，从扬声器输入端测得的阻抗，一般是音圈直流电阻的 1.2 ~ 1.5 倍。动圈式扬声器常见的阻抗有 4Ω、8Ω、16Ω、32Ω 等。

（3）频率响应

给扬声器加上相同电压、不同频率的音频信号时，其产生的声压将会产生变化。一般中音频时产生的声压较大，而低音频和高音频时产生的声压较小。当声压下降为中音频的某一数值时的高、低音频率范围，叫该扬声器的频率响应特性。

理想的扬声器频率特性应为 20 ~ 20kHz，这样就能把全部音频均匀地重放出来。然而，这是做不到的。每一只扬声器只能较好地重放音频的某一部分。

（4）指向特性

用来表征扬声器在空间各方向辐射的声压分布特性，频率越高指向性越强，纸盆越大指向性越强。

（5）失真度

扬声器不能把原来的声音逼真地重放出来的现象叫失真。失真有两种：频率失真和非线性失真。频率失真是对某些频率的信号放音较强，而对另一些频率的信号放音较弱造成的，失真破坏了原来高低音响度的比例，改变了原声音色。而非线性失真是由扬声器振动系统的振动和信号的波动不能完全一致造成的，在输出的声波中增加一新的频率成分。

### 4. 扬声器的检测

方法一：用数字式万用表的电阻档将两表笔分别接扬声器的两引出线，此时测得的为扬声器音圈的直流电阻。此值如为无穷大表明音圈断路，扬声器不能使用。如测得的阻值小于标称阻抗值，表明扬声器状态良好。

微视频
扬声器的检测

方法二：将指针式万用表置于 $R \times 1\Omega$ 档，用一只表笔与扬声器一引脚相接，另一只表笔断续触碰扬声器的另一引脚，此时扬声器便可发出"喀喀"声，且指针做相应的摆动，表明扬声器是好的。如扬声器没有声音，万用表指针也不摆动，表明扬声器有故障。

## 3.1.3 常用电子仪器的使用

调试的常用仪器有直流稳压电源、万用表、示波器、毫伏表和信号发生器等。

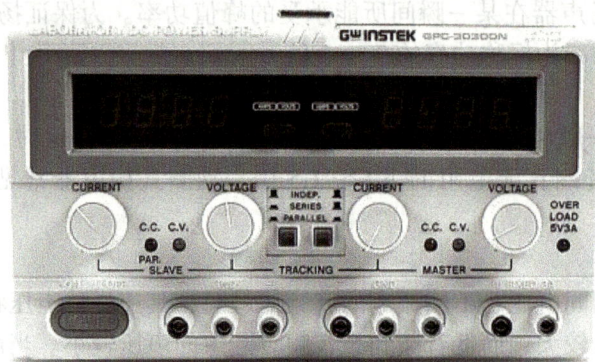

### 1. 直流稳压电源的使用

直流稳压电源是能为负载提供稳定直流电源的电子装置。直流稳压电源的供电电源大都是交流电源，当交流供电电源的电压或负载电阻变化时，稳压器的直流输出电压都会保持稳定。以某公司生产的 GPC–3030DN 直流稳压电源（如图 3-3 所示）为例说明其使用情况。

图 3-3　直流稳压电源

（1）面板按钮说明

● 电源开关：按下开关，即接通电源。
● CH1 端口、CH2 端口：可输出可调电压 0 ～ 30V、可调电流 0 ～ 5A 的直流电压。
● CH3 端口：可输出固定电压 5V、固定电流 3A 的直流电压。
● LED 显示器：分别指示两路输出电压和电流值。
● 电压调节旋钮：调节电压。
● 电流调节旋钮：调节电流。

（2）恒压模式与恒流模式的切换

恒压模式与恒流模式的切换通过切换按钮来实现。恒压模式下的输出电流大小是由负载决定的，而恒流模式下的输出电压大小也是由负载决定的。例如，当电源工作在恒流模式时，输出电流始终不变，其输出电压大小并非由操作者决定，而是由负载决定，旋转电压调节旋钮，并不能改变电压值；但当旋转电流调节旋钮时，电流值改变的同时电压值也将随之改变。

恒流模式与恒压模式的相互切换，只需要调节电流调节旋钮。

（3）直流稳压电源的使用方法

1）电源衔接。将稳压电源衔接上市电。

2）开启电源。在不接负载的情况下，按下电源总开关（POWER），使电源正常输出。

此时，电源数字指示表头上即显现出当前情况下输出电压和电流值。

3）设置输出电压。经过调节电压设定旋钮，使数字电压表显示所需电压，完成电压设定。

### 2. 万用表的使用

万用表是一种多功能、多量程的便携式电测仪表。常用的万用表有指针式万用表和数字式万用表。万用表一般都能测直流电流、直流电压、直流电阻、交流电压等电量。有的万用表还能测交流电流、电容、电感及晶体管的共发射极直流放大系数等。

微视频
数字式万用表的使用

数字式万用表以其测量精度高、显示直观、速度快、功能全、可靠性好、小巧轻便、耗电量小以及便于操作等优点，受到人们的普遍欢迎，已成为电子、电工测量以及电工设备维修的必备仪表。下面以 VC890D 型数字式万用表为例进行介绍。

高精度数字式万用表 VC890D，常用的功能按钮如图 3-4 所示。

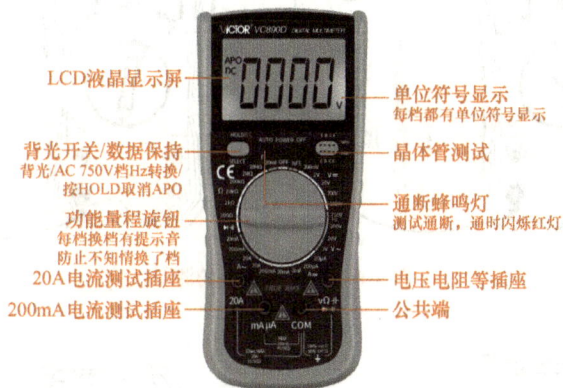

微视频
指针式万用表的使用

图 3-4　高精度数字式万用表 VC890D 面板功能

（1）交直流电压的测量

参考图 3-5 所示。将红表笔插入"VΩ⊣⊦"，黑表笔插入"COM"孔，开关转至相应的 ACV/DCV 档位上，并将表笔并联在被测电路上，从显示器上即可读取测量结果。如屏幕显示"OL"，表明已超过量程范围，须将量程开关转至较高档位上。

（2）交直流电流的测量

参考图 3-6 所示。将红表笔插入"mAμA"或"20A"孔，黑表笔插入"COM"孔，开关转至相应的 ACA/DCA 档位上，并将表笔串联在被测电路上，从显示器上即可读取测量结果。如屏幕显示"0L"，表明已超过量程范围，须将量程开关转至较高档位上。

（3）电阻的测量

参考图 3-7a 所示。将红表笔插入"VΩ⊣⊦"，黑表笔插入"COM"孔，开关转至电阻档上，并将表笔并联在被测电路（或元器件）上，从显示器上即可读取测量结果。如屏幕显示"0L"，表明已超过量程范围，须将量程开关转至较高档位上。

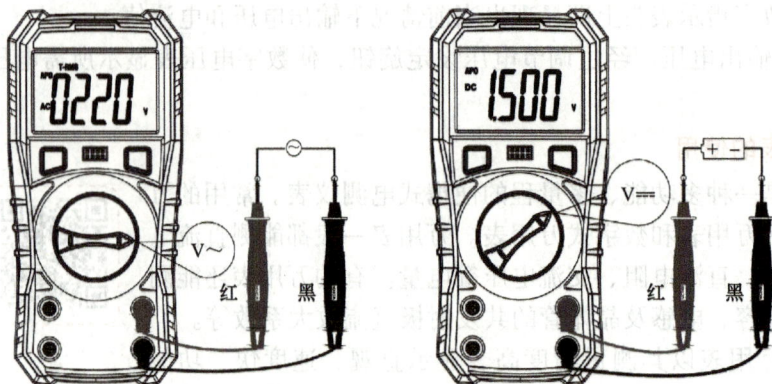

图 3-5　交直流电压的测量

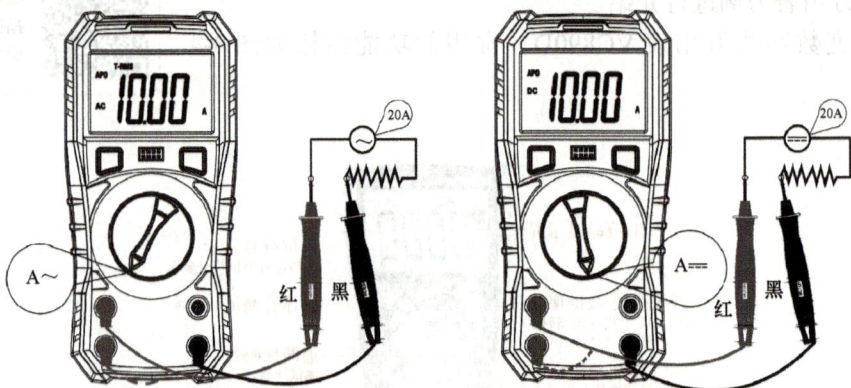

图 3-6　交直流电流的测量

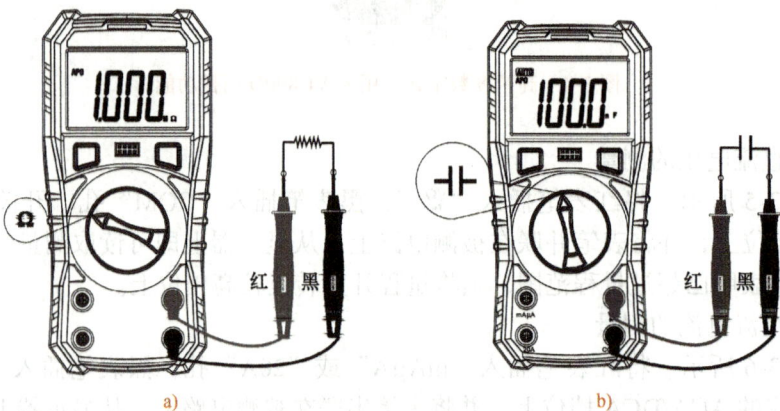

a)　　　　　　　　　　　　　　b)

图 3-7　电阻及电容的测量

a）电阻的测量　b）电容的测量

（4）电容的测量

参考图 3-7b 所示。将红表笔插入 "VΩ⊣⊢"，黑表笔插入 "COM" 孔，开关转至电容量程档上，并将表笔并联在被测电容上，从显示器上即可读取测量结果。如果是有极性的电解电容，则红表笔对应"+"极。如屏幕显示"0L"，表明已超过量程范围，须将量程开关转至较高档位上。本万用表最大量程为 20mF。

（5）二极管通断测试

参考图 3-8 所示。将红表笔插入"VΩ⊣⊢"，黑表笔插入"COM"孔，开关转至"⊣⊢))"档上，并将表笔并联在被测电路或二极管上。开机默认二极管档，二极管档与蜂鸣器档自动转换：将表笔连接到待测试二极管，读数为二极管正向压降的近似值；当测量电压低于 50mV 时自动转换为通断测试功能。将表笔连接到待测线路的两点，如果两点之间电阻值低于 50Ω，则屏幕显示"))"，内置蜂鸣器发声。当电阻值高于 200Ω 时，自动转换为二极管测试功能。

（6）晶体管 hFE 测量

将量程开关置于 hFE 档；根据所测晶体管的类型（NPN 或 PNP 型），将发射极、基极、集电极分别插入晶体管插座相应的插孔，即可测量。

### 3. 数字示波器的使用

数字示波器是设计、制造和维修电子设备不可或缺的工具。数字示波器因具有波形触发、存储、显示、测量、波形数据分析处理等独特优点，其使用日益普及。

微视频
数字示波器的使用

数字示波器的原理：数字示波器是数据采集、A/D 转换、软件编程等一系列的技术制造出来的高性能示波器。数字示波器的工作方式是通过模数转换器（ADC）把被测电压转换为数字信息。数字示波器捕获的是波形的一系列样值，并对样值进行存储，存储限度是判断累计的样值是否能描绘出波形为止，随后，数字示波器重构波形。数字示波器可以分为数字存储示波器（DSO）、数字荧光示波器（DPO）和采样示波器。

下面以 GDS-1102 型数字示波器（如图 3-9 所示）为例说明其使用情况。

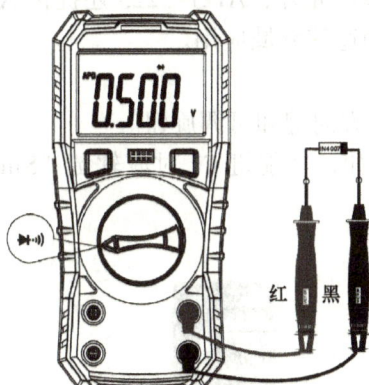

图 3-8　二极管通断测试

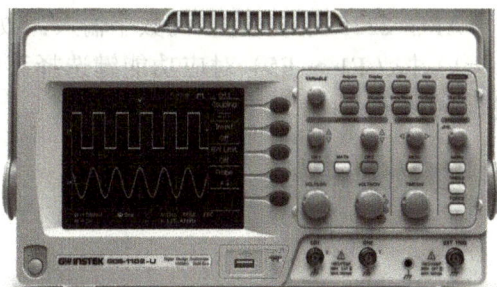

图 3-9　数字示波器

（1）测量直流信号（电压）

从直流稳压电源产生 10V 的直流电压。

1）把示波器的输入端 CH1 信号线与直流稳压电源正极相连接；CH1 的地线接直流稳压电源地线。

2）打开示波器电源，按任意键退出自检画面。

3）按下 AUTO 自动设置钮。

4）按下 CH1 菜单，耦合方式选接地，调节位置旋钮，将接地线调到适当位置。调整伏 / 格为 5.00V/ 格。

5）再将耦合方式选直流，屏幕上的线将上跳 2 格。

（2）测量交流信号（电压）

从函数发生器电源产生峰 – 峰值为 10V、频率为 1kHz 的交流信号。

1）把示波器的输入端 CH1 信号线与函数发生器输入端相连接；CH1 的地线接函数发生器地线。

2）打开示波器电源，按任意键退出自检画面。

3）按下自动设置钮，按下 CH1 菜单，耦合方式选交流，调整伏 / 格为 2.00V/ 格。

4）按下 MEASURE 钮，可测量信号的频率、周期、峰 – 峰值等，信源选 CH1，类型依次调整为周期、频率、峰 – 峰值等。

5）按下 CURSOR 钮，可用光标测量信号的电压，周期类型选电压，移动位置旋钮，将光标 1 放在波形的上端，光标 2 放在波形的下端，圈出增量数再将类型改为时间；移动位置旋钮，将光标 1 放在波形的左端，光标 2 放在波形的右端，圈出增量数。

### 4. 函数发生器的使用

以 AFG-2225 型函数发生器为例说明其使用过程，实物如图 3-10 所示。AFG-2225 是一台基础型双通道任意波信号源。两个通道提供同等特性以满足双信号应用。双通道主要参数包括：10Vpp 输出幅值；25MHz 频率带宽；内置正弦波、方波、斜波（三角波）和噪声波。1%～99% 方波可调占空比，可作为脉冲信号源。对于任意波功能，两个通道提供 120MSa/s 采样率，10 位分辨率，4k 点内存深度。同时内置 66 种任意波供用户根据需求选择。此外，AFG-2225 还提供 AM/FM/PM/FSK/SUM 调制、扫频 Burst 和计频器，用于各种通信领域应用。

（1）使用数字输入

AFG-2225 有三类主要的数字输入：数字键盘、方向键和可调旋钮。

1）按（F1～F5）对应功能键选择菜单项。例如，功能键 F1 对应软键"Sine"，如图 3-11 所示。

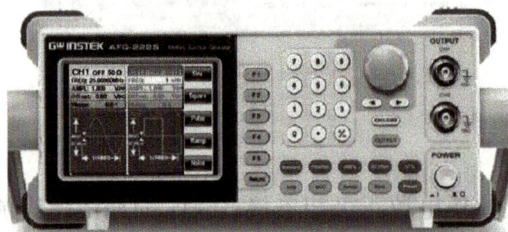

图 3-10　AFG-2225 型函数发生器

图 3-11　按功能键输入

2）使用方向键"◀ ▶"将光标移至需要编辑数值的位置。使用方向键输入如图 3-12 所示。

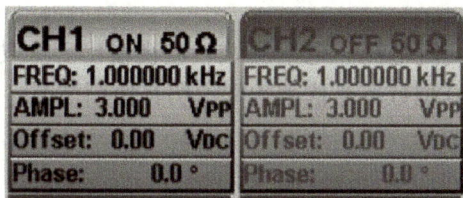

图 3-12　使用方向键输入

3）使用可调旋钮编辑数值。顺时针增大，逆时针减小。可调旋钮如图 3-13 所示。

4）数字键盘用于设置高光处的参数值。数字键如图 3-14 所示。

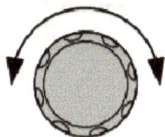

图 3-13　可调旋钮

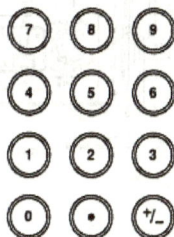

图 3-14　数字键

（2）方波输出

例如：输出频率 1 kHz、幅度 3Vpp、占空比 75% 的方波信号。操作步骤参考图 3-15 所示。

1）选择波形。按 Waveform 键，选择 Square（F2）。

2）输入占空比。按 Duty（F1）键，7+5+%（F2）。

3）输入频率。按 FREQ/Rate 键，1+kHz（F4）。

4）输入幅度。按 AMPL 键，3+VPP（F5）。

5）输出波形。按 OUTPUT 键。

图 3-15　方波输出

（3）正弦波输出

例如：输出频率为 100kHz、幅度为 10Vpp 正弦波。操作步骤参考图 3-16 所示。

图 3-16　正弦波输出

1）选择波形。按 Waveform 键，选择 Sine（F1）。

2）输入频率。按 FREQ/Rate 键，1+0+0+kHz（F4）。

3）输入幅度。按 AMPL 键，1+0+VPP（F5）。

4）输出波形。按 OUTPUT 键。

### 5. 数字毫伏表的使用

数字毫伏表具有测量交流电压、电平测试、监视输出三大功能。以某公司生产的 UT630 型数字毫伏表为例说明其使用情况。

（1）面板按钮情况说明

UT630 型数字毫伏表的面板如图 3-17 所示。

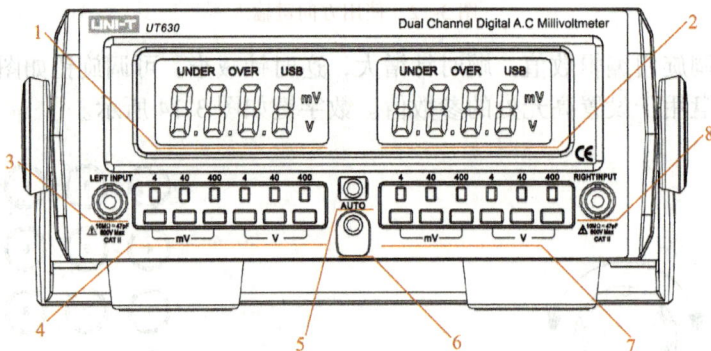

图 3-17　UT630 型数字毫伏表的面板

1—左通道显示窗口。LCD 显示左通道输入信号的电压值。

2—左通道输入插座。左通道的交流测试信号由此端口输入。

3—左通道手动量程选择按键与指示灯。使用手动量程时，在输入测试信号前，应先选择"400V"量程，同时对应的"400V"量程指示灯亮。输入测试信号后，根据测试信号大小选择相应的量程，同时对应的指示灯亮。

4—左通道按下自动，弹起手动量程转换开关。开关弹起：量程处于手动状态，可用量程选择按键选择相应的量程，同时对应的指示灯亮。开关按下：量程处于自动状态，此时所有量程选择按键均不起作用。当显示电压超出满量程的5%时，自动跳到上一量程测试，同时对应的量程指示灯亮；当显示电压低于满量程的8%时，自动跳到下一量程测试，对应的量程指示灯亮。

5—右通道按下自动，弹起手动量程转换开关。作用与左通道按下自动，弹起手动量程转换开关相同。

6—右通道手动量程选择按键与指示灯。作用与左通道手动量程选择按键与指示灯相同。

7—右通道输入插座。右通道的交流测试信号由此端口输入。

8—右通道显示窗口。LCD 显示右通道输入信号的电压值。

（2）基本操作方法

1）打开电源开关前，首先检查输入的电源电压，然后将电源线插入后面板上的电源插座。

2）电源线接入后，按电源开关以接通电源。

3）使用手动量程时，先选择最大量程"400V"，指示灯亮。

4）将输入信号由输入端口送入交流毫伏表。

5）选择相应的量程，使 LCD 数字表正确显示输入信号的电压值。数据显示在满量程的 10% ～ 100% 为最佳。

### 3.1.4　电子电路的调试

电子电路即使按照设计的电路参数进行安装，往往也难以达到预期的效果。通过电子电路的调试，一方面使电子电路达到规定的指标，另一方面发现设计中存在的缺陷并予以纠正。

### 1. 调试概述

根据电子电路的复杂程度，调试可分步进行：

对于较简单系统，调试步骤是：电源调试→单板调试→联调。

对于较复杂的系统，调试步骤是：电源调试→单板调试→分机调试→主机调试→联调。电子电路调试时应注意以下三点：

1）不论简单系统还是复杂系统，调试都是从电源开始。

2）调试方法一般是先局部（单元电路）后整体，先静态后动态。

3）一般要经过测量→调整→再测量→再调整的反复过程。

在单元电路调试完成的基础上，可进行系统联调。例如数据采集系统和控制系统，一般由模拟电路、数字电路和微处理器电路构成，调试时常把这三部分电路分开调试，分别达到设计指标后，再接入接口电路进行联调。

### 2. 电子电路调试的步骤

1）通电观察：通电后要先观察电路有无异常现象，如有无冒烟现象、有无异常气味，手摸集成电路外封装是否发烫等。如果出现异常现象，应立即关断电源，待排除故障后再通电。

2）静态调试：指在不加输入信号或只加固定的电平信号的条件下所进行的直流测试。可用万用表测出电路中各点的电位，通过和理论值比较，结合电路原理的分析，判断电路直流工作状态是否正常。

3）动态调试：是在静态调试的基础上进行的，在电路的输入端加入合适的信号，按信号的流向、顺序检测各测试点的输出信号，若发现不正常现象，应分析其原因，并排除故障，再进行调试，直到满足要求。

### 3. 调试过程

（1）调试前的工作

电路安装完毕，通常不宜急于通电，应该先认真检查一下。检查内容包括：

1）连线是否正确。检查电路连线是否正确，包括是否存在错线、少线和多线等问题。

查线的方法通常有两种：一是按照电路图检查安装的线路，根据电路图连线，按一定顺序逐一检查安装好的线路；二是按照实际线路来对照原理电路进行查线，这是一种以元件为中心进行查线的方法，把每个元器件引脚的连线一次查清。

为了防止出错，可用指针式万用表 $R \times 1\Omega$ 档或数字式万用表"二极管测试档"来测量判断。

2）元器件安装情况。重点检查元器件引脚之间有无短路，连接处有无接触不良，二极管、晶体管、集成器件和电解电容极性等是否接错等问题。

3）电源供电、信号源连线是否正确。

4）电源端对地是否存在短路。

若电路经过上述检查，并确认无误后，就可转入调试。

（2）调试方法

调试方法通常采用先分调后联调（总调）。

调试时应循着信号的流向，逐级调整各单元电路，使其参数基本符合设计指标。

这种调试方法的核心是：把组成电路的各功能块（或基本单元电路）先调试好，并在此基础上逐步扩大调试范围，最后完成整机调试。

### 4. 调试时出现故障的解决方法

查找故障的顺序可以从输入到输出，也可以从输出到输入。查找故障的一般方法有如下几种。

（1）直接观察法

指利用人的视、听、嗅、触觉等作为手段来发现问题，寻找和分析故障。直接观察包括不通电检查和通电观察。

不通电检查包括电解电容的极性、二极管和晶体管的引脚、集成电路的引脚有无错接、漏接、互碰等情况，印刷板有无断线，电阻电容有无烧焦和炸裂等问题。

通电观察包括元器件有无发烫、冒烟，变压器有无焦味等问题。

（2）用万用表检查静态工作点

电子电路的供电系统、晶体管放大电路、集成电路的直流工作状态等都可用万用表测定。当测量值与正常值相差较大时，应经过分析可找到故障。

如电路电压较正常值偏低，可能是电源原因，也有可能是电路故障原因，可以采取断路法找到故障部位。

（3）信号寻迹法

对于各种较复杂的电路，可在输入端接入一个一定幅值、适当频率的信号（如对于多级放大器，可在其输入端接入 $f=1000\text{Hz}$ 的正弦信号），用示波器由前级到后级（或者相反），逐级观察波形及幅值的变化情况，如哪一级异常，则故障就在该级。

（4）对比法

如怀疑某一电路存在问题时，可将此电路的参数与工作状态相同的正常电路的参数（或理论分析的电流、电压、波形等）进行一一对比，找出电路中的不正常情况，进而分析故障原因，判断故障点。

（5）部件替换法

有时故障比较隐蔽，可将手头好的元器件替换怀疑有故障的元器件，进行判断并查找故障。

（6）旁路法

当有寄生振荡现象时，可以利用适当容量的电容器，选择适当的检查点，将电容临时跨接在检查点与参考接地点之间，如果振荡消失，就表明振荡产生在此附近或前级电路中。否则就在后面，再移动检查点寻找之。

（7）断路法

断路法是检查短路故障最有效的方法。断路法也是一种使故障怀疑点逐步缩小范围的方法。例如，某稳压电源接入一带有故障的电路，其输出电流过大，可用依次断开电路的某一支路的办法来检查故障。如果断开该支路后，电流恢复正常，则故障就发生在此支路。

寻找故障原因的方法多种多样。这些方法的使用可根据设备条件、故障情况灵活掌握，对于简单的故障用一种方法即可查找出故障点，但对于较复杂的故障则需采取多种方法互相补充、互相配合，才能找出故障点。

在一般情况下，寻找故障的常规做法是：先用直接观察法，排除明显的故障。再用万用表（或示波器）检查静态工作点。信号寻迹法是对各种电路普遍适用而且简单直观的方法，在动态调试中广为应用。

### 3.1.5　任务实施

#### 1. 设备与器材

功率放大电路所需元器件（材）明细见表 3-1。

表 3-1　功率放大电路元器件（材）明细表

| 序号 | 名称 | 元器件标号 | 型号规格 | 数量 |
|------|------|-----------|---------|------|
| 1 | 碳膜电阻器 | $R_{18}$、$R_{19}$ | 1Ω，1W | 2 |
| 2 | 碳膜电阻器 | $R_{16}$ | 15Ω，1/4W | 1 |
| 3 | 碳膜电阻器 | Y | 15W-8Ω（电阻或扬声器） | 1 |
| 4 | 碳膜电阻器 | $R_{20}$ | 1W-22Ω | 1 |
| 5 | 碳膜电阻器 | $R_{15}$ | 620Ω，1/4W | 1 |
| 6 | 碳膜电阻器 | $R_{17}$ | 100Ω，1/4W | 1 |
| 7 | 碳膜电阻器 | $R_{14}$ | 330Ω，1/4W | 1 |
| 8 | 碳膜电阻器 | $R_{11}$ | 390Ω，1/4W | 1 |
| 9 | 碳膜电阻器 | $R_{13}$ | 470Ω，1/4W | 1 |
| 10 | 碳膜电阻器 | $R_{12}$ | 5.1kΩ，1/4W | 1 |
| 11 | 微调电位器 | $RP_6$ | WS-50kΩ | 1 |
| 12 | 电容器 | $C_{12}$ | CC-63V-1000pF | 1 |
| 13 | 电容器 | $C_{15}$ | CBB-63V-0.047μF | 1 |
| 14 | 电解电容器 | $C_{10}$ | CD-16V-4.7μF | 1 |
| 15 | 电解电容器 | $C_{11}$ | CD-16V-47μF | 1 |
| 16 | 电解电容器 | $C_{18}$ | CD-16V-100μF | 1 |
| 17 | 电解电容器 | $C_{14}$、$C_{16}$ | CD-16V-220μF | 2 |
| 18 | 二极管 | $VD_1$ | 1N4148 | 1 |
| 19 | 晶体管 | $VT_3$ | 1008 | 1 |
| 20 | 晶体管 | $VT_4$ | D325 | 1 |
| 21 | 晶体管 | $VT_6$ | C511 | 1 |
| 22 | 万能板（或印制电路板） | — | 配套 | 1 |

### 2. 实施过程

（1）电路计算

计算任务中功率放大电路的最大输出功率。

（2）电路仿真

参考图 3-18 所示，绘制功率放大电路仿真图，原电路图中的 D324、C511 功率对管分别用参数相近的 MJ15015、MJ15016 代替。

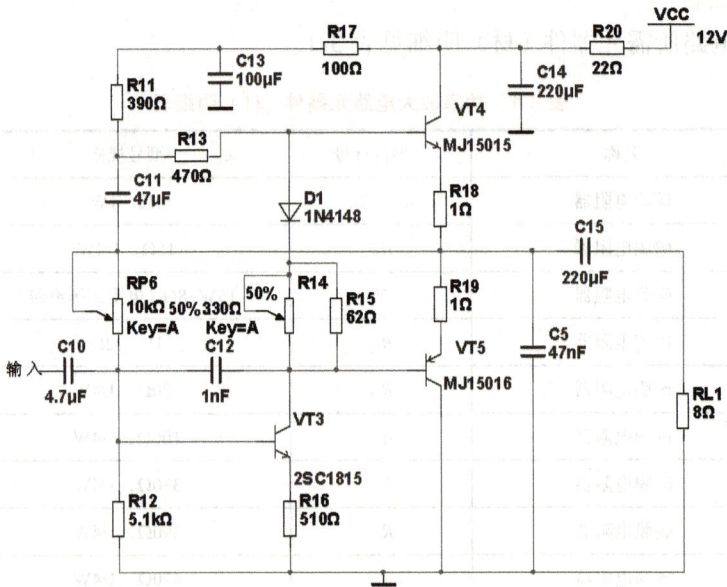

图 3-18　功率放大电路仿真图

参考图 3-19 所示，短接电路信号输入端，先使 $R_{14}$ 值为零，调节电位器 $RP_6$，用直流电压表测量 A 点电位，使 $U_A = \frac{1}{2} U_{CC}$（6V 左右）。在电源中串入直流电流表，调节 $RP_{14}$ 使其值为 20mA，即 VT$_4$、VT$_5$ 的 $I_{C4} = I_{C5} = 10mA$。用虚拟电压表或测量探针测量 VT$_3$、VT$_4$、VT$_5$ 各极电位的大小。

参考图 3-20 所示，在输入端接入频率为 1kHz、幅度为 100mV 的正弦波信号，用虚拟示波器测量输入 / 输出信号的波形，比较两信号的相位，用游标测量两信号的大小，用公式 $A_U = \frac{U_o}{U_i}$ 计算电压放大倍数。逐渐增大输入信号的大小，使输出电压达到最大不失真输出，用示波器测量其输出最大值，计算最大输出功率。

参考图 3-21 所示，断开自举电容 $C_{11}$、$R_{11}$，在输入端接入频率为 1kHz、幅度为 100mV 的正弦波信号，用虚拟示波器测量输入 / 输出信号的波形及大小，分析自举电路的作用。

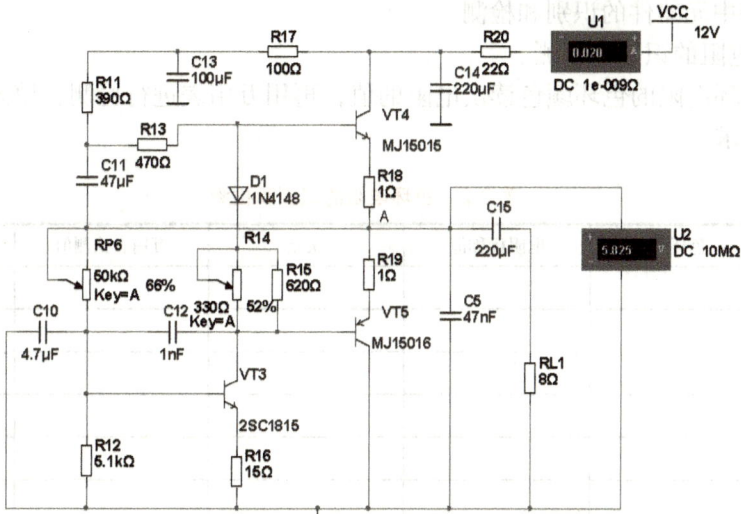

图 3-19  功率放大电路静态工作点的仿真图

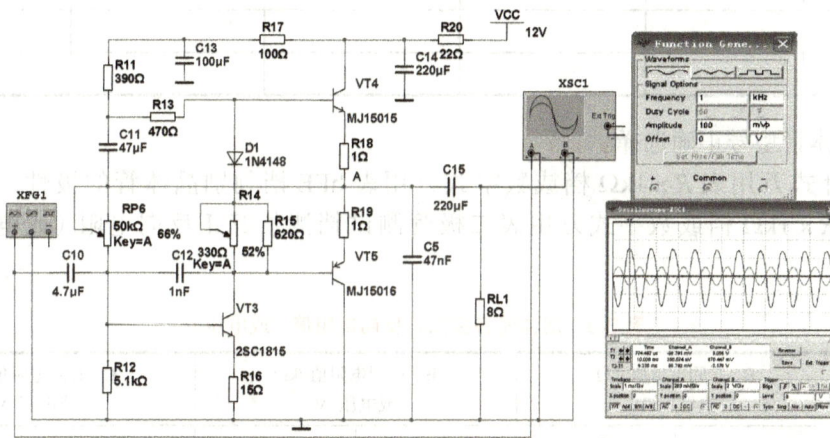

图 3-20  功率放大电路动态情况的仿真图

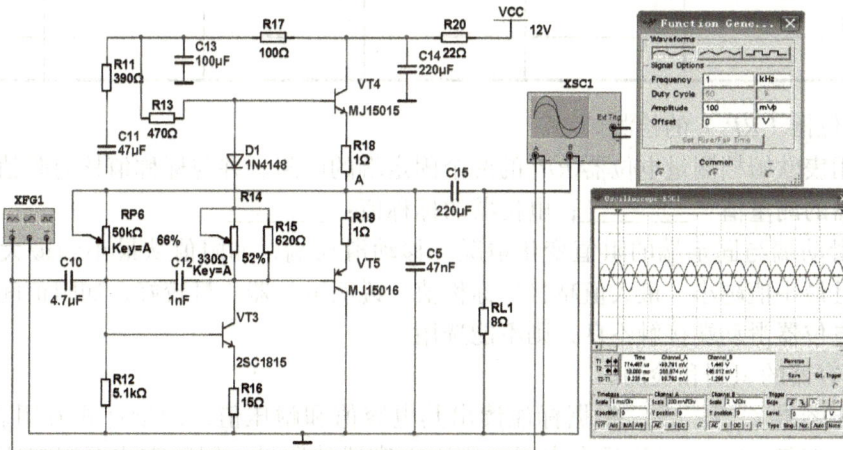

图 3-21  功率放大电路自举电路作用分析的仿真图

（3）电路中元器件的识别和检测

1）色环电阻的识别和检测。

先根据色环电阻的色环颜色读出电阻的值，再用万用表进行检测，填入表 3-2 中，判别是否满足要求。

表 3-2　色环电阻的识别和检测

| 电阻标号 | 色环顺序 | 电阻标称值 | 误差 | 万用表检测值 | 是否满足要求 |
|---|---|---|---|---|---|
| $R_{11}$ | | | | | |
| $R_{12}$ | | | | | |
| $R_{13}$ | | | | | |
| $R_{14}$ | | | | | |
| $R_{15}$ | | | | | |
| $R_{16}$ | | | | | |
| $R_{17}$ | | | | | |
| $R_{18}$ | | | | | |
| $R_{19}$ | | | | | |
| $R_{20}$ | | | | | |

2）晶体管型号正确选择。

用指针式万用表 $R \times 1k\Omega$ 档或数字式万用表 hFE 档判别晶体管的极性；再用指针式万用表 $R \times 1k\Omega$ 档或数字式万用表二极管测试档测量其正反向电阻（或电压）填入表 3-3 中。

表 3-3　晶体管各极间正反向电阻值（或电压）

| 晶体管标号 | B、E 间电阻值 /kΩ 或电压 /V | | B、C 间电阻值 /kΩ 或电压 /V | | C、E 间电阻值 /kΩ 或电压 /V | |
|---|---|---|---|---|---|---|
| | 正向 | 反向 | 正向 | 反向 | 正向 | 反向 |
| $VT_3$ | | | | | | |
| $VT_4$ | | | | | | |
| $VT_5$ | | | | | | |

3）电位器（$RP_6$）的检测。

用万用表欧姆档测量电位器 $RP_6$ 的两个固定端的电阻，并与标称值核对阻值。

电位器的测量值：_____；电位器的标称值：_____。

测量滑动端与固定端的阻值变化情况。移动滑动端，如阻值从最小到最大之间连续变化，而且最小值越小，最大值越接近标称值，说明电位器质量较好；如阻值间断或不连续，说明电位器滑动端接触不良，则不能选用。

4）电容器的识别和检测。

找出电容器 $C_{10} \sim C_{16}$，根据标注读出其电容值和耐压值，用指针式万用表 $R \times 1k\Omega$ 档（或 $R \times 10k\Omega$ 档）测量正反向电阻、判断电容器的质量，用数字式万用表测量电容器的容量，填入表 3-4 中。

表 3-4  电容器的识别和检测

| 电容器标号 | 电容器的标注 | 电容器的容量标称值 | 电容器的耐压 | 正向漏电电阻 /kΩ | 反向漏电电阻 /kΩ | 电容器的测量容量 | 质量情况 |
|---|---|---|---|---|---|---|---|
| $C_{10}$ | | | | | | | |
| $C_{11}$ | | | | | | | |
| $C_{12}$ | | | | | | — | |
| $C_{13}$ | | | | | | | |
| $C_{14}$ | | | | | | | |
| $C_{15}$ | | | | | | — | |
| $C_{16}$ | | | | | | | |

（4）功率放大电路的装配

按照装配图和装配工艺安装功率放大电路，如图 3-22 所示。

功放管VT$_4$

信号输入端

信号输出端

前置放大管

功放管VT$_5$

图 3-22  功率放大电路

（5）功率放大电路的检测

装配完成后进行自检，正确无误后方可进行调试检测。

在整个测试过程中，电路不应有自激现象。

1）静态工作点的测试。

短路信号输入端（$u_i$=0），电源进线中串入直流毫安表，电位器 $R_{14}$ 置最小值，$RP_6$ 置中间位置。接通 +12V 电源，观察毫安表指示，同时用手触摸输出级管，若电流过大，或管温升显著，应立即断开电源检查原因。如无异常现象，可开始调试。

调节输出端中点电位 $U_A$：调节电位器 $RP_6$，用直流电压表测量 A 点电位，使 $U_A = \frac{1}{2}U_{CC}$（6V 左右）。

调整输出级静态电流及测试各级静态工作点：调节 $R_{14}$ 使 VT$_4$、VT$_5$ 的 $I_{C4}=I_{C5}=5 \sim$ 10mA。从减小交越失真角度而言，应适当加大输出级静态电流，但该电流过大，会使效率降低，所以一般以 5 ~ 10mA 为宜，这里取 10mA。由于毫安表是串在电源进线中的，因此测得的是整个放大器的电流，但一般 VT$_3$ 的集电极电流 $I_{C3}$ 较小，从而可以把测得的总电流近似当作末级的静态电流。如要准确得到末级静态电流，则可从总电流中减去 $I_{C3}$ 之值。

输出级电流调好以后，测量各级静态工作点，记入表 3-5 中。

表 3-5　静态工作点的测量　$I_{C4}$=$I_{C5}$=_____mA　$U_A$=6V

| 测量项目 | VT$_3$ | VT$_4$ | VT$_5$ |
|---|---|---|---|
| $U_B$/V | | | |
| $U_C$/V | | | |
| $U_E$/V | | | |

**注意：** 输出管静态电流调好，如无特殊情况，不得随意旋动 $R_{14}$ 的位置。

2）最大输出功率 $P_{om}$ 和效率 $\eta$ 的测试。

测量 $P_{om}$：输入端接 $f$=1kHz 的正弦信号 $u_i$，输出端用示波器观察输出电压 $u_o$ 波形。逐渐增大 $u_i$，使输出电压达到最大不失真输出，用交流毫伏表测出负载 $R_L$（扬声器 Y）上的电压 $U_{om}$，则 $P_{om}=\dfrac{U_{om}^2}{R_L}$。

测量 $\eta$：当输出电压为最大不失真输出时，用直流电流表测量功率放大电路总的电流值，此电流即为直流电源供给的平均电流 $I_{DC}$（有一定误差），由此可近似求得 $P_E=U_{CC}I_{DC}$，再根据已求 $P_{om}$ 的大小，即可求出 $\eta=\dfrac{P_{om}}{P_E}$。

研究自举电路的作用：在有自举电路情况下，且 $P_o=P_{omax}$ 时，测量输入电压和输出电压的大小，计算电压放大倍数 $A_u=\dfrac{U_{om}}{U_i}$。将 $C_{11}$ 开路，$R_{17}$ 短路（无自举），且 $P_o=P_{omax}$ 时，测量输入电压和输出电压的大小，计算电压放大倍数 $A_u=\dfrac{U_{om}}{U_i}$。用示波器观察上面两种情况下的输出电压波形，并将以上两项测量结果进行比较，分析研究自举电路的作用。

噪声电压的测试：测量时将输入端短路（$u_i$=0），观察输出噪声波形，并用交流毫伏表测量输出电压，即为噪声电压 $U_N$，本电路若 $U_N$<15mV，即满足要求。

试听：输入信号改为手机或计算机等输出的音频信号（如歌曲），输出端接试听音箱及示波器。开机试听，并观察语言和音乐信号的输出波形。

### 3. 评分标准

分立式功率放大电路的制作评分标准见表 3-6。

表 3-6　分立式功率放大电路的制作评分标准

| 项目及配分 | 工艺标准或要求 | 扣分标准 | 扣分记录 | 得分 |
|---|---|---|---|---|
| 电路计算<br>5分 | 能计算放大电路最大输出功率 | 不能计算放大电路最大输出功率，扣 5 分 | | |
| 电路仿真<br>15分 | 能按要求对电路进行仿真 | 不能对电路仿真，每处扣 5 分 | | |

（续）

| 项目及配分 | 工艺标准或要求 | 扣分标准 | 扣分记录 | 得分 |
|---|---|---|---|---|
| 元器件检测<br>20 分 | 1. 能读、测出色环电阻的阻值<br>2. 能用万用表判别晶体管的极性及质量性能<br>3. 能用万用表对电位器进行检测<br>4. 能根据电容器的标注读参数，并能用万用表判别质量性能 | 1. 不能读、测色环电阻的阻值，每个扣 2 分<br>2. 不能用万用表判别晶体管的极性及质量性能，每个扣 2 分<br>3. 不能用万用表检测可调电位器质量好坏，扣 2 分<br>4. 不能读出电容器的参数或不能用万用表判别质量性能，每个扣 2 分<br>以上扣完 20 分为止 | | |
| 元器件成形<br>10 分 | 能按要求进行成形 | 成形损坏元器件，扣 10 分；成形不规范，每个扣 2 分<br>以上扣完 10 分为止 | | |
| 布线<br>10 分 | 1. 布线合理、紧凑<br>2. 导线横平、竖直，转角成直角，无交叉<br>3. 元器件连接关系和电路原理图一致 | 1. 布局不合理每处扣 5 分<br>2. 导线不平直、转角不为直角每处扣 2 分，出现交叉每处扣 5 分<br>3. 连接关系错误每处扣 10 分<br>以上扣完 10 分为止 | | |
| 插件<br>10 分 | 1. 电阻器卧式安装，贴紧电路板；电容器立式安装；功率管需加装散热片<br>2. 按图装配，元器件的位置、极性正确 | 1. 元器件装歪、不对称、高度不合格每处扣 1 分<br>2. 错装、漏装每处扣 5 分<br>以上扣完 10 分为止 | | |
| 焊接<br>10 分 | 1. 焊点光亮、清洁、钎料适量<br>2. 无漏焊、虚焊、假焊、搭焊、溅焊等现象<br>3. 焊接后元件引脚剪脚留头长度小于 1mm | 1. 焊点不光亮、钎料过多或过少、布线不平直，每处扣 1 分，扣完为止<br>2. 漏焊、虚焊、假焊、搭焊、溅焊，每处扣 3 分，扣完为止<br>3. 引脚剪脚留头长度大于 1mm，每处扣 1 分，扣完为止<br>以上扣完 10 分为止 | | |
| 测试<br>20 分 | 1. 按测试要求和步骤测量<br>2. 正确使用万用表 | 1. 测量方法或步骤错误，每处扣 5 分<br>2. 不会测量或测量结果错误，每处扣 5 分<br>以上扣完 20 分为止 | | |
| 安全、文明生产 | 1. 安全用电，不人为损坏元器件、加工件和设备等<br>2. 保持实习环境整洁、秩序井然、操作习惯良好 | 1. 发生安全事故扣总分 20 分<br>2. 违反文明生产要求视情况扣总分 5～20 分 | | |
| 总分 | | | | |

TDA2030 集成功率放大电路的制作

### 学习目标

#### 1. 能力目标

1）能识别 TDA2030 引脚排列及功能。

2）能分析由 TDA2030 构成的单电源 OTL 电路、两个 TDA2030 构成双声道单电源功率放大电路的工作过程。

3）能完成 TDA2030 集成放大电路所用电子元器件的识别、检测。

4）能完成 TDA2030 集成功率放大电路仿真。

5）能完成 TDA2030 集成功率放大电路安装和测试。

#### 2. 知识目标

1）了解 TDA2030 的特点。

2）掌握 TDA2030 构成的单电源 OTL 电路放大倍数的计算。

#### 3. 素质目标

1）培养质量与成本意识。

2）培养良好的职业道德素养和严谨的工作作风。

### 3.2.1　TDA2030 音频功率放大器简介

TDA2030 是性价比较高的功放集成块之一，内部有完善的过载及过热保护，广泛应用于各类中小功率音响设备，具有体积小、输出功率大、失真小等特点。TDA2030A 的工作电压范围较广，从 ±6 ～ ±22V 都可以正常工作。虽然各公司生产的 TDA2030A 内部电路略有差异，但引脚位置及功能均相同，可以互换。

TDA2030 实物和引脚排列如图 3-23 所示。

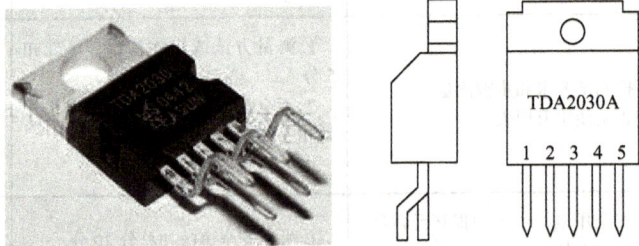

图 3-23　TDA2030 实物和引脚排列

1—正相输入端　2—反相输入端　3—负电源输入端　4—功率输出端　5—正电源输入端

使用时的注意事项：

1）TDA2030A 具有负载泄放电压反冲保护电路，如果电源电压峰值电压 40V 的话，那么在 5 脚与电源之间必须插入 LC 滤波器，以保证 5 脚上的脉冲串维持在规定的幅度内。

2）设计印制电路板时，必须较好地考虑地线与输出的去耦，因为这些线路有大的电流通过。

3）装配时散热片之间不需要绝缘，引线长度应尽可能短，焊接温度不得超过 260℃，时间不超过 12s。

### 3.2.2  TDA2030 构成的单电源 OTL 电路原理分析

图 3-24 为单电源 OTL 的应用电路，常用在仅有一组电源的中、小型音响系统中。由于采用单电源供电，故同相输入端用阻值相同的 $R_1$、$R_2$ 组成分压电路，使 $R_2$ 上的电压为 $U_{CC}/2$，经 $R_3$ 加至同相输入端。$R_4$、$R_5$ 为电压串联负反馈电阻，与 $C_5$ 构成交流电压串联负反馈电路；$VD_1$、$VD_2$ 起保护作用，用来泄放 $R_L$ 产生的感生电压；$C_1$、$C_2$ 为去耦电容，用于减少电源内阻对交流信号的影响。$C_3$ 为输入耦合电容。$C_6$ 是耦合电容，有两个作用：把放大后信号输送给负载；在放大负半周信号时起到电源的作用，静态时其上的电压为 $U_{CC}/2$。在静态时，同相输入端、反相输入端和输出端的电压皆为 $U_{CC}/2$。

音频信号通过 $C_3$ 耦合到 TDA2030 集成功放的 1 脚，放大后经 $C_6$ 耦合给扬声器，推动扬声器工作。

由集成运放知识可知，闭环电压放大倍数为

$$A_{uf} = 1 + \frac{R_4}{R_5} = 1 + \frac{150k\Omega}{4.7k\Omega} = 32.9$$

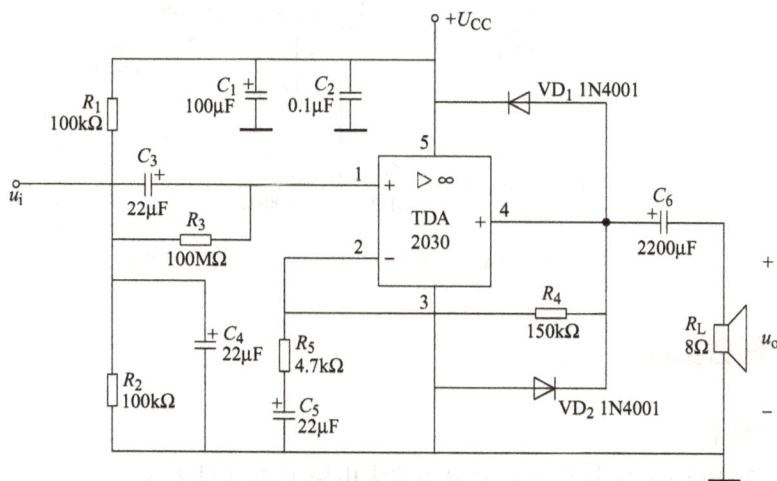

图 3-24  由 TDA2030 构成的单电源 OTL 电路

### 3.2.3  两个 TDA2030 构成双声道单电源功率放大电路分析

两个 TDA2030 构成双声道单电源功率放大电路如图 3-25 所示。上半部分为电源电路，由 $VD_1$、$C_{11}$ 构成半波整流滤波电路，J1 端可以输入交流 9～15V 或直流 9～15V 电压；$R_{13}$ 和 $VD_2$ 构成电源指示电路。下半部分为两个完全对称的由 TDA2030 构成的单电源 OTL 电路，分别放大左、右声道信号。其中 $R_{12}$ 和 $C_{10}$ 构成消振电路，减小自激振荡。

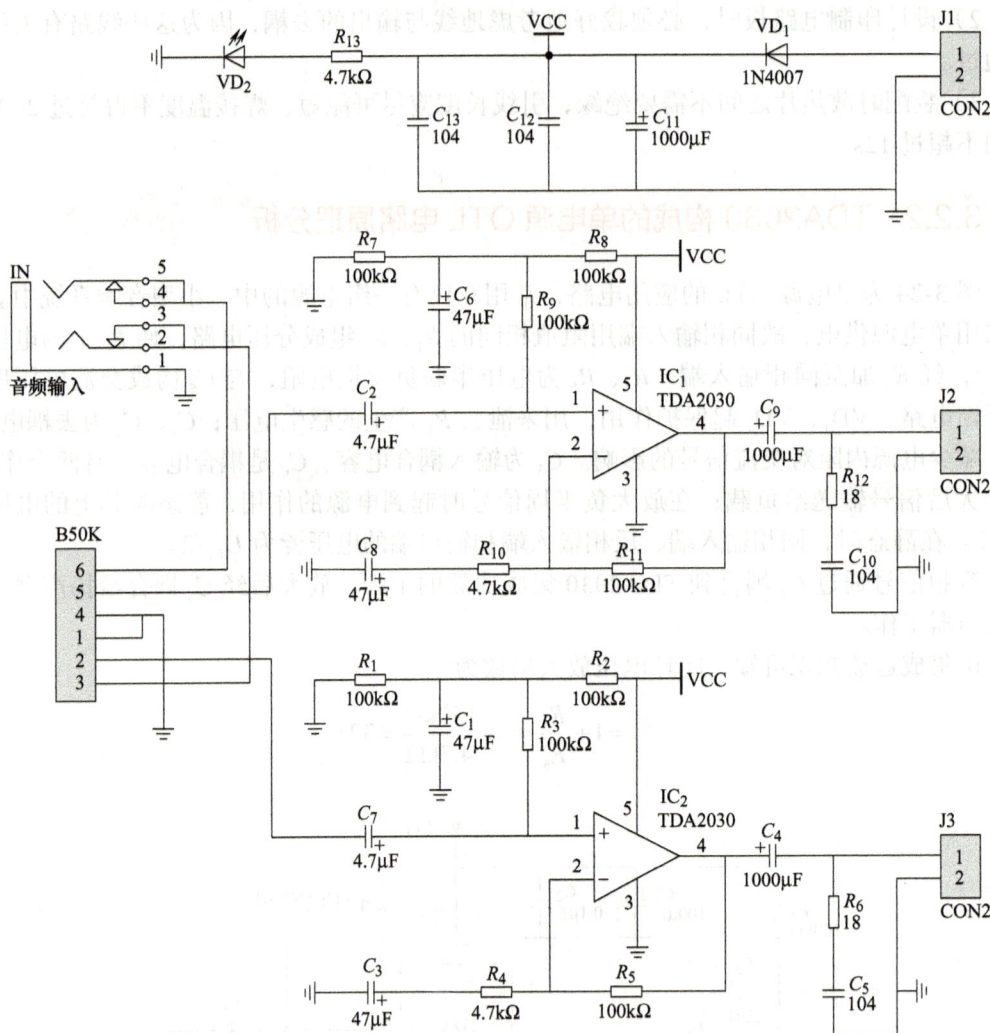

图 3-25　两个 TDA2030 构成双声道单电源功率放大电路

## 3.2.4　任务实施

### 1. 设备与器材

两个 TDA2030 构成双声道单电源功率放大电路元器件见表 3-7。

表 3-7　两个 TDA2030 构成双声道单电源功率放大电路元器件

| 序号 | 名称 | 元器件标号 | 型号规格 | 数量 |
|---|---|---|---|---|
| 1 | 金属膜电阻器 | $R_6$、$R_{12}$ | $18\Omega$，1/4W | 2 |
| 2 | 金属膜电阻器 | $R_4$、$R_{10}$、$R_{13}$ | $4.7k\Omega$，1/4W | 3 |
| 3 | 金属膜电阻器 | $R_1$、$R_2$、$R_3$、$R_5$、$R_7$、$R_8$、$R_9$、$R_{11}$ | $100k\Omega$，1/4W | 8 |

（续）

| 序号 | 名称 | 元器件标号 | 型号规格 | 数量 |
|---|---|---|---|---|
| 4 | 金属膜电阻器 | Y | 15W-8Ω（电阻或扬声器） | 2 |
| 5 | 电位器 | B50K | 50kΩ | 1 |
| 6 | 电解电容器 | $C_4$、$C_9$、$C_{10}$ | CD-35V-1000μF | 3 |
| 7 | 电解电容器 | $C_1$、$C_3$、$C_6$、$C_8$ | CD-25V-47μF | 4 |
| 8 | 电解电容器 | $C_2$、$C_7$ | CD-25V-4.7μF | 2 |
| 9 | 电容器 | $C_5$、$C_{10}$、$C_{12}$、$C_{13}$ | CC-63V-0.1μF | 4 |
| 10 | 集成电路 | $IC_1$、$IC_2$ | TDA2030 | 2 |
| 11 | 散热片＋螺钉 | — | 与 TDA2030 配套 | 2 |
| 12 | 二极管 | $VD_1$ | 1N4007 | 1 |
| 13 | 红色二极管 | $VD_2$ | 3mm | 1 |
| 14 | 音频输入座 | — | IN | 1 |
| 15 | 输出接线端子 | J2、J3 | — | 2 |
| 16 | 万能板（或印制电路板） | — | 配套 | 1 |

**2. 电路的分析和计算**

判别 TDA2030 构成功率放大电路的反馈类型，并计算电压放大倍数。

**3. 电路仿真**

参考图 3-26 所示，绘制 TDA2030 构成某一个声道单电源功率放大电路仿真图。

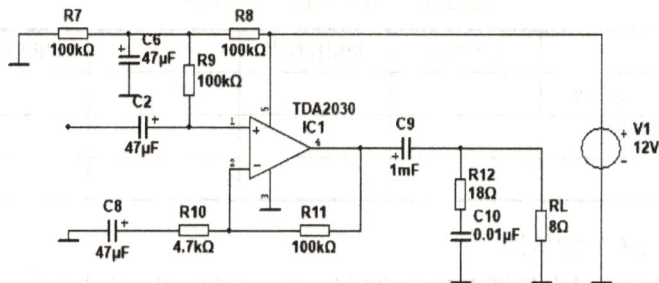

图 3-26  TDA2030 构成某一个声道单电源功率放大电路仿真图

参考图 3-27 所示，用直流电压表测量输出端 4 脚电压。

参考图 3-28 所示，在输入端接入频率为 1kHz、幅度为 20mV 的正弦波信号，用虚拟示波器测量集成功放 TDA2030 输入、输出信号的波形，比较两信号的相位，用游标测量两信号的大小，用公式 $A_U = \dfrac{U_o}{U_i}$ 计算集成运放电压放大倍数。

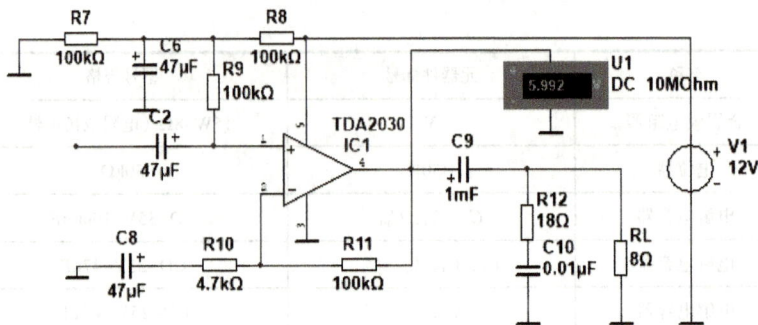

图 3-27　TDA2030 输出电压的测量仿真

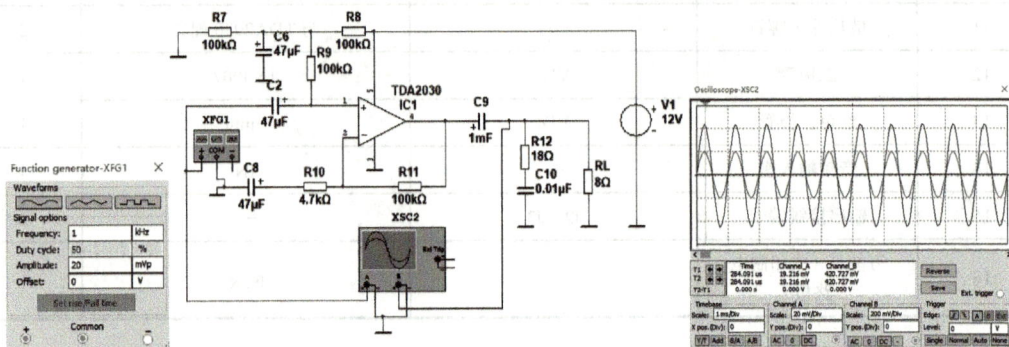

图 3-28　集成功放输出电路仿真图

## 4. 电路中的元器件的识别和检测

（1）色环电阻的识别和检测

先根据色环电阻的色环颜色读出电阻的值，再用万用表进行检测，填入表 3-8 中，判别是否满足要求。

表 3-8　色环电阻的识别和检测

| 电阻标号 | 色环顺序 | 电阻标称值 | 误差 | 万用表检测值 | 是否满足要求 |
|---|---|---|---|---|---|
| $R_1$、$R_2$、$R_3$、$R_5$、$R_7$、$R_8$、$R_9$、$R_{11}$ | | | | | |
| $R_6$、$R_{12}$ | | | | | |
| $R_4$、$R_{10}$、$R_{13}$ | | | | | |

（2）电位器（RP）的检测

用万用表欧姆档测量电位器 B50K 的两个固定端的电阻，并与标称值核对阻值。

电位器的测量值：_____；电位器的标称值：_____。

测量滑动端与固定端的阻值变化情况。移动滑动端，如阻值从最小到最大之间连续变化，而且最小值越小，最大值越接近标称值，说明电位器质量较好；如阻值间断或不连续，说明电位器滑动端接触不良，则不能选用。

（3）电容器的识别和检测

找出电容器 $C_1 \sim C_{12}$，根据标注读出其电容值和耐压值，用指针式万用表 $R \times 1\text{k}\Omega$ 档

（或 $R \times 10 \mathrm{k}\Omega$ 档）检测正反向电阻、判断电容器的质量，用数字式万用表测量电容器的容量，填入表 3-9 中。

表 3-9　电容器的识别和检测

| 电容器标号 | 电容器的标注 | 电容器的容量标称值 | 电容器的耐压 | 正向漏电电阻 /kΩ | 反向漏电电阻 /kΩ | 电容器测量容量 | 质量情况 |
|---|---|---|---|---|---|---|---|
| $C_4$、$C_9$、$C_{10}$ | | | | | | | |
| $C_1$、$C_3$、$C_6$、$C_8$ | | | | | | | |
| $C_2$、$C_7$ | | | | | | | |
| $C_5$、$C_{10}$、$C_{12}$、$C_{13}$ | | | | | | | |

（4）集成电路的识别和检测

按表 3-10 要求填写集成电路各引脚功能，用数字式万用表检测 $R \times 1 \mathrm{k}\Omega$ 档集成电路各引脚对地正反向电阻。

表 3-10　TDA2030 各引脚功能及检测

| 项目 | 1 脚 | 2 脚 | 3 脚 | 4 脚 | 5 脚 |
|---|---|---|---|---|---|
| 引脚功能 | | | | | |
| 黑表笔测对地电阻 /kΩ | | | | | |
| 红表笔测对地电阻 /kΩ | | | | | |
| 对地电压 /V | | | | | |

（5）二极管的识别和检测

用万用表分别测量二极管 $VD_1$、$VD_2$ 正反向电阻或电压。

$VD_1$ 正向电阻或电压：＿＿＿＿＿；反向电阻或电压：＿＿＿＿＿。

$VD_2$ 正向电阻或电压：＿＿＿＿＿；反向电阻或电压：＿＿＿＿＿。

### 5. 集成功放电路的装配

在焊接安装时应注意以下几个问题：

1）元件的引线在焊接前必须刮净、镀锡，焊盘要光滑、圆润。

2）二极管的极性、电解电容的极性不要接反。

3）为便于散热，伴音集成功放 TDA2030 必须加散热片。

4）导线的颜色要有所区别，例如正电源用红线，负电源用蓝线，地线用黑线，信号线用其他颜色的线。

图 3-29 为装配完成后 TDA2030 集成功率放大电路实物图。

安装完毕后，应检查有无虚焊、搭焊、错焊等问题，如无误后可进行测试。

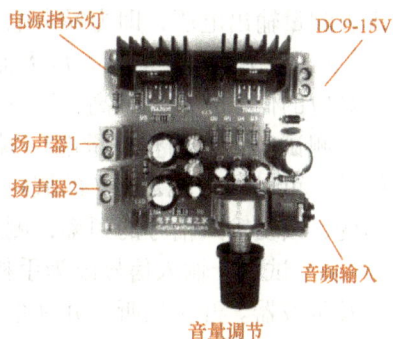

图 3-29　装配完成后 TDA2030 集成功率放大电路实物图

### 6. 集成功放电路的测试

（1）静态测试

将输入信号旋钮旋至零，接通 12V 直流电源，测量集成功率放大器 TDA2030 各引脚对地电压，与参考值进行比较，进而判断电路中各元器件是否正常工作，并记入表 3-10 中。

（2）动态测试

1）集成功放电路的动态测量。

在输入端接入频率为 1kHz、幅度为 50mV 的正弦波信号，可以接入 8Ω/15W 的假负载（如电阻）。

用示波器测量 TDA2030 功放电路输入、输出信号的波形，比较两信号的相位；用毫伏表测量 TDA2030 功放电路输入、输出信号的大小，用公式 $A_U = \dfrac{U_o}{U_i}$ 计算集成式扩音机电路电压放大倍数。把测量数据填入表 3-11 中。

表 3-11　由 TDA2030 构成功率放大电路的动态测量

| 测量项目 | 输入信号 | 集成功放输出信号 |
|---|---|---|
| 信号波形 | | |
| 信号大小 | | |
| 集成功放电压放大倍数 | | |

2）最大输出功率测量。

输入端接 1kHz 正弦信号，输出端用示波器观察输出电压波形，逐渐加大输入信号幅度，使输出电压为最大不失真输出，用交流毫伏表测量此时的输出电压 $U_{om}$，则最大输出功率 $P_{om} = \dfrac{U_{om}^2}{R_L}$。

3）计算 $\eta$。

当输出电压为最大不失真输出时，用直流电流表测量功率放大电路总的电流值，此电流即为直流电源供给的平均电流 $I_{DC}$（有一定误差），由此可近似求得 $P_E = U_{CC}I_{DC}$，再根据已求 $P_{om}$ 的大小，即可求出 $\eta = \dfrac{P_{om}}{P_E}$。

4）噪声电压的测试。测量时将输入端短路（$u_i = 0$），观察输出噪声波形，并用交流毫伏表测量输出电压，即为噪声电压 $U_N$，本电路若 $U_N < 15\text{mV}$，即满足要求。

5）频率响应的测试。放大器的电压增益相对于中频（1kHz）的电压增益下降 3dB 时所对应的低音频率 $f_1$ 和高音频率 $f_2$，称为放大器的频率响应。

测试时，先调整音量电位器为适中，传声器输入端先加入 50mV、1kHz 的正弦交流信号，可以接入 8Ω/15W 的假负载（如电阻）用电压表测出电压值。再保持输入电压幅值不变，改变输入信号的频率，测出对应的 $f_1$、$f_2$ 的值。

6）试听。输入信号改为手机或计算机等信号源输出信号（如歌曲），输出端接试听音箱及示波器。开机试听，并观察语言和音乐信号的输出波形。

### 7. 评分标准

集成功率放大电路的制作评分标准见表 3-12。

表 3-12  集成功率放大电路的制作评分标准

| 项目及配分 | 工艺标准或要求 | 扣分标准 | 扣分记录 | 得分 |
|---|---|---|---|---|
| 电路的分析、计算<br>10 分 | 能判别反馈类型，计算电压放大倍数 | 不能判别反馈类型、计算电压放大倍数，每个扣 5 分 | | |
| 电路仿真<br>10 分 | 能按要求对电路进行仿真 | 不能对电路仿真，每处扣 5 分，最多扣 10 分 | | |
| 元器件检测<br>20 分 | 1. 能读、测出色环电阻的阻值<br>2. 能用万用表对电位器进行检测<br>3. 能用万用表对集成电路进行检测<br>4. 能根据电容器的标注读参数，并能用万用表判别质量性能 | 1. 不能读、测色环电阻的阻值，每个扣 2 分<br>2. 不能用万用表检测电位器，扣 5 分<br>3. 不能用万用表检测集成电路对地电阻，每个扣 2 分<br>4. 不能读出电容器的参数或不能用万用表判别质量性能，每个扣 2 分<br>以上最多扣 20 分 | | |
| 元器件成形<br>10 分 | 能按要求进行成形 | 成形损坏元器件，扣 10 分；成形不规范，每个扣 2 分<br>以上最多扣 10 分 | | |
| 布线<br>10 分 | 1. 布线合理、紧凑<br>2. 元器件连接关系和电路原理图一致 | 1. 布局不合理每处扣 5 分<br>2. 连接关系错误每处扣 10 分<br>以上最多扣 10 分 | | |
| 插件<br>10 分 | 1. 电阻器、二极管卧式安装，贴紧电路板；电容器立式安装；集成运放需装集成引脚座；伴音功放需装散热片<br>2. 按图装配，元器件的位置、极性正确 | 1. 元器件安装歪、不对称、高度不合格每处扣 1 分<br>2. 错装、漏装每处扣 5 分<br>以上最多扣 10 分 | | |
| 焊接<br>10 分 | 1. 焊点光亮、清洁，钎料适量<br>2. 无漏焊、虚焊、假焊、搭焊、溅焊等现象<br>3. 焊接后元件引脚剪脚留头长度小于 1mm | 1. 焊点不光亮、钎料过多或过少、布线不平直，每处扣 1 分，扣完为止<br>2. 漏焊、虚焊、假焊、搭焊、溅焊，每处扣 3 分，扣完为止<br>3. 引脚剪脚留头长度大于 1mm，每处扣 1 分，扣完为止<br>以上最多扣 10 分 | | |
| 测试<br>20 分 | 1. 按测试要求和步骤测量<br>2. 正确使用万用表 | 1. 测量方法或步骤错误，每处扣 5 分<br>2. 不会测量或测量结果错误，每处扣 5 分<br>以上最多扣 20 分 | | |
| 安全、文明生产 | 1. 安全用电，不人为损坏元器件、加工件和设备等<br>2. 保持实习环境整洁、秩序井然、操作习惯良好 | 1. 发生安全事故扣总分 20 分<br>2. 违反文明生产要求视情况扣总分 5 ~ 20 分 | | |
| 总分 | | | | |

## 习题 3

1. 画图说明 OTL 集成电路中自举电路的工作原理。

2. 阐述扬声器的工作过程。

3. 扬声器的主要技术参数有哪些?

4. 电子电路的调试步骤如何?

5. 电子电路检查故障的一般方法有哪些?

6. 分析由 TDA2030 构成的单电源 OTL 电路结构及工作过程。

# 电动三轮车仪表指示电路自动化生产工艺设计

电动三轮车是以蓄电池为动力、电动机为驱动的拉货或拉人用的三轮运输工具，图 4-1 为某型号电动三轮车电气基本原理图。

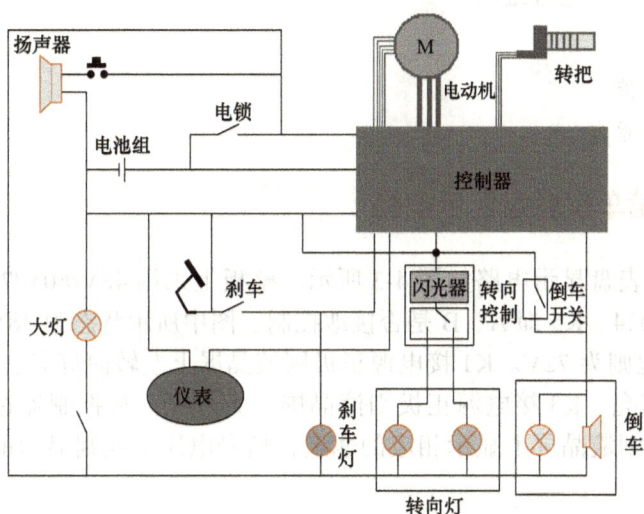

图 4-1 某型号电动三轮车电气基本原理图

电动三轮车的仪表盘主要显示电动车的一些信息，如速度、里程、电量、档位、刹车、转向、灯光等，如图 4-2 所示。

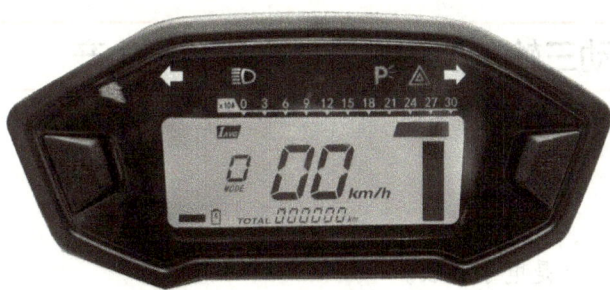

图 4-2 电动三轮车仪表盘

本项目主要完成某型号电动三轮车仪表盘电路的自动化生产。

## 任务 4.1　电动三轮车仪表指示电路的绘制

### 学习目标

#### 1. 能力目标

1）能分析电动三轮车仪表指示电路的工作过程。

2）能用 Altium Designer 软件或 Multisim 软件绘制电动三轮车仪表指示电路。

#### 2. 知识目标

1）了解电动三轮车仪表盘的显示内容。

2）掌握电动三轮车仪表盘指示电路组成。

#### 3. 素质目标

1）培养精益求精的工匠精神。

2）培养感受美、表现美的能力。

### 4.1.1　某型号电动三轮车仪表盘显示电路

本项目所用电动三轮车仪表盘显示电路如图 4-3 所示。整板上采用 48V/60V/72V 通用设计，选择不同工作电压由 K4、K5 即 A、B 是否接地控制。图中所示状态为 48V，如 A 接地则为 60V，AB 同时接地则为 72V。K1 接电源正极则液晶屏上左转向灯亮、K2 接电源正极则液晶屏上右转向灯亮、K3 接电源正极则液晶屏上大灯亮。从控制器过来的信号电压加到速度控制连接点则液晶屏上显示相应的速度，信号电压不同则显示的速度不同。

### 4.1.2　任务实施

参考图 4-3 所示，用 Altium Designer 软件或 Multisim 软件绘制三轮车仪表盘显示电路，说明其基本工作过程。

## 任务 4.2　电动三轮车仪表指示电路自动化生产

### 学习目标

#### 1. 能力目标

1）能举例说明什么是电子装联。

2）能举例说明电子装联设备的分类。

3）能说明浸焊工艺过程、手工浸焊步骤、自动浸焊操作要点。

4）能说明波峰焊操作流程。

5）能说明表面贴装元器件生产线的组成及典型工位。

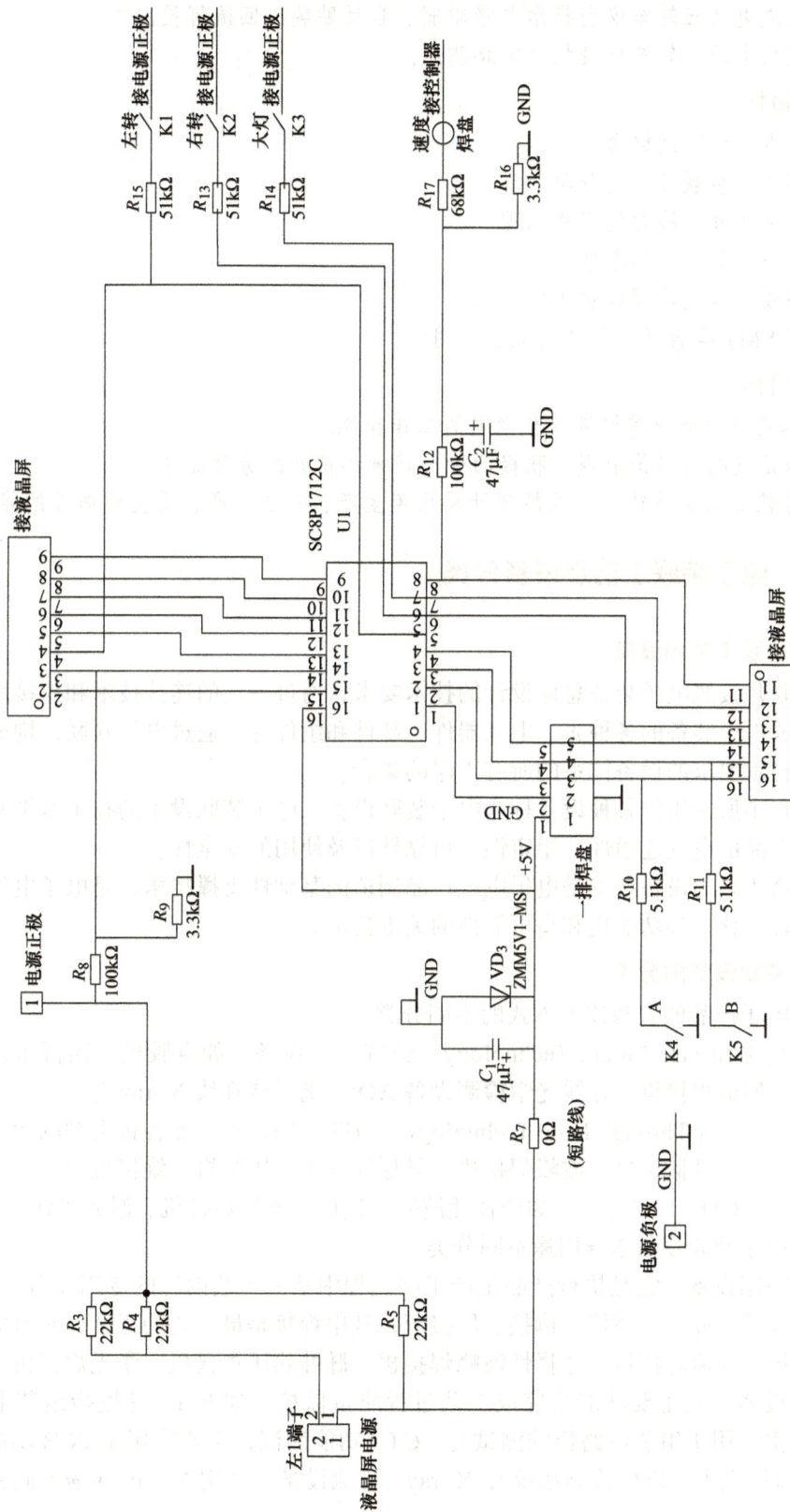

图4-3 某型号电动三轮车仪表盘显示电路

6）能完成电动三轮车仪表指示电路印刷、自动贴装、回流焊接。

7）能完成电动三轮车仪表指示电路测试。

### 2. 知识目标

1）掌握电子装联的概念。

2）掌握电子装联设备的分类。

3）理解浸焊和波峰焊的工作原理。

4）理解波峰焊的工作原理。

5）掌握浸焊和波峰焊操作工艺。

6）掌握 SMT 全自动设备的组成、作用。

### 3. 素质目标

1）培养良好的职业道德素养和严谨的工作作风。

2）培养正确的劳动价值观、积极的劳动精神和良好的劳动品质。

3）培养依照国家法律、行业规定开展绿色生产、安全生产、质量管理等的能力。

## 4.2.1 电子装联工艺及设备分类

### 1. 电子装联工艺和设备

电子装联是按照电子装备总体设计的技术要求，通过一定的连接技术和连接用辅料等手段，将构成电子装备的各种光、电元器件、部件和组件等，通过电气互联，构成一个满足预期设计技术要求的设备体系的所有工序的集合。

在此过程中所采用的各种设备称为电子装联设备。电子装联设备的技术水平及运作性能直接影响产品的电气连通性、稳定性、可靠性以及使用的安全性。

电子装联工艺与设备技术是电子电气产品制造的基础性支撑技术，是电子电气产品实现小型化、轻量化、多功能化和高可靠性的关键技术。

### 2. 电子装联设备的分类

（1）按电子产品的安装技术方式的不同分类

表面贴装（Surface Mount Technology，SMT）用设备。如点胶机、锡膏印刷机、多功能贴片机、回流焊接机、在线光学检测设备 AOI、离线或在线 X-ray 等。

通孔插装技术（Through Hole Technology，THT）用设备。如各种类型的元器件成形机、各种类型元器件插装机、波峰焊接机、异形插件机、压装机、绕接机等。

混合安装（CMT）用设备。如选择性波峰焊接机、模组焊接机、激光焊锡机等。

（2）按电子装联设备本身用途不同分类

生产工序用设备：它是执行产品生产工序流程中某一工艺内容的专用设备。如焊接、胶接、螺纹连接、插接、绕接、铆接、压接等，其中焊接是最主要的工艺，其对应的设备有波峰焊接机、回流焊接机、选择性波峰焊接机、脉冲热压焊接机、激光焊锡机等。

检测类设备：其主要功能是完成工艺过程质量监控，如 ICT（这里指组装电路板在线测试仪，主要用于组装电路板的测试）、FCT（功能测试，主要应用于 PCB 功能测试）、AOI（高速高精度光学影像检测系统）、X-ray（检测设备，利用 X-ray 穿透不同密度物质后其光强度的变化，产生的对比效果可形成影像，即可显示出待测物的内部结构，进而可在不破坏待测物的情况下观察待测物内部有问题的区域）等。

返修类设备：对生产线中不良品的返修，如各种类型的 CGA、BGA、QFN 等芯片的返修工作台，上锡、除锡设备等。

装配类设备（或生产线）：对电子产品的自动化装配，如各种 SMT 周边设备、自动上料机、各种非标组装设备、柔性生产线等。

### 4.2.2　通孔插装元器件的自动焊接工艺

随着电子技术的发展，电子产品日趋小型化、微型化，且功能越来越强大，印制电路板上的元器件越来越多、越来越密集，因而手工焊接已难以满足对焊接高效率和高可靠性的要求。通过自动化焊接，可大大地提高焊接速度和焊接质量。THT 工艺常用的自动焊接设备有浸焊机、波峰焊机以及清洗设备、助焊剂自动涂敷设备等其他辅助装置。SMT 工艺采用的焊接设备有锡膏印刷机、贴片机、再流焊设备。

#### 1. 浸焊

浸焊是将插装好元器件的印制电路板浸入有熔融状钎料的锡锅内，一次性完成印制电路板上所有焊点的自动焊接过程。浸焊设备如图 4-4 所示。

（1）浸焊的工艺流程

浸焊的工艺流程如图 4-5 所示，包括插装元器件、喷涂焊剂、浸焊、冷却剪脚、检查修补。

图 4-4　浸焊设备

图 4-5　浸焊的工艺流程

（2）浸焊的工作原理

浸焊的工作过程是将插好元器件的印制电路板水平接触熔融的钎料（浸焊一般用锡条或锡球作为钎料），使整块电路板上的全部元器件同时完成焊接，如图 4-6 所示。浸焊比手工焊接效率高，可消除漏焊。常见的浸焊有手工浸焊和自动浸焊两种形式。

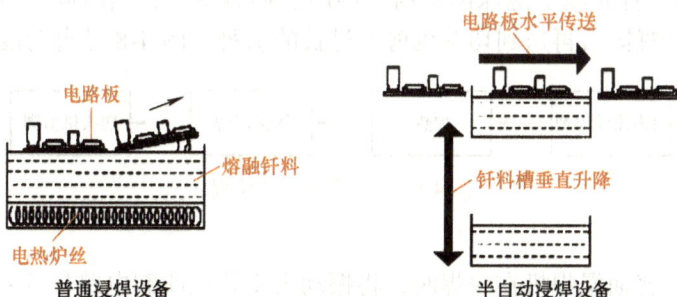

图 4-6　浸焊的工作原理

（3）手工浸焊

手工浸焊是由人工用夹具将已插接好元器件、涂好助焊剂的印制电路板，浸在锡锅内，完成浸锡的方法。

微视频
手工浸焊

1）手工浸焊步骤。

① 锡锅准备。将锡锅加热，控制锡锅熔化焊锡的温度在 230～250℃，对于较大的元器件和印制电路板可将焊锡的温度提高到 260℃左右。为了及时去除焊锡层表面的氧化层应随时加入松香助焊剂。

② 涂覆助焊剂。将安装好元器件的印制电路板涂上助焊剂。通常是在松香助焊剂中浸渍，使焊盘上充满助焊剂。

微视频
涂覆助焊剂

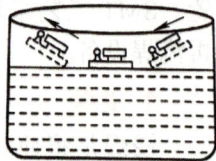

③ 浸锡。用夹具夹住印制电路板的边缘，以与锡锅内的焊锡液成30°～45°的倾角，且与焊锡液保持平行浸入锡锅内，浸入的深度以印制电路板厚度的50%～70%为宜，浸锡的时间为 2～5s，浸焊后仍按原浸入的角度缓慢取出，如图4-7所示。或直接用夹具把印制电路板浸入锡锅进行浸焊。

④ 冷却。刚焊接完成的印制电路板上有大量余热未散，如果不及时冷却，则可能会损坏印制电路板上的元器件，可采用风冷或其他方法降温。

⑤ 检查焊接质量。焊接后可能会出现连焊、虚焊、假焊等，可用手工焊接补焊。如果大部分未焊接好，则应检查原因，重复浸焊。

图 4-7　浸锡

注意：印制电路板只能浸焊两次，否则，会造成印制电路板变形，铜箔脱落，元器件性能变差。

2）浸焊操作注意事项。

① 为防止焊锡槽的高温损坏不耐高温的元器件，浸焊前用耐高温胶带贴封这些元器件。对未安装元器件的安装孔也需贴上胶带，以避免焊锡填入孔中。

② 液态物体要远离锡槽，以免倒翻在锡槽内引起爆炸及焊锡喷溅。

③ 高温焊锡表面极易氧化，必须经常清理，以免造成焊接缺陷。

④ 印制板浸入锡锅。一定要平稳，接触良好，时间适当。

（4）自动浸焊

自动浸焊一般是利用具有振动头或是超声波的流焊机进行浸焊。将插装好元器件的印制电路板用专用夹具安装在传送带上，由传动机构自动导入锡锅，浸焊时间一般为 2～5s。

1）工艺流程。首先喷上泡沫助焊剂，再用加热器烘干，然后放入熔化的锡锅内进行浸锡，待焊锡冷却凝固后再送到切头机剪去过长的引脚。图4-8是自动浸焊的工艺流程。

涂泡沫助焊剂　→　加热　→　锡锅浸焊　→　切头机剪脚

图 4-8　自动浸焊工艺流程

2）操作要点。

普通浸焊机。普通浸焊机在浸焊时，将振动头安装在印制电路板的专用夹具上，当印制电路板没入锡锅内停留2～3s后，开启振动头振动2～3s，这样既可振动掉多余的焊

锡，也可使焊锡渗入焊点内部。

超声波焊机。超声波焊机是通过向锡锅内辐射超声波来增强浸锡的效果，使焊接更可靠，适用于一般浸锡较困难的元器件。

浸焊设备比手工焊接效率高，设备也比较简单。但由于锡槽内的焊锡表面是静止的，表面上的氧化物极易粘在被焊物的焊接处，易造成虚焊，又由于温度高，容易烫坏元器件，并导致印制电路板变形。所以现代的电子产品生产中浸焊已逐渐被波峰焊取代。

### 2. 波峰焊

（1）波峰焊原理

参考图 4-9 所示，波峰焊是指将熔化的软钎料（铅锡合金，比如锡条或锡球），经电动泵或电磁泵喷流成设计要求的钎料波，使预先装有元器件的印制板通过钎料波，实现元器件焊端或引脚与印制板焊盘间机械与电气连接的软钎焊。波峰焊机主要由运输带、助焊剂添加区、预热区和波锡炉组成。

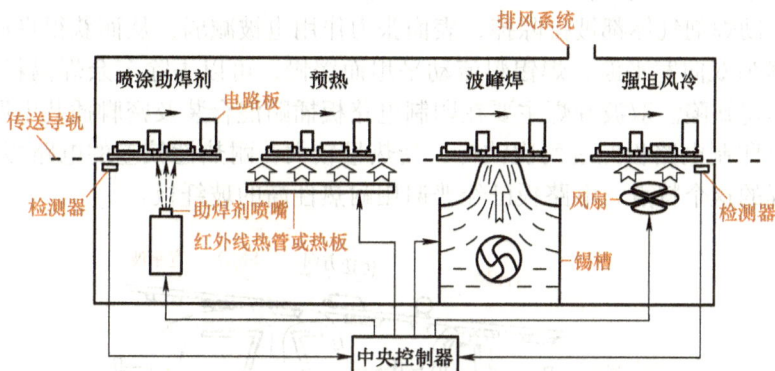

图 4-9 波峰焊原理示意图

（2）波峰焊设备

波峰焊设备是在浸焊设备的基础上发展起来的自动焊接设备，在通孔元器件电路板的制造中具有生产效率高和产量大等优点，常用的波峰焊设备是波峰焊机，如图 4-10 所示。

图 4-10 波峰焊机

按照泵的形式可分为机械泵和电磁泵波峰焊机。机械泵波峰焊机又可分为单波峰焊机和双波峰焊机。单波峰焊机适用于纯通孔插装元件的组装板焊接，双波峰焊机和电磁泵波峰焊机适用于通孔插装元件和贴片元件混装组装板的焊接。波峰焊的生产效率高，焊接质量高，最适应单面印制电路板的大批量地焊接，但波峰焊容易造成焊点桥接的现象，需要使用电烙铁进行手工补焊、修正。

单波峰焊借助钎料泵把熔融状钎料不断垂直向上朝狭长出口涌出，形成 20～40mm 高的波，参考图 4-9 所示。这样可使钎料以一定的速度与压力作用于 PCB 上，充分渗透入待焊接的元器件引线与电路板间，使其完全湿润并进行焊接。

双波峰焊机是 SMT 时代发展起来的改进型波峰焊设备，特别适合焊接那些 THT+SMT 混合元器件的电路板。双波峰焊机的钎料波形如图 4-11 所示，使用这种设备焊接印制电路板时，THT 元器件要采用"短脚插焊"工艺。电路板的焊接面要经过两个熔融的铅锡钎料形成的波。双波峰焊设备具有前后两个波峰，前波峰较窄，波高与波宽比大于 1，峰端有 2～3 排交错排列的小波峰，在这样多头的、上下左右不断快速流动的湍流波作用下，助焊剂气体都被排除掉，表面张力作用也被减弱，从而获得良好的波峰焊接质量。后波峰为双向宽平波，焊锡料流动平坦而缓慢，可以去除多余焊锡料，消除毛刺、桥连等波峰焊锡缺陷。双波峰焊主要在印制电路板插贴混合装及密脚插装电路板上广泛应用。其缺点是印制电路板经过两次波峰，受热量较大，耐热性较差的电路板易变形翘曲，针对双波峰焊的这个特点，电路板已经普遍用耐热性高的玻纤板。

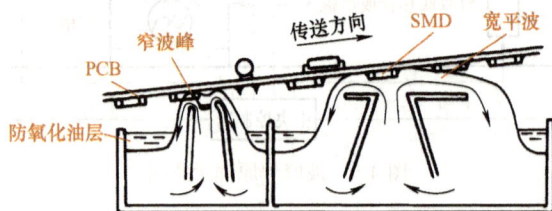

图 4-11　双波峰焊机的钎料波形

（3）波峰焊工作流程

波峰焊工作流程如图 4-12 所示。

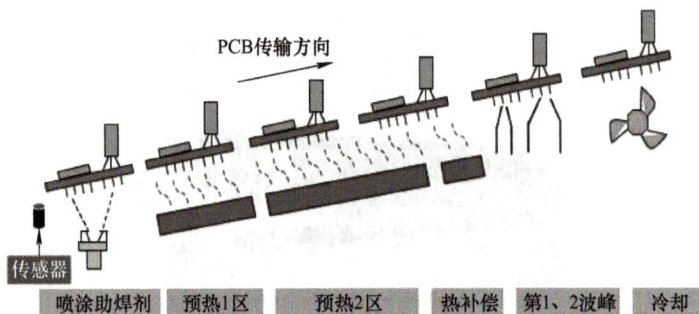

图 4-12　波峰焊工作流程

1）给电路板喷涂助焊剂。已插完元器件的电路板，将其嵌入治具，由机器入口处的接驳装置以一定的倾角和传送速度送入波峰焊机内，然后被连续运转的链爪夹持，途经传感器感应喷头，沿着治具的起始位置来回匀速喷雾，使电路板的裸露焊盘表面、焊盘过孔以及元器件引脚表面均匀地涂敷层薄薄的助焊剂。

2）对 PCB 进行预加热。进入预热区域，PCB 焊接部位被加热到润湿温度，同时，由于元器件温度的升高，避免了浸入熔融钎料时受到大的热冲击。预热阶段，PCB 表面的温度应在 75 ～ 110℃间为宜。

预热的作用：

① 助焊剂中的溶剂被挥发掉，这样可以减少焊接时产生气体。

② 助焊剂中松香和活性剂开始分解和活性化，可以去除印制板焊盘、元器件端头和引脚表面的氧化膜以及其他污染物，同时起到保护金属表面防止发生高温再氧化的作用。

③ 使 PCB 和元器件充分预热，避免焊接时急剧升温产生热应力损坏 PCB 和元器件。

波峰焊机中常见的预热方法：空气对流加热、红外加热器加热、热空气和辐射相结合的方法加热。

对波峰焊进行温度补偿（热补偿）。进入温度补偿阶段，经补偿后的 PCB 在波峰焊接中减少热冲击。

3）对电路板进行过第一次波峰。第一波峰是狭窄的喷口的"湍流"，流速快，对治具有阴影的焊接部位有较好的渗透性。同时，湍流波向上的喷射力使助焊剂气体顺利排除，大大减少了漏焊以及垂直填充不足的缺陷。

4）对电路板进行过第二次波峰。第二波峰是个"平滑"焊锡，流动速度较慢，能有效去除端子上的过量焊锡，使所有的焊接面润湿良好，并能对第一波峰造成的拉尖和桥接进行充分的修正。

5）电路板进入冷却阶段。制冷系统使 PCB 的温度急剧下降可明显改善铅钎料共晶生产时产生的空泡及焊盘剥离问题。

### 4.2.3　表面贴装元器件的自动焊接工艺

表面贴装技术，是指把片状结构的元器件或适合于表面贴装的小型化元器件，按照电路的要求放置在印制板的表面上，用再流焊或波峰焊等焊接工艺装配起来，构成具有一定功能的电子部件的装配技术。

#### 1. 表面贴装元器件生产线

SMT 生产线按照自动化程度可分为全自动生产线和半自动生产线；按照生产线规模大小可分为大型、中型和小型生产线。全自动生产线是指整条生产线设备都是全自动设备，通过自动上板机、缓冲链接和卸板机将所有生产设备连成一条自动线；半自动生产线是指主要生产设备没有连接起来或没有完全连接起来，如印刷机是半自动的，需要人工印刷或人工装卸印制板。

目前在表面贴装电子产品生产中，SMT 生产线的基本组成包括由印刷机、贴片机、回流炉和上 / 下料装置、接驳台等，如图 4-13 所示。

典型生产线所涉及的工位说明如下：

1）印刷：其作用是将焊膏或贴片胶漏印到 PCB 的焊盘上，为元器件的焊接做准备。所用设备为印刷机（钢网印刷机、焊膏印刷机），位于 SMT 生产线的最前端。

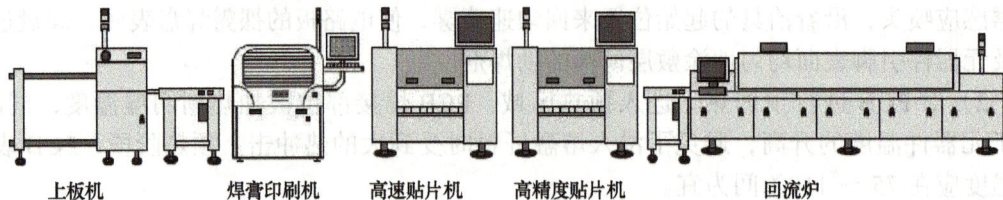

图 4-13　SMT 生产线的基本组成

上板机　　焊膏印刷机　　高速贴片机　　高精度贴片机　　回流炉

2）贴装：其作用是将表面组装元器件准确安装到 PCB 的固定位置上。所用设备为贴片机，位于 SMT 生产线中印刷机的后面。

3）回流焊接：其作用是将焊膏熔化，使表面组装元器件与 PCB 牢固黏结在一起。所用设备为回流焊炉，位于 SMT 生产线中贴片机的后面。

4）检测：其作用是对组装好的 PCB 进行焊接质量和装配质量的检测。所用设备有放大镜、显微镜、在线测试仪（In-Circuit Tester，ICT）、飞针测试仪、自动光学检测（Automated Optical Inspection，AOI）、X-ray 检测系统、功能测试仪等。其位置根据检测的需要，可以配置生产线合适的地方。

5）返修：其作用是对检测出现故障的 PCB 进行返工。所用工具为电烙铁、返修工作站等。配置在生产线中任意位置。

**2. 表面贴装元器件生产线的主要设备**

（1）锡膏印刷机

印刷机用于印刷锡膏，为下一步贴片做准备。

1）工作原理。锡膏印刷机工作原理参见图 4-14 所示，先将要印刷的电路板固定在印刷定位台上，接着由印刷机的左右刮刀把锡膏或红胶通过钢网漏印于对应焊盘，然后把漏印均匀的 PCB 通过传输台输入至贴片机进行自动贴片。

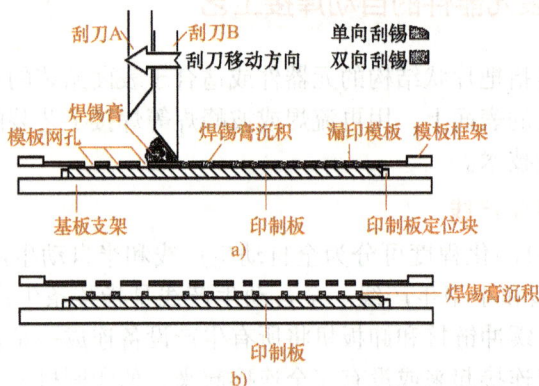

图 4-14　锡膏印刷机工作原理

a）印刷过程　b）完成后的 PCB

2）锡膏印刷机分类。

① 手动印刷机，如图 4-15 所示。这种印刷机全部都是手动操作，只要钢板、刮刀与锡膏就可以完成制作。

② 半自动锡膏印刷机，如图 4-16 所示。锡膏半自动印刷制程大多出现在产品试产阶

段或少量多样的产品线上，进板、退板及钢板对位通常是手动操作，只有锡膏印刷是自动操作。

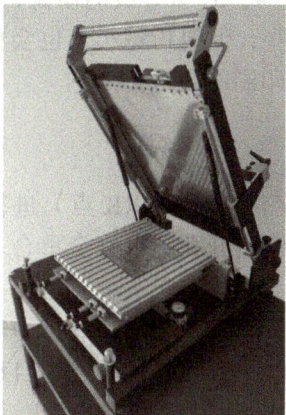

图 4-15　手动印刷机

图 4-16　半自动锡膏印刷机

③ 全自动锡膏印刷机，如图 4-17 所示。一般量大 / 主流的贴片机 SMT 生产线是全自动印刷机产线，只要设定好印刷机的相关参数后，机器就可以自动进板，钢板自动对位，印刷锡膏、出板，经过传输带自动传输到下一个工作站。

3）锡膏。锡膏也就是焊锡膏，如图 4-18 所示，是一种主要被 SMT 贴片使用的新型焊接材料，一般是由焊锡粉、助焊剂以及其他的表面活性剂、触变剂等混合形成的膏状混合物。

图 4-17　全自动锡膏印刷机

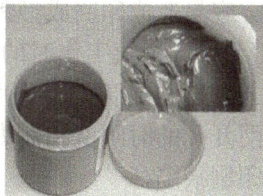

图 4-18　锡膏

在电子产品加工中，一般根据锡膏是否含铅而将锡膏分为有铅锡膏和无铅锡膏。有铅锡膏对环境和人体危害较大，但是 SMT 贴片焊接效果好且成本低；无铅锡膏成分中只含有微量的铅成分，对人体危害性小，应用于环保电子产品中。

加工生产中一般根据锡膏的熔点，将锡膏分为高温锡膏、中温锡膏和低温锡膏。高温锡膏是指平常所用的无铅锡膏，熔点一般在 217℃以上，焊接效果好。常用的无铅中温锡膏熔点在 170℃左右，中温锡膏的特点主要是使用特制松香，黏附力好，可以有效防止塌落。低温锡膏的熔点为 138℃，低温锡膏主要加了铋成分，当贴片的元器件无法承受

200℃及以上的温度且需要贴片回流工艺时，使用低温锡膏进行焊接工艺，保护不能承受高温回流焊焊接的元器件和PCB。

根据锡粉的颗粒直径大小，可将锡膏分为1、2、3、4、5、6等级的锡膏，其中3、4、5号粉是最为常用的。越精密的产品，锡粉就需要小一些，但锡粉越小，也会相应地增加锡粉的氧化面积。此外锡粉的形状为圆形，有利于提高印刷的质量。

4）SMT锡膏印刷机印刷工艺。

① 印制电路板图形对准。

通过印刷机相机对工作台上的基板和钢网的光学定位点（MARK点）进行对中，再进行基板与钢网的X、Y精细调整，使基板焊盘图形与钢网开孔图形完全重合。

② 印刷时刮刀与电路板的角度。

刮刀与钢网的角度越小，向下的压力越大，容易将锡膏注入网孔中，但也容易使锡膏被挤压到钢网的底面，造成锡膏粘连。一般为45°～60°，目前，自动和半自动印刷机大多采用60°。

③ SMT锡膏印刷机工作时一次对锡膏的投入量（锡膏的滚动直径）。

锡膏的滚动直径$\phi \approx 10 \sim 15\text{mm}$较合适。

滚动直径$\phi$过小易造成锡膏漏印、锡量少。

滚动直径$\phi$过大，过多的锡膏在印刷速度一定的情况下，使锡膏无法形成滚动运动，锡膏无法刮干净，造成印刷脱模不良、印刷后锡膏偏厚等印刷不良；且过多的锡膏长时间暴露在空气中对锡膏质量不利。

在生产中，作业员应每半个小时目视检查一次网板上的锡膏量，每半小时将网板上刮刀行程以外的锡膏用铲刀移到网板的刮刀行程以内并均匀分布锡膏，但不能铲到钢网的开孔内。

④ SMT锡膏印刷机工作时刮刀的压力。

刮刀压力也是影响印刷质量的重要因素。刮刀压力实际是指刮刀下降的深度，压力太小，刮刀没有贴紧钢网表面，因此相当于增加了印刷厚度。另外压力过小会使钢网表面残留一层锡膏，容易造成印刷成型黏结（桥接）等印刷缺陷。

⑤ SMT锡膏印刷机工作时的印刷速度。

由于刮刀速度与锡膏的黏稠度成反比关系，有窄间距时，速度要慢一些。速度过快，刮刀经过钢网开孔的时间就相对太短，锡膏不能充分渗入开孔中，容易造成锡膏成型不饱满或漏印等印刷缺陷。

印刷速度和刮刀压力存在一定的关系，降低速度相当于增加压力，适当降低压力可起到提高印刷速度的效果。

理想的刮刀速度与压力应该是正好把锡膏从钢网表面刮干净。

⑥ SMT锡膏印刷机工作时的印刷间隙。

印刷间隙是钢网与PCB之间的距离，关系到印刷后锡膏在PCB上的留存量。

⑦ SMT锡膏印刷机工作时钢网与PCB的分离速度。

锡膏印刷后，钢网离开PCB的瞬间速度即为分离速度，是关系到印刷质量的参数，在密间距、高密度印刷中最为重要。先进的印刷机，其钢网离开锡膏图形时有1个（或多个）微小的停留过程，即多级脱模，这样可以保证获取最佳的印刷成型效果。

分离速度偏大时，锡膏粘力减少，锡膏与焊盘的凝聚力小，使部分锡膏粘在钢网底面和开孔壁上，造成少印和锡塌等印刷缺陷。

分离速度减慢时，锡膏的黏度大、凝聚力大而使锡膏很容易脱离钢网开孔壁，印刷状态好。

⑧ SMT 锡膏印刷机清洗模式与清洗频率。

清洗钢网底面也是保证印刷质量的因素。

应根据锡膏、钢网材料、厚度及开孔大小等情况确定清洗模式和清洗频率（设定干洗、湿洗、一次往复、擦拭速度等）。

5）锡膏印刷机的操作步骤。

手动印刷机操作步骤：

① 根据产品型号将钢网正确地固定在印刷机上，检查钢网是否与产品相对应。

② 将适量的锡膏放置在钢网里，注意锡膏需在低温下保存。

③ 将 PCB 正确地放置在锡膏印刷机上，用刷锡膏的工具将锡膏印刷在 PCB 上。

④ 检查 PCB 上锡膏是否均匀，多锡少锡为不合格，不合格品用布将锡膏擦除后再次印刷。合格品流入下一道工序。

自动锡膏印刷机操作步骤：

SMT 锡膏印刷机的运行过程主要有：进 PCB、锡膏印刷、出来 PCB 三大部分。具体工作流程如下：印刷机从 Loader（上板机）处接收 PCB →照相机进行识别定位→真空或夹板装置固定 PCB →升降装置将 PCB 上升接触到钢网→刮刀下降到 SMT 印刷位置→刮刀按设定开始印刷→印刷完毕后刮刀回到原来位置→ PCB 与钢网开始分离→印刷效果 2D 检验→送出 PCB →进行钢网清洗→印刷完成进行下一个印刷动作。

> 微视频
> 半自动锡膏印刷机工作过程

具体步骤如下：

① PCB 沿着输送带送入锡膏印刷机。

② 机器寻找 PCB 的主要边并且定位。

③ Z 架向上移动至真空板的位置。

④ 加入真空，将 PCB 固定在特定的位置。

⑤ 视觉轴（镜头）慢慢移动至 PCB 的第一个目标（基准点）。

⑥ 视觉轴（镜头）寻找相应的钢网下面的目标（基准点）。

⑦ 机器移动印网使之对准 PCB，印网可在 $X$、$Y$ 轴方向移动和在 $\theta$ 轴方向转动。

⑧ 钢网和 PCB 对准，Z 形架将向上移动，带动 PCB 接触印网的下面。

⑨ 一旦移动到位，刮刀将推动焊膏在网板上滚动，并通过网板上的孔印在 PCB 的 PAD 位上。

⑩ 当印刷完成，Z 形架向下移动带动 PCB 与钢网分离。

⑪ 机器将送出 PCB 至下一工序。

⑫ 印刷机要求接收下一个要印刷的 PCB 产品。

⑬ 进行同样的过程，只是用第二个刮刀向相反的方向印刷。

（2）全自动贴片机

1）简介。全自动贴片机（如图 4-19 所示）实际上是一种精

> 微视频
> 贴片机的工作过程

密的工业机器人，是机－电－光以及计算机控制技术的综合体。它通过吸取位移－定位－放置等功能，在不损伤元件和印制电路板的情况下，实现了将SMC/SMD元器件快速而准确地贴装到PCB所指定的焊盘位置上。元器件的对中有机械对中、激光对中、视觉对中三种方式。贴片机由机架、X-Y运动机构（滚珠丝杆、直线导轨、驱动电动机）、贴装头、元器件供料器、PCB承载机构、元器件对中检测装置、计算机控制系统组成，整机的运动主要由X-Y运动机构来实现，通过滚珠丝杆传递动力、由滚动直线导轨副运动实现定向的运动，这样的传动形式不仅其自身的运动阻力小、结构紧凑，而且较高的运动精度，有力地保证了各元器件的贴装位置精度。

图4-19　全自动贴片机

　　贴片机在重要部件如贴装主轴、动/静镜头、吸嘴座、送料器上进行了MARK标识。机器视觉能自动求出这些MARK中心系统坐标，建立贴片机系统坐标系和PCB、贴装元器件坐标系之间的转换关系，计算得出贴片机的运动精确坐标；贴装头根据导入的贴装元器件的封装类型、元器件编号等参数到相应的位置抓取吸嘴、吸取元器件；静镜头依照视觉处理程序对吸取元器件进行检测、识别与对中；对中完成后贴装头将元器件贴装到PCB上预定的位置。这一系列元器件识别、对中、检测和贴装的动作都是工控机根据相应指令获取相关的数据后由指令控制系统自动完成。

　　2）贴片机基本操作流程。

　　① 贴装前准备。进行贴装前的相关准备，例如，准备相关产品工艺文件、根据产品工艺文件的贴装明细表准备材料、按元器件的规格及类型选择适合的供料器……

　　② 贴片机开机。按照设备安全技术操作规程开机，开机时要注意检查贴片机的气压是否达到设备要求，并打开伺服，将贴片机所有轴回到原点位置。并根据PCB的宽度，调整贴片机的导轨宽度，导轨宽度应大于PCB宽度1mm左右，并保证PCB在导轨上滑动自如。

　　③ 在线编程。在线编程是在贴片机上输入拾片和贴片程序的过程。对于已经完成离线编程的产品，可直接调出产品程序，对于没有CAD坐标文件的产品，可采用在线编程。

　　④ 安装供料器。按照离线编程或在线编程编制的拾片程序表，将各种元器件安装到贴片机的料站上。安装完毕后，必须要由检验人员进行检查，确保正确无误后才能进行试贴和生产。

　　⑤ 做基准校准和元器件的视觉图像。贴片机贴装时，若是在高精度贴装时必须对PCB进行基准校准。基准校准是通过在PCB上设计基准标志和贴片机的光学对中系统进行校准的。元器件的视觉图像贴装是通过机器视觉识别贴装位置和贴片机的光学对中系统进行精确贴装的。

　　⑥ 首件试贴并根据检验结果调整程序或重做视觉图像。贴片机需要进行首件试贴，检验方法要根据各单位的检测设备配置而定。在检验结束后，需进行调整程序或重做视觉图像。如检查出元器件的规格、方向性有错误时，应按照工艺文件进行修正程序。

⑦ 连续贴装生产。按照操作规程进行连续贴装生产，在贴装过程中，要随时注意废料槽中的弃料是否堆积过高，并及时进行清理，使弃料不能高于槽口，以免损坏贴装头。

⑧ 检验。首件自检合格后送专检，专检合格后再进行批量贴装。

（3）回流焊炉

1）什么是回流焊。回流焊（也称为再流焊）主要是用来焊接已经贴装好元器件的线路板，靠加热把锡膏熔化使贴片元件与线路板焊盘融合焊接在一起，然后再通过回流焊的冷却把锡膏冷却，把元件和焊盘固化在一起。完成回流焊的设备为回流焊炉，如图 4-20 所示。

图 4-20　回流焊炉

2）回流焊工艺流程介绍。回流焊加工的为表面贴装的板，其流程比较复杂，可分为两种：单面贴装、双面贴装。

单面贴装：预涂锡膏→贴片（分为手工贴装和机器自动贴装）→回流焊→检查及电测试。

双面贴装：A 面预涂锡膏→贴片（分为手工贴装和机器自动贴装）→回流焊→B 面预涂锡膏→贴片（分为手工贴装和机器自动贴装）→回流焊→检查及电测试。

## 4.2.4　任务实施

电动三轮车仪表指示电路的印制板及实物如图 4-21 所示。

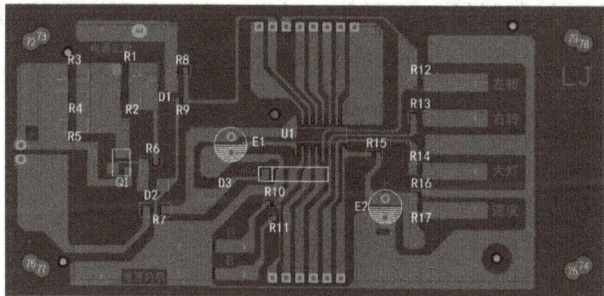

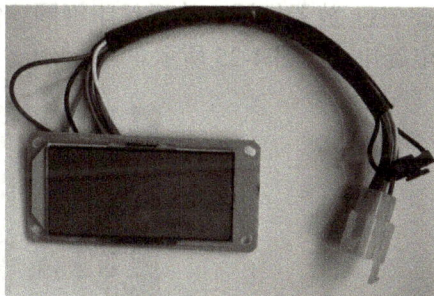

图 4-21　电动三轮车仪表指示电路的印制板及实物

### 1. 半自动丝网印刷

本项目生产采用半自动印刷机进行丝网印刷。将焊膏或贴片胶漏印到 PCB 的焊盘上，为元器件的焊接做准备。为提高生产效率，通常把若干个印制板做在一个大板上，如图 4-22a 所示，图 4-22b 为和本项目相对应的丝印钢板。

丝印过程如下：

1）调整顶针。为保证待丝印印制板在丝印过程中不出现变形，丝印的锡膏分布要均匀，并结合印制板调整好顶针，如图 4-23 所示。

2）放置印制板。把印制板放到顶针上，如图 4-24 所示。

a)                                      b)

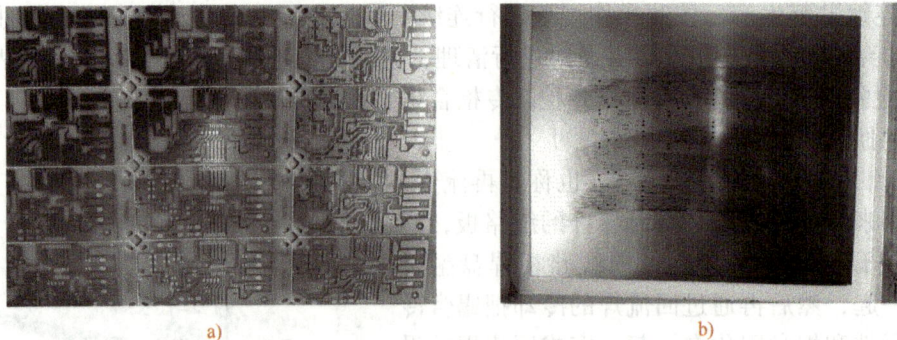

图 4-22  待丝印的印制板和丝印钢板

a）待丝印的印制板  b）丝印钢板

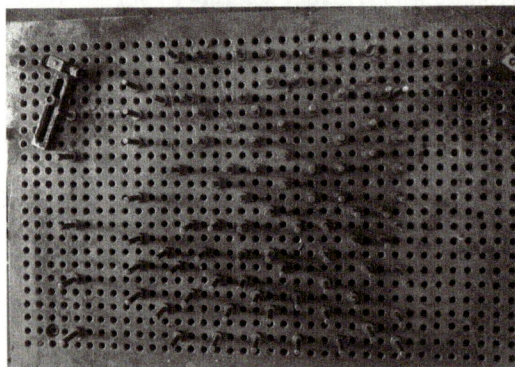

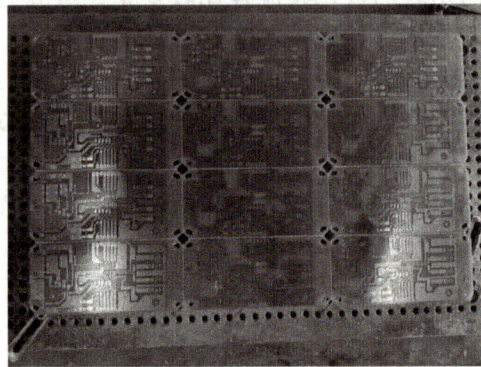

图 4-23  调整顶针                      图 4-24  放置印制板

3）放置钢网。放置丝印钢网，使孔眼与印制板上的焊盘相对应，旋紧印刷机上的固定旋钮，如图 4-25 所示。

图 4-25  放置钢网

4）放置锡膏。从冰箱中取出适量的锡膏放置在钢网里。

5）开始丝印。用刷锡膏的工具将锡膏印刷在印制板上，检查印制板上锡膏是否均匀，多锡少锡为不合格，不合格品用布将锡膏擦除后再次印刷。开动半自动印刷机开始丝印。

### 2. 自动贴片

本项目采用某公司生产的 321 型贴片机完成印制板上的贴片。

自动贴片机编程步骤如下。

（1）基本设置

1）设置印制板大小。打开 SM321 编程文件。单击"PCB 编辑"，在"板的大小"中输入电路板的长、宽尺寸，如图 4-26 所示。

图 4-26　设置印制板大小

2）设置原点位置。先阐述使用遥控器手柄移动软件上相机的方法，如图 4-27 所示。

● 按动 AXIS 键，点亮 X/Y 轴灯。

● 按动 MODE 键，点亮 JOG 或 BANG 灯。

● 按动速度调节键，可调节相机移动速度。

● 按动方向调节键，可移动相机位置。

设置原点位置步骤如下。

① 选择电路板边缘或焊盘的直角位置，按动方向调节键，使显示屏中十字交点指示在所选直角的位置，如图 4-28 中的右下角。

② 检查"示教"→"Light"设置为"基准相机"，单击"Get"按钮，此时"贴装原点"框内显示当前所选直角的 XY 坐标，表明贴装原点设置完成。

3）设置标识点（MARK）。

① 单击"基准符号"按钮，如图 4-29 所示，进入基准点位置设置界面。

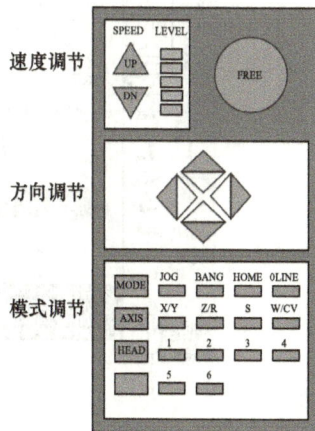

图 4-27　遥控器的手柄使用

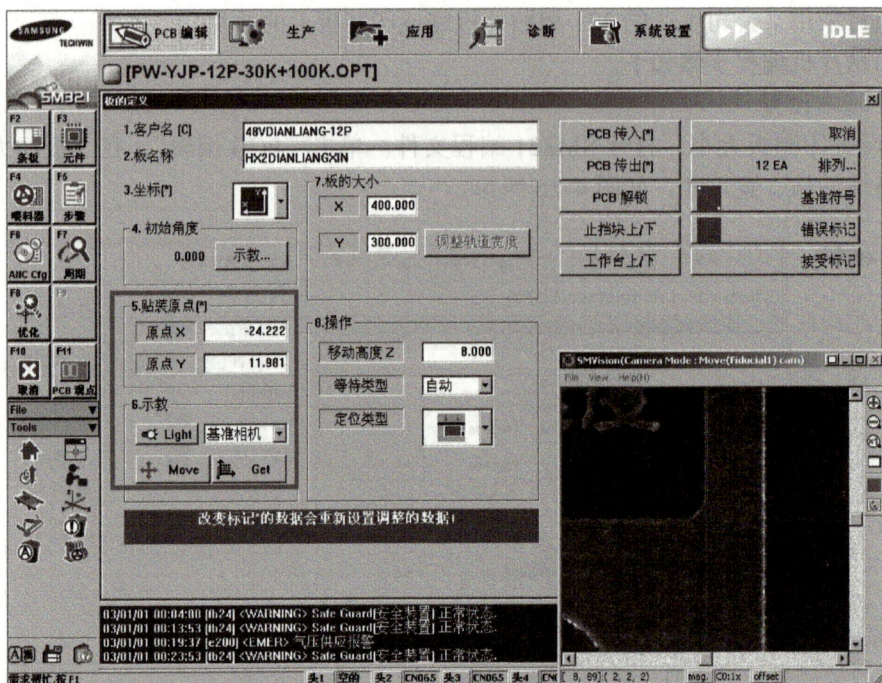

图 4-28　设置原点

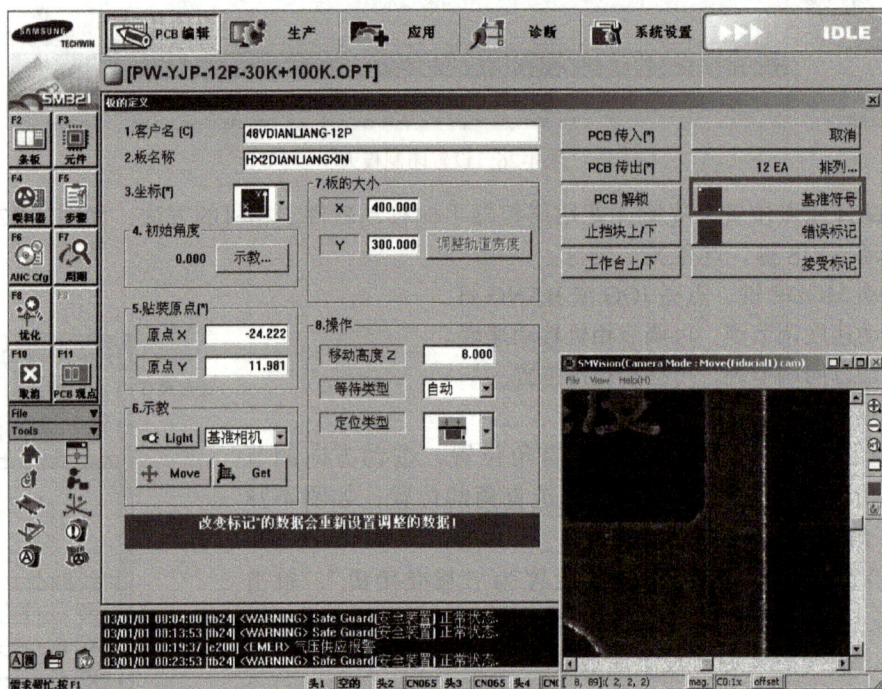

图 4-29　单击"基准符号"按钮

② 在"位置类型"下拉列表中选择基准点类型，如图 4-30 所示。

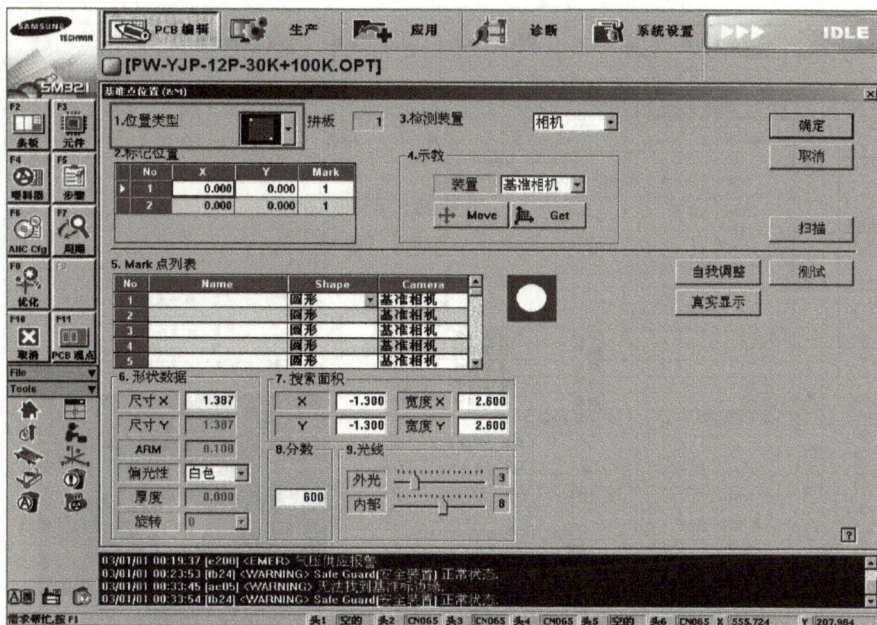

图 4-30  选择基准点类型

③ 操作遥控器手柄，移动相机位置使显示屏中十字交点指示在第一个基准点的中心位置，如图 4-31 所示。

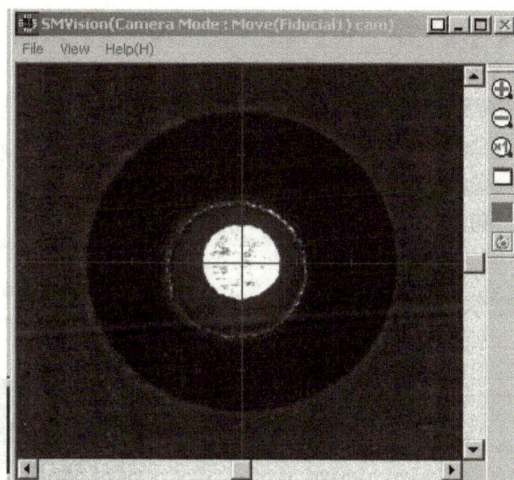

图 4-31  使显示屏中十字交点指示在第一个基准点的中心位置

④ 单击"自我调整"和"测试"按钮，弹出"视觉状态"界面，其上显示"结果"为"好"，表明标识点位置选择精确，单击"确定"按钮，如图 4-32 所示。

⑤ 检查"示教"→"Light"设置为"基准相机"，单击"Get"按钮，此时"标记位置"框内显示当前标识点（MARK）的 XY 坐标，表明第一个标识点设置完成，如图 4-33 所示。

⑥ 重复上述步骤调节第二个标识点的位置，若需要更多标识点，可在标记位置框内增加标识点。

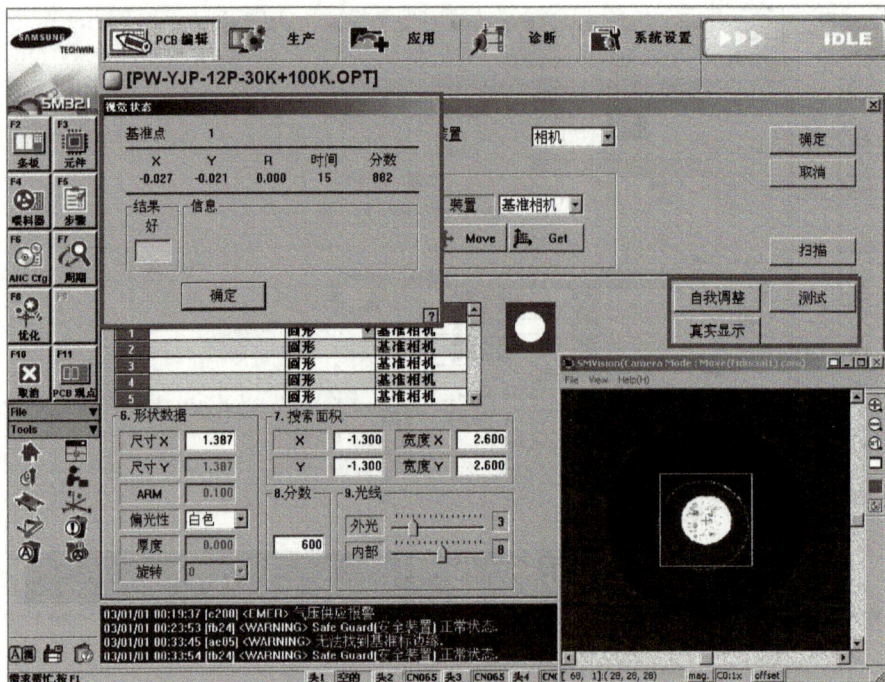

图 4-32　确定标识点

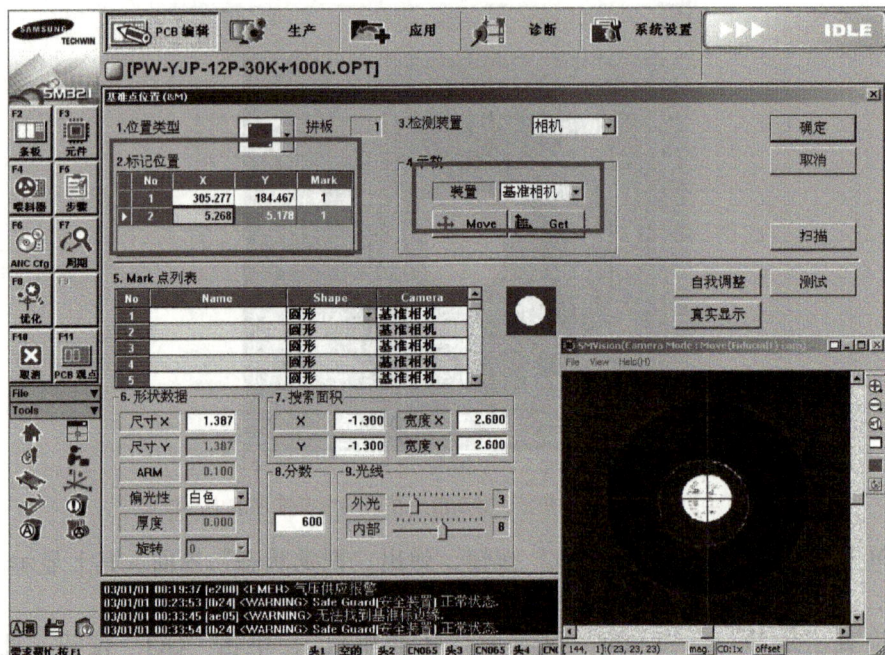

图 4-33　完成第一个标识点设置

4）设置 PCB 拼板设置参数。

①单击"排列"按钮，如图 4-34 所示，进入 PCB 拼板设置界面。

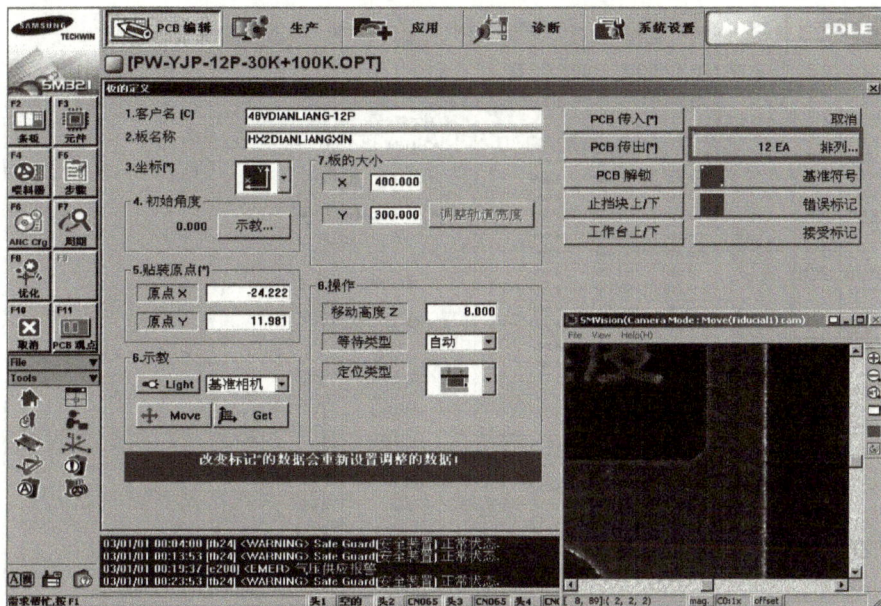

图 4-34　单击"排列"按钮

② 右侧数量框为拼板数量（如 3×4），左侧拼板坐标框为各拼板原点，如图 4-35 所示。

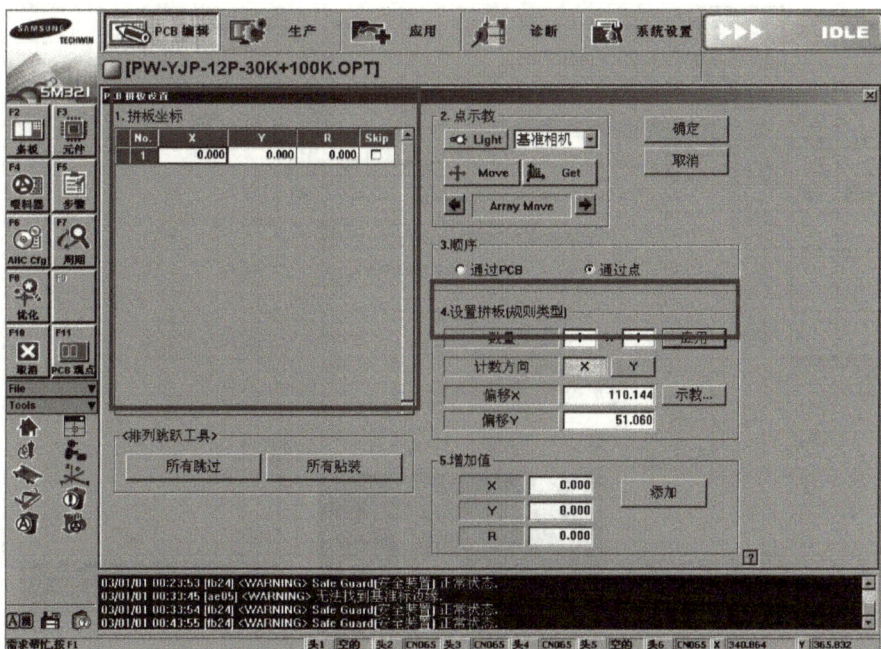

图 4-35　拼板设置界面

本项目采用的是 3×4 拼板，输入拼板数量，如图 4-36 所示。

输入第一点坐标为（0，0），通过移动相机获取第二点位置。单击"示教"按钮，弹出"示教"对话框，如图 4-37 所示。

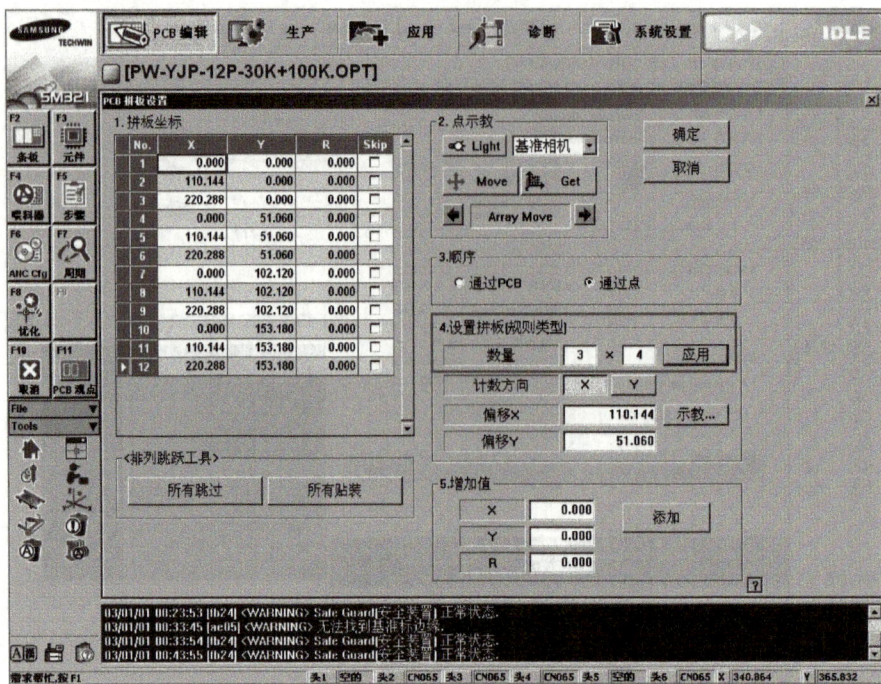

图 4-36　设置 3×4 拼板

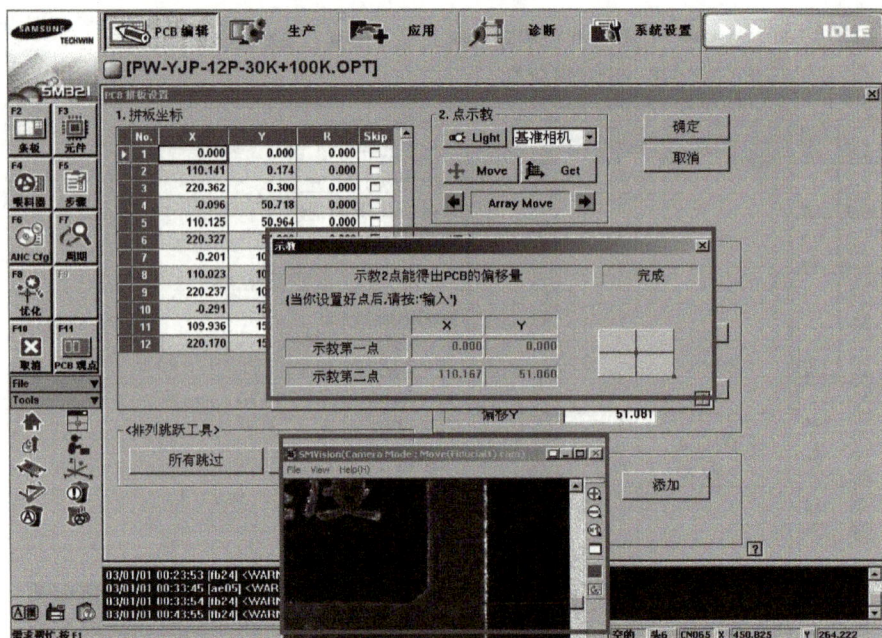

图 4-37　设置第二点位置

系统会自动生成所有拼板的原点坐标，单击每个原点坐标，检查是否准确，如图 4-38 所示。

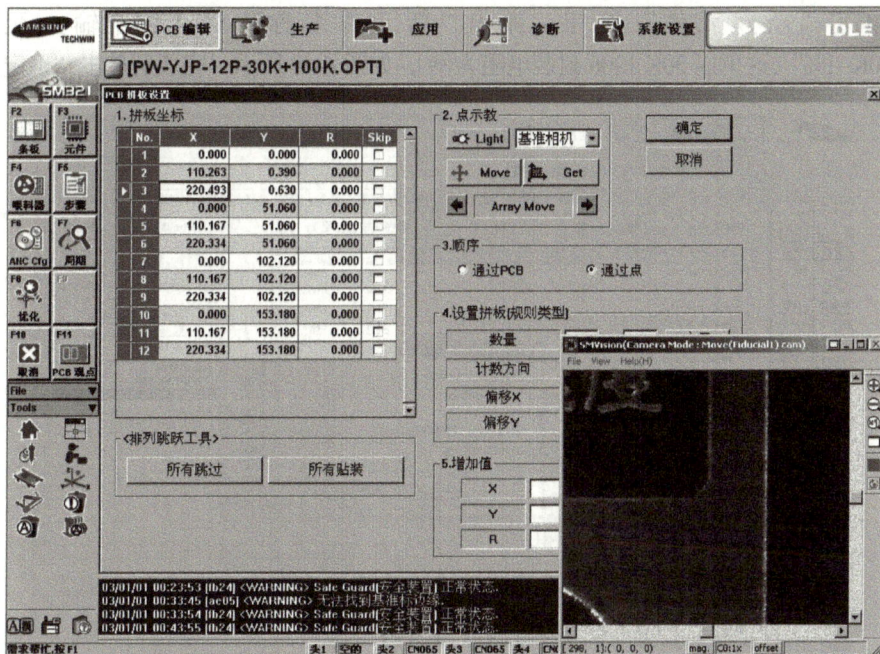

图 4-38　检查其他原点坐标

（2）元器件设置

1）元器件的建立。

① 在左侧设置栏单击"F3（元件）"按钮，如图 4-39 所示。

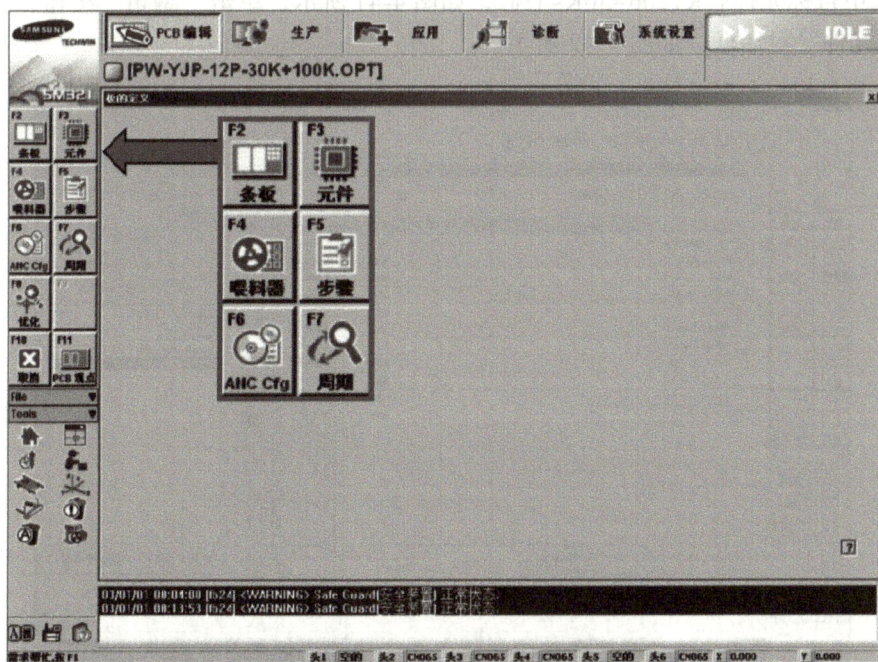

图 4-39　单击"F3 元件"按钮

② 单击"新建元件"按钮,弹出"新元件名称"对话框,输入元件名称 "R1206–30K–1%"(这里以 30K 1206 封装电阻为例),如图 4-40 所示,完成后单击"确定"按钮。

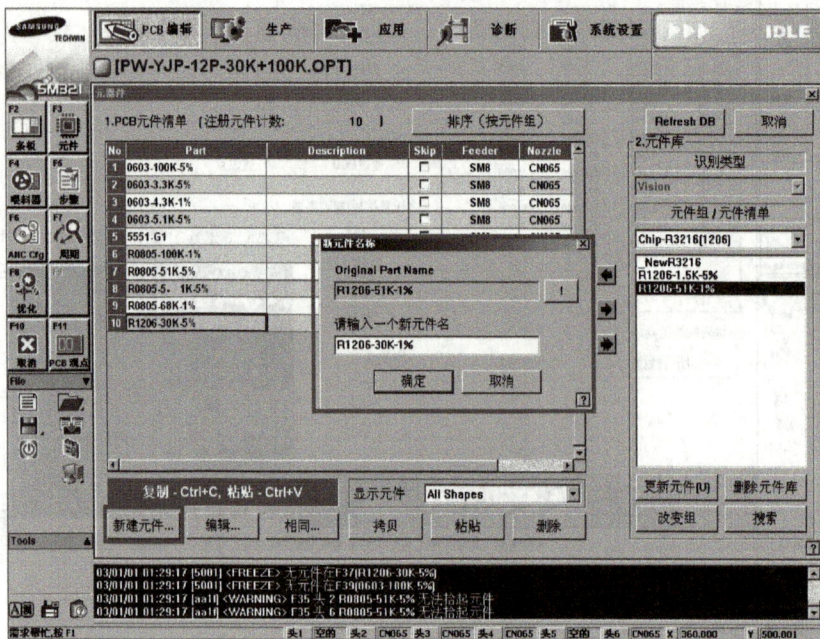

图 4-40 新建元件

2)元器件参数设置。

① 选中目标元件"R1206–30K–1%",如图 4-41 所示,单击"编辑"按钮,弹出"编辑所选定元件"对话框,如图 4-42 所示。

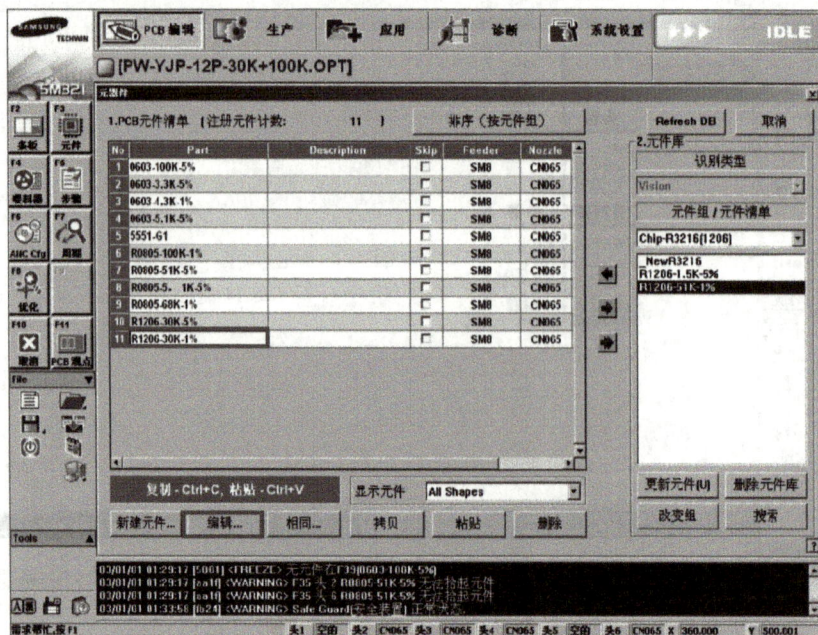

图 4-41 单击"编辑"按钮

②单击"Move"按钮，在弹出的"校正测试－移动"对话框中选择"DEVICE"，此时吸嘴会降下来，将元件安装到该吸嘴上，单击准备校正测试，此时吸嘴移动到相机的中心点位置进行元件的照相识别，如图 4-42 所示。

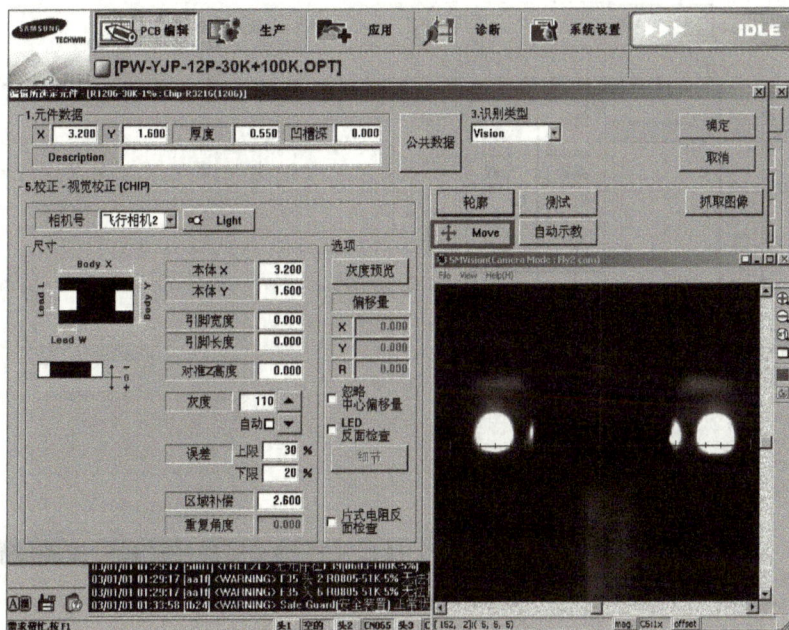

图 4-42  元器件参数设置

③单击"测试"或"自动示教"按钮，在随后出现的对话框若显示绿色则表示参数与实际的元件符合，元器件参数设置如图 4-43 所示。

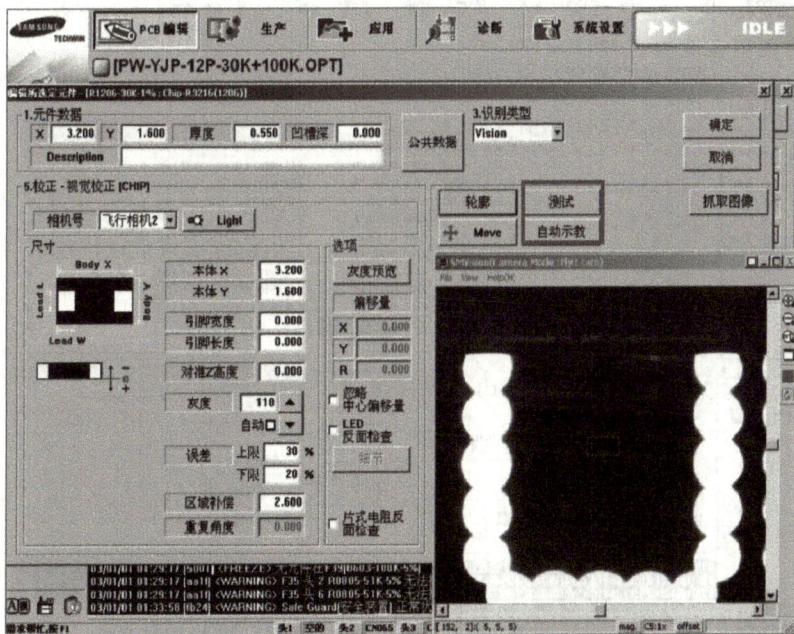

图 4-43  "测试"或"自动示教"结果

④ 重复上述动作完成每个元器件的参数设置。

（3）喂料器设置

① 在左侧设置栏单击"F5（步骤）"按钮，如图4-44所示。

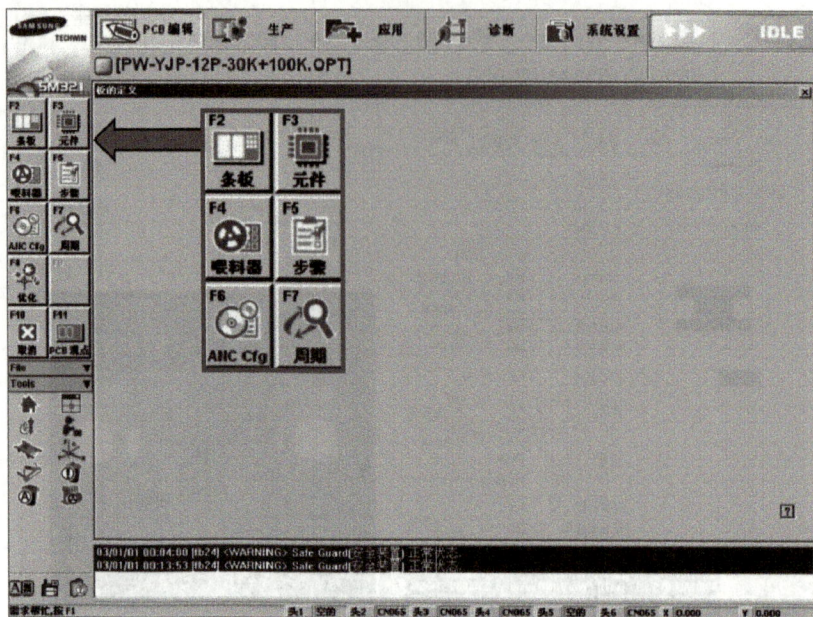

图4-44　单击"F5（步骤）"按钮

② 弹出"步"对话框，在元件库列表中新建目标元件行，在"Reference"列输入元件代号，在"Part"列选择对应的元件规格，如图4-45所示。

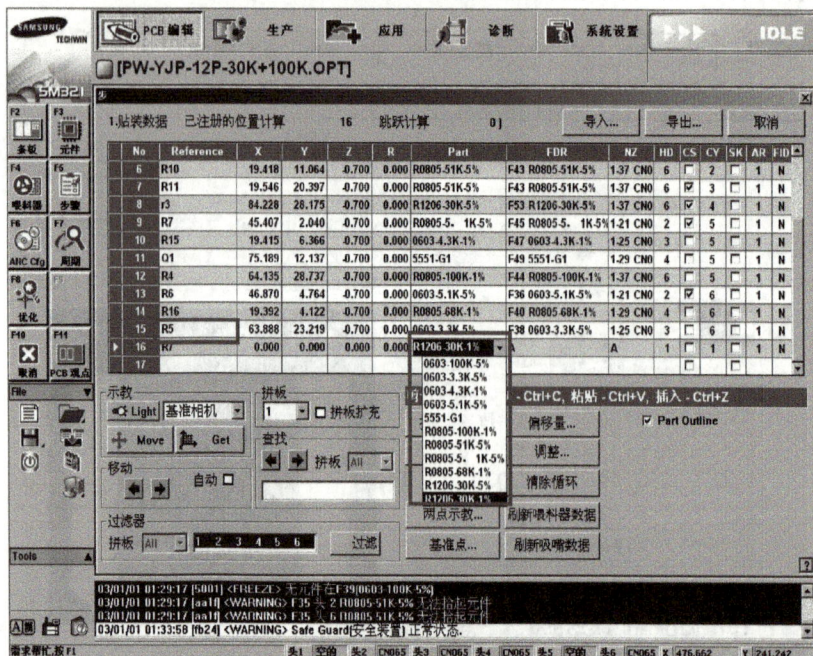

图4-45　新建目标元件行

③ 操作遥控器手柄，移动相机位置使显示屏中十字架的交点指示在第一块电路板的 R7 焊盘的中心位置，如图 4-46 所示。

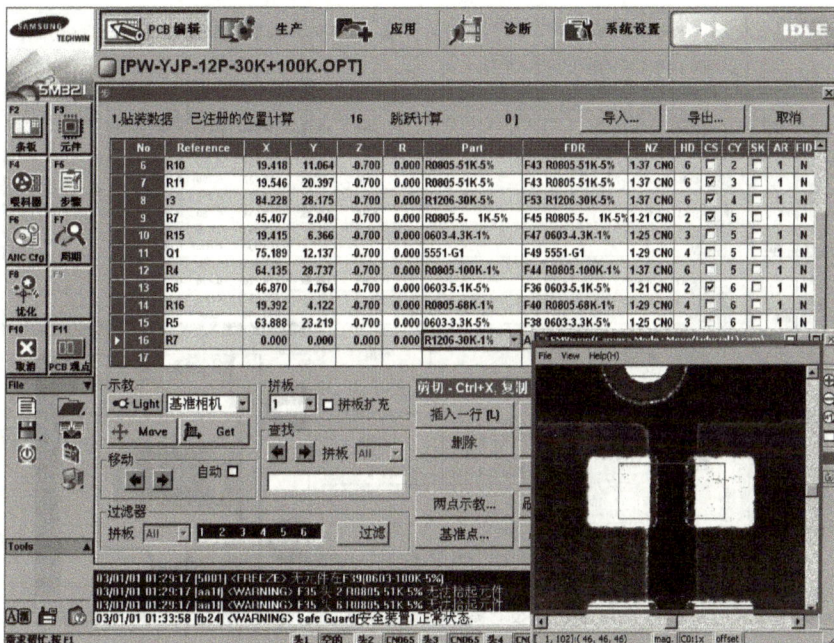

图 4-46　十字架的交点指示在 R7 焊盘的中心位置

④ 在左侧设置栏单击"F4（喂料器）"按钮，此时相机切换到喂料器视图，如图 4-47 所示。

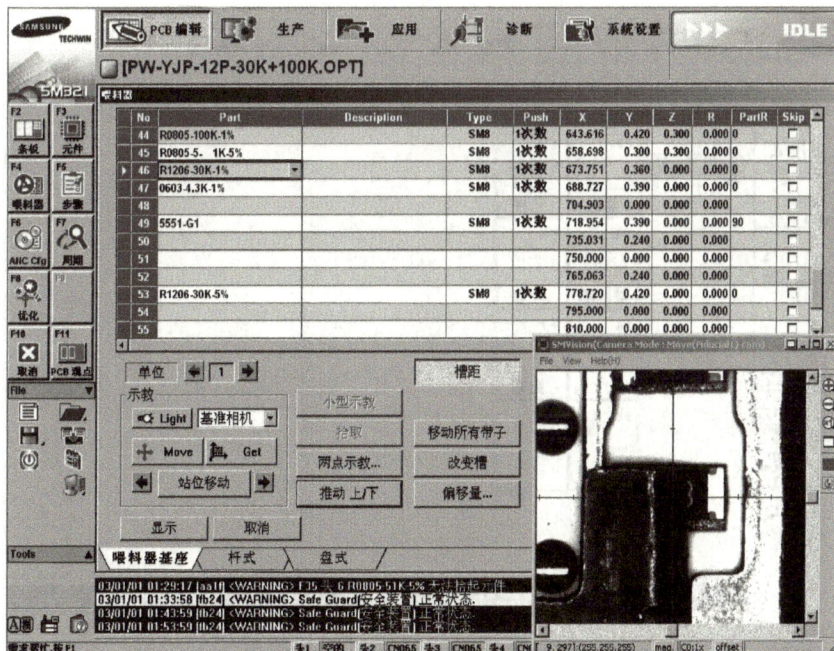

图 4-47　喂料器视图

⑤ 单击"推动上 / 下"按钮，查看喂料器中的元件与贴装元件是否一致，若不一致，则需要更换喂料器，如图 4-48 所示。

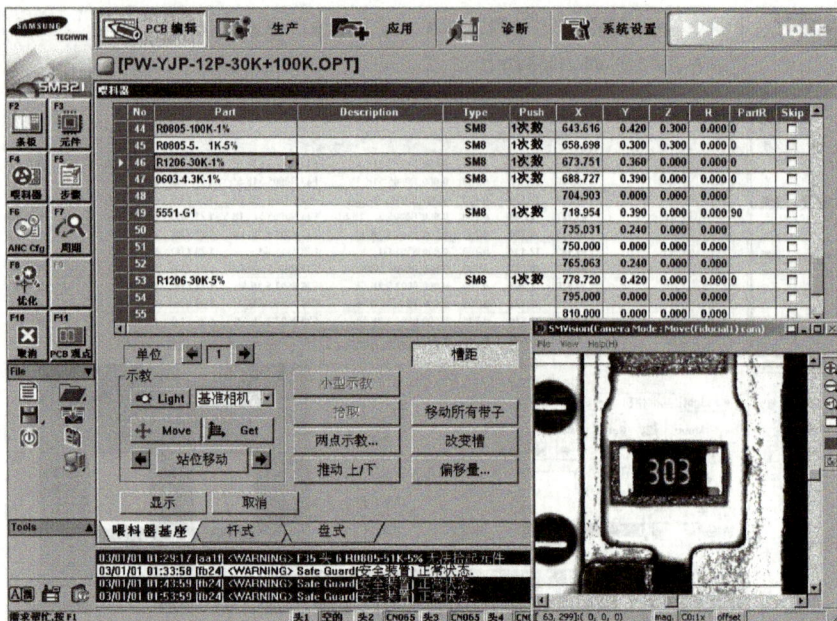

图 4-48　查看喂料器

（4）优化与生产设置

1）优化设置。

① 在左侧设置栏单击"F8（优化）"按钮，如图 4-49 所示，弹出"优化设置"对话框。

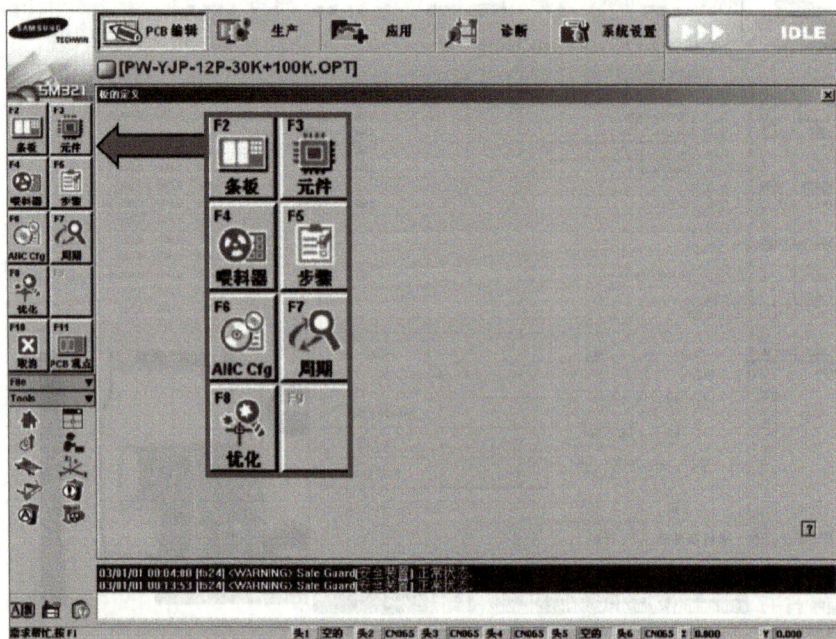

图 4-49　单击"F8（优化）"按钮

② 单击 "Parameter" 选项卡，设置优化逻辑、喂料间隔时间等参数，如图 4-50 优化设置所示。

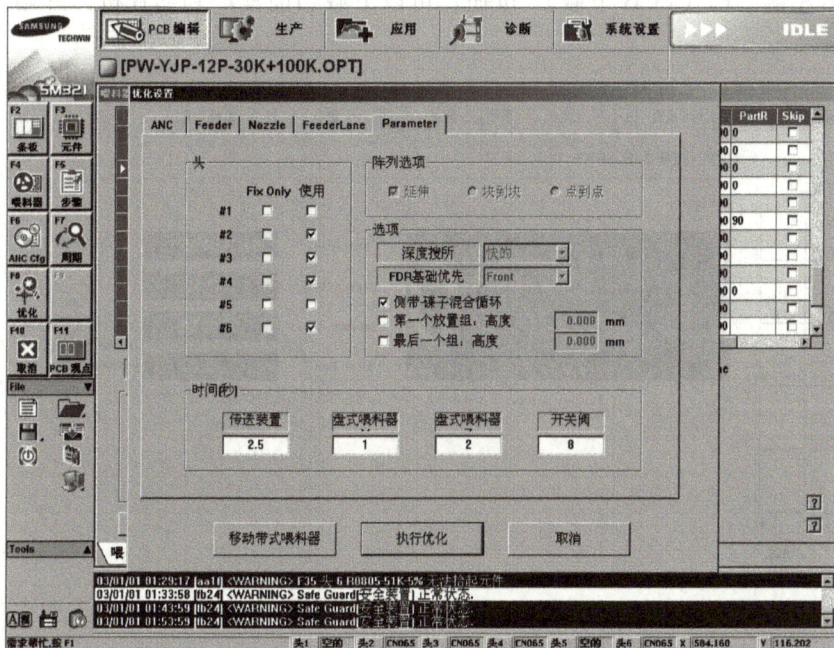

图 4-50　优化设置 1

③ 单击 "Feeder" 选项卡，检查所有待贴装元件的喂料器数量和位置是否正确，如图 4-51 所示。若有问题需要及时调整。

图 4-51　优化设置 2

2）生产参数设置。

① 程序优化完成后，单击"生产"按钮，可切换到生产信息界面，如图 4-52 所示。

② 单击左侧"F7（PCB 下载）"按钮，可以下载当前程序到贴片机，开始 / 暂停贴片机工作等。

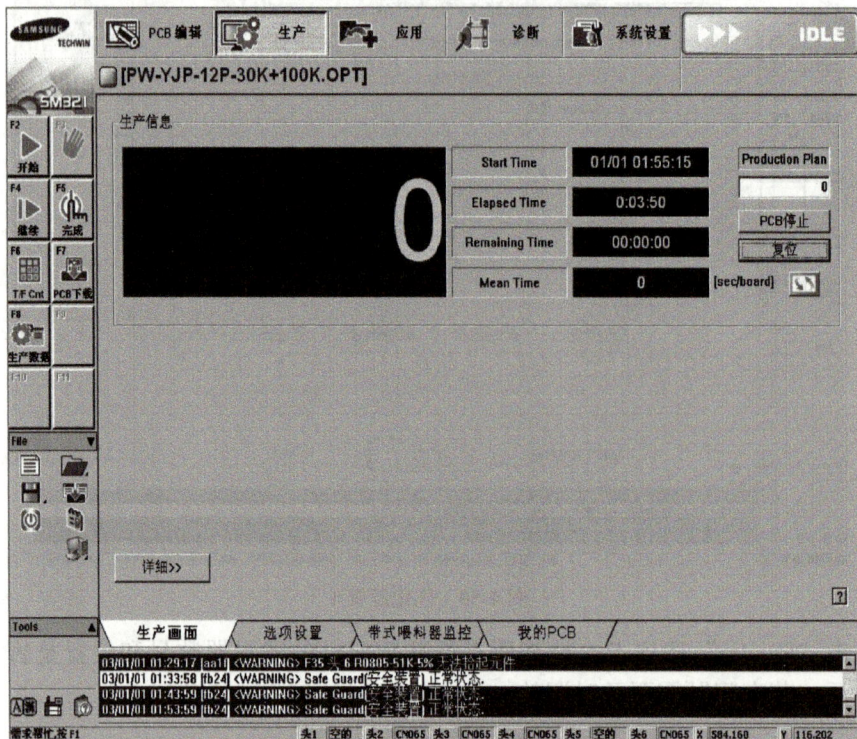

图 4-52　生产信息界面

③ 自动贴片机上料。按照在线编程编制的料表，将各种元器件安装到贴片机的料站上。安装完毕后需要检查，确保正确无误后才能进行试贴和生产。

④ 做基准标志和元器件的视觉图像。通过在 PCB 上设计基准标志和贴片机的光学对中系统进行校准。

⑤ 首件试贴并根据检验结果调整程序或重做视觉图像。如检查出元器件的规格、方向等有错误时，应按照工艺文件进行修正程序。

⑥ 连续贴装生产。按照操作规程进行连续贴装生产。

## 3. 回流焊接

本项目生产采用日东 genesis-608 型回流炉进行焊接。回流焊监控软件界面如图 4-53 所示，包括回流炉工作需要设置的加热温度、冷却温度、运输速度和风机速度。下面以电动三轮车仪表指示电路 PCB 回流焊过程为例介绍回流焊运行参数的设置步骤。

根据 PCB 所用焊锡的特性曲线，设置回流焊的加热温度、冷却温度、运输速度和风机速度。

（1）加热温度设置

参考图 4-54 完成加热温度设置。

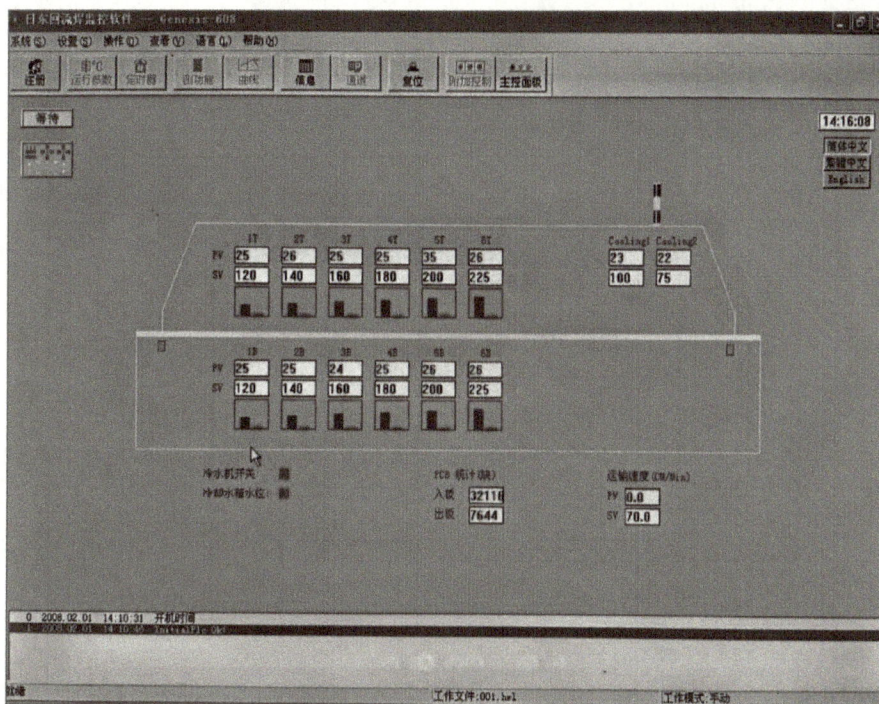

图 4-53　回流焊监控软件界面

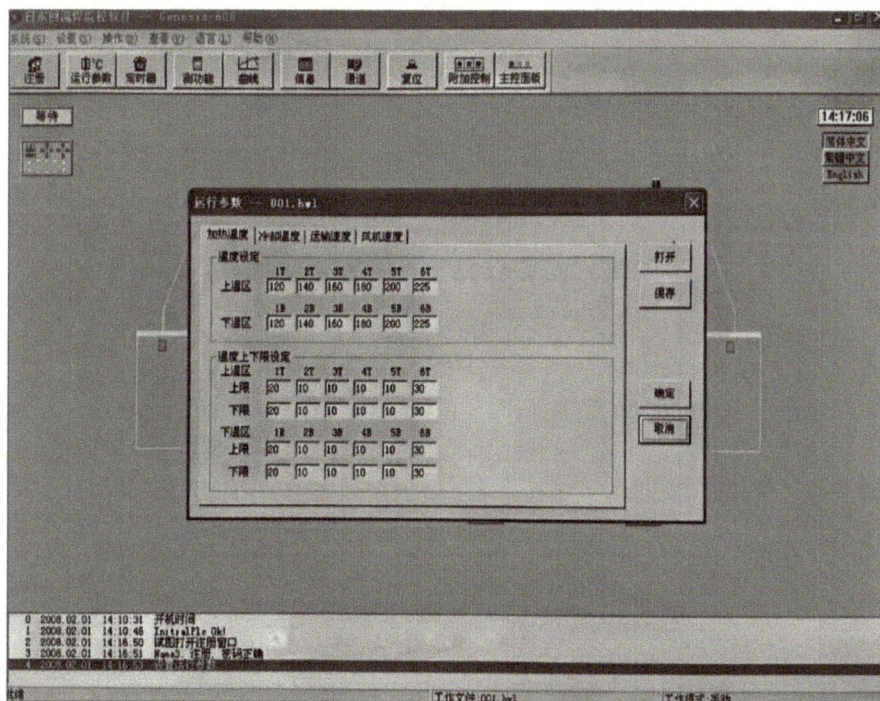

图 4-54　加热温度设置

（2）冷却温度设置

参考图4-55完成冷却温度设置。

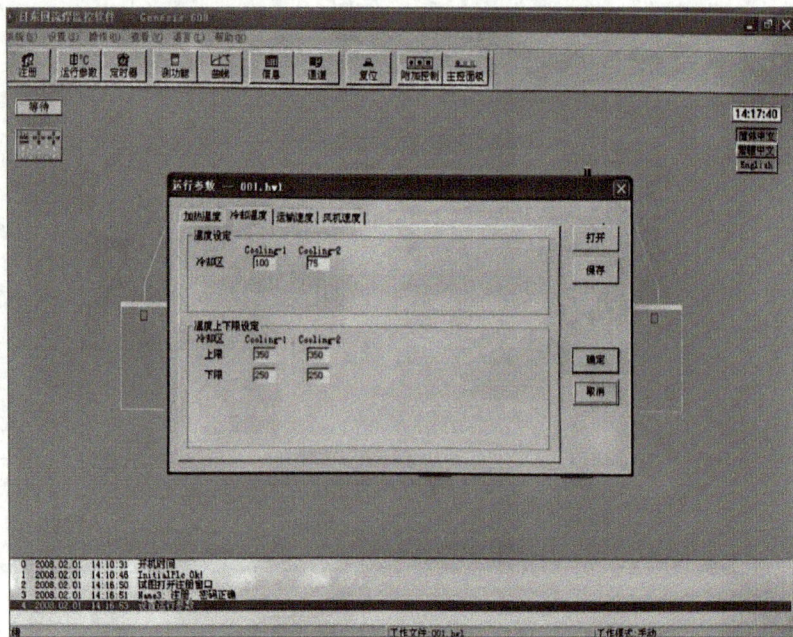

图4-55　冷却温度设置

（3）运输速度设置

参考图4-56完成运输速度设置。

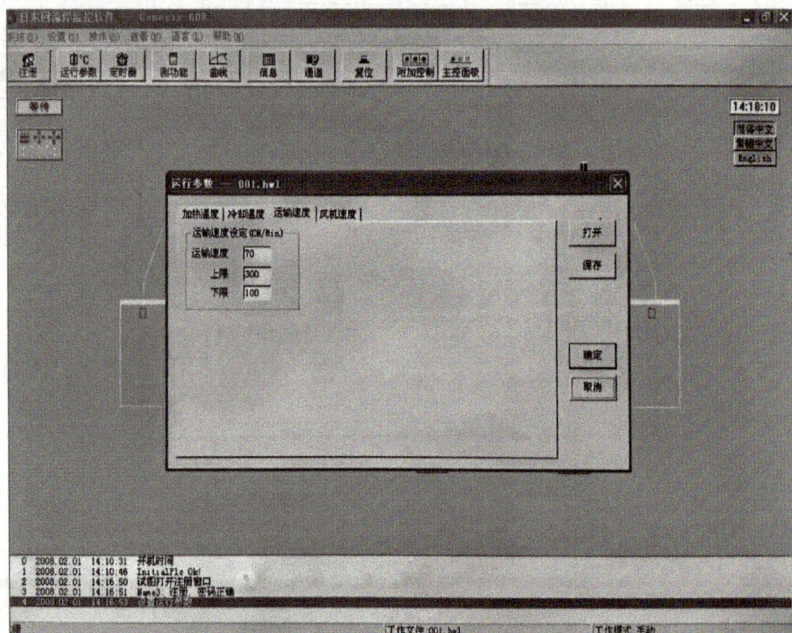

图4-56　运输速度设置

（4）风机速度设置

参考图 4-57 完成风机速度设置。

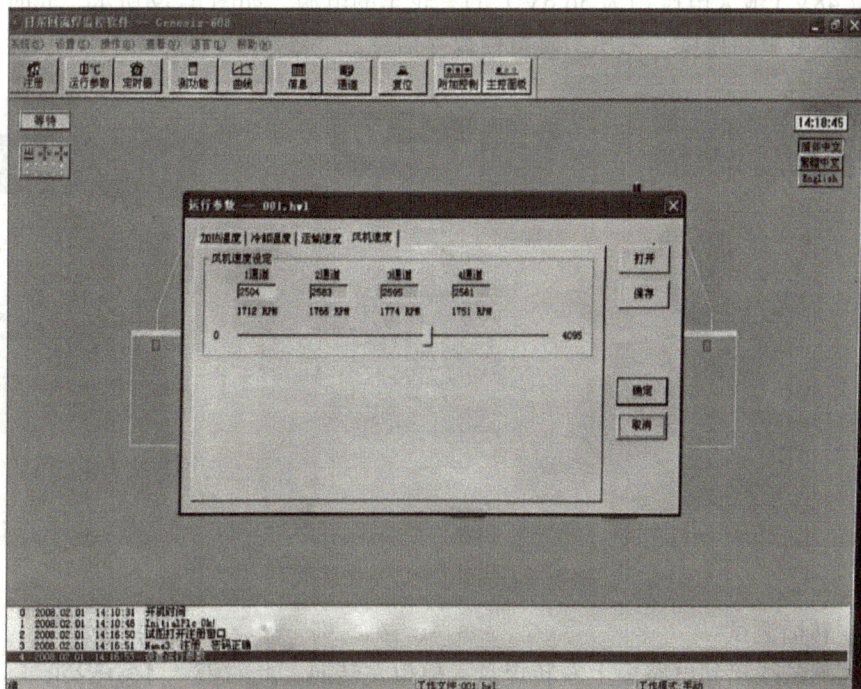

图 4-57　风机速度设置

打开回流焊电源，预热 10min，即可开始生产。

## 4. 产品测试

测试前的准备工作，如图 4-58 所示，需要 0 ～ 60V 可调直流稳压电源、待测试电路板、测试用导线等。

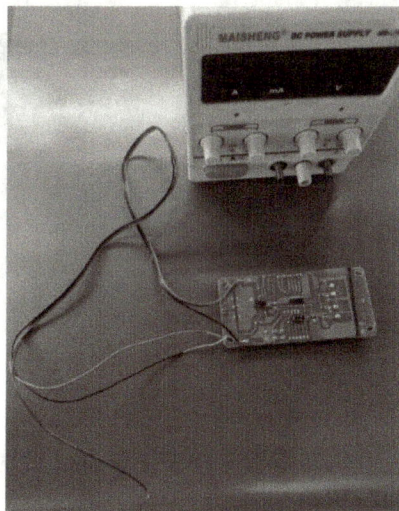

图 4-58　测试前准备

（1）接通电源测试

把电路板电源"+""-"电源线分别接到可调稳压电源上，调节电源输出电压为50V，模拟48V（最大电压约为56.6V）的三轮车的电源，如图4-59所示。此时，液晶屏上点亮，显示电量、速度、电压、总里程数等信息。

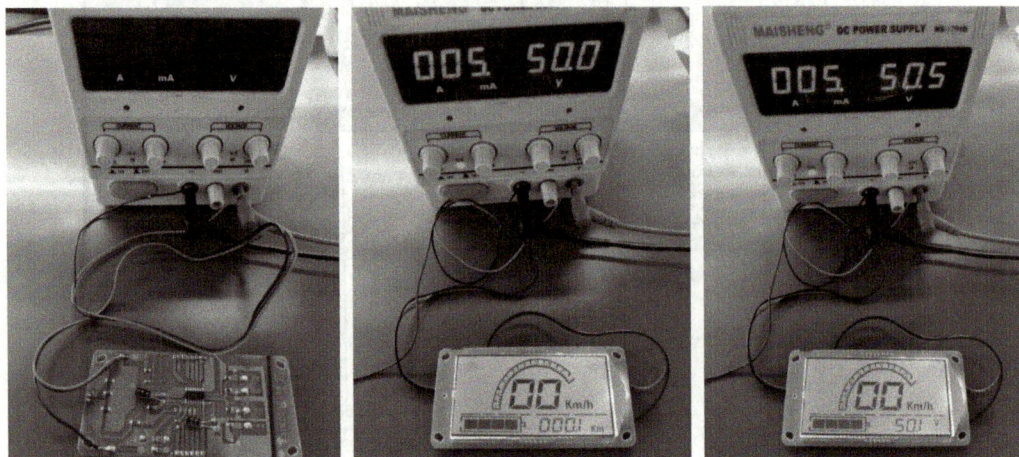

图4-59　接通电源，点亮液晶屏

（2）左转向测试

把蓝色测试线接到电路板上左转焊盘，模拟左转向，此时液晶屏显示左转向灯点亮，示意图如图4-60所示。

微视频
左转向测试

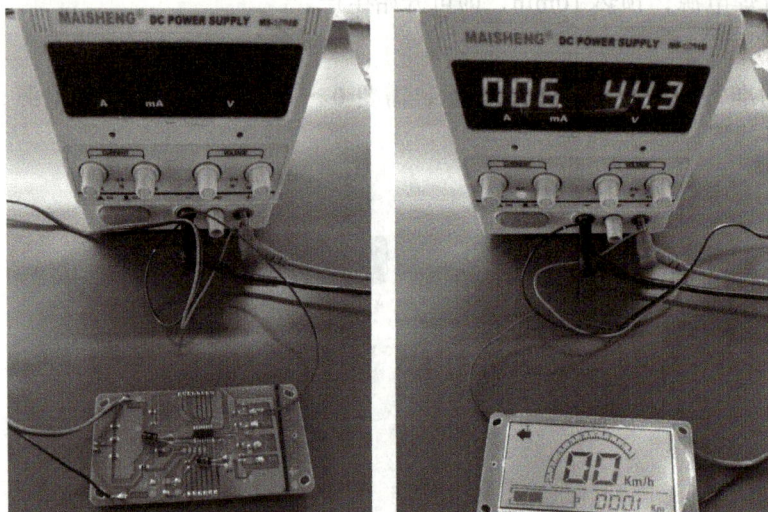

图4-60　测试左转向示意图

（3）测试右转向

把蓝色测试线接到电路板上右转焊盘，模拟右转向，此时液晶屏右转向灯点亮，示意图如图4-61所示。

微视频
右转向测试

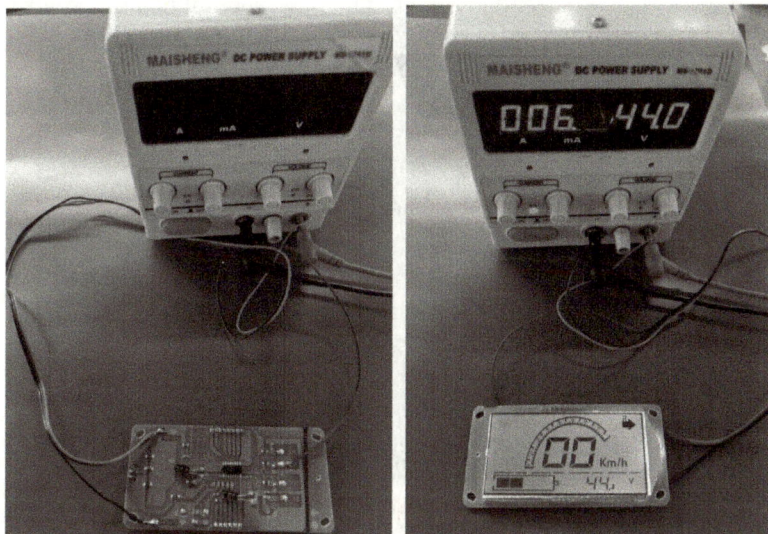

图 4-61　测试右转向示意图

（4）大灯测试

把蓝色测试线接到电路板上大灯焊盘，模拟打开大灯，此时液晶屏大灯点亮，示意图如图 4-62 所示。

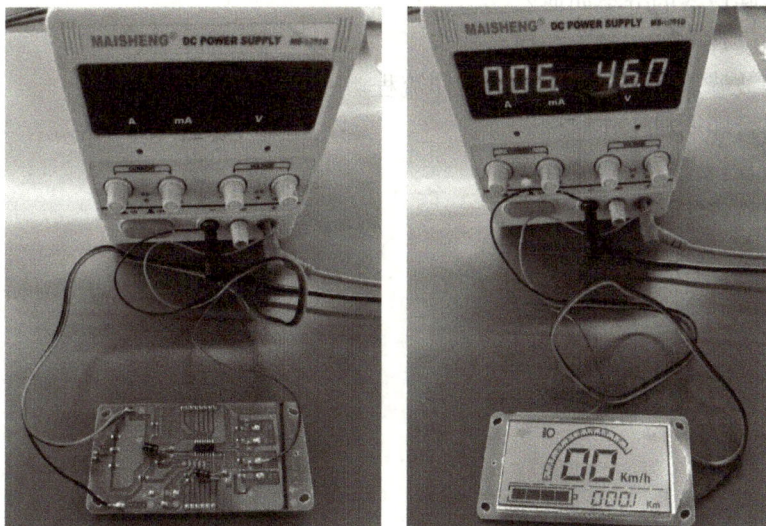

图 4-62　测试大灯示意图

（5）速度测试

把蓝色测试线接到电路板上速度焊盘，模拟测试速度，此时液晶屏显示速度值，示意图如图 4-63 所示。调节电压大小，可以改变显示速度大小。

注意：因测试线是直接接到电路板上的，调整电源大小会使液晶屏背景亮度发生改变，如条件允许可以用独立电源测试。

微视频
调速测试

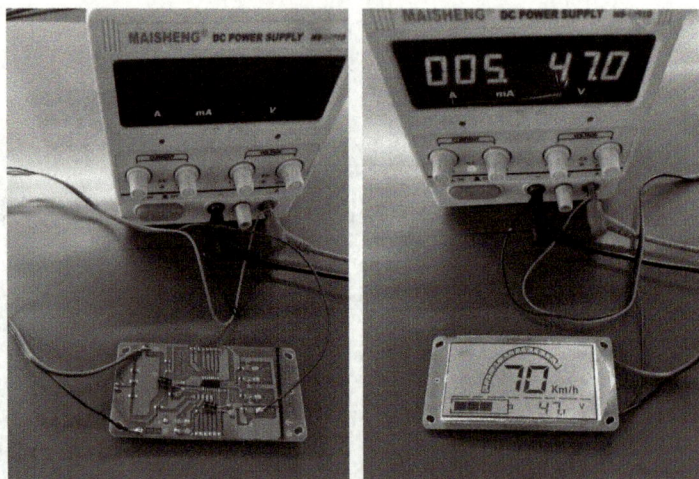

图 4-63　测试速度示意图

## 习题 4

1. 电动三轮车的仪表盘主要显示哪些信息?
2. 分析图 4-3 某型号电动三轮车仪表盘显示电路,分析其工作过程。
3. 电子装联设备的分类如何?
4. 什么是浸焊? 工艺过程如何?
5. 什么是波峰焊? 简述双波峰焊工作流程。
6. 简述锡膏印刷机工作原理。
7. 简述贴片机基本操作流程。
8. 简述回流焊工艺流程。

# 项目 5　电子产品技术文件的编写及电子产品质量管理

技术文件是电子产品研究、设计、试制与生产实践经验积累所形成的一种技术资料，也是产品生产、使用和维修的基本依据。产品技术文件具有生产法规的效力，必须执行统一的标准，实行规范管理。电子产品技术文件可分设计文件和工艺文件两大类。

在这不断发展的时代，消费者在购买令人放心的商品时。除了考虑一定的性价比，其消费期望越来越与产品的安全、质量以及环境等方面的要求联系在一起。因此，企业获得认证标志是通向市场的钥匙。如电子产品中 3C 认证，3C 认证作为产品进入国内市场的通行证，是一种强制性认证，只要在 CCC 认证目录范围内的产品，都需要办理。CCC 认证是国家安全认证、进口安全质量许可制度、中国电磁兼容认证三合一的权威认证，是中国质检总局和国家认监委与国际接轨的一个先进标志，是中国市场稳定的不可替代的一种认证。

本项目主要介绍电子产品技术文件分类、编写，电子产品检测认证和质量管理。

## 任务 5.1　电子产品技术文件的编写

### 学习目标

#### 1. 能力目标

1）能对设计文件和工艺文件进行识读。
2）阐述工艺文件的编制方法。
3）阐述将元器件清单编制为工艺文件的方法。
4）完成项目 1～项目 4 电子产品工艺文件的编写。

#### 2. 知识目标

1）理解工艺和电子产品技术文件的概念。
2）掌握设计文件的作用、分类。
3）掌握工艺文件的作用。
4）掌握工艺文件的编写方法。

#### 3. 素质目标

1）培养电子产品工艺文件编写素养。
2）培养良好的劳动纪律观念，养成认真绘图的习惯。

现代电子产品制造业的发展日新月异，产品的电路、功能设计和生产工艺在不断提升，而电子产品的设计和加工，要遵循复杂严密的技术文件——设计文件和工艺文件进行操作。设计文件和工艺文件是电子产品加工过程中需要的两个主要技术文档。本任务就是按照电子工艺的要求来正确识读、编制设计文件和工艺文件。

## 5.1.1  设计文件

### 1. 设计文件定义

电子产品的设计文件是产品研发设计过程中形成的反映产品功能、性能、构造特点及测试试验要求等方面的技术文件。这些文件包括产品的组成、结构、原理，以及产品制造、调试、验收、储运全过程所需的技术资料，也包括产品使用和维修资料等。设计文件是指做什么产品。

### 2. 设计文件的作用

设计文件是反映产品全貌的技术文件，这些文件的主要作用是：

1）用来组织和指导企业内部的产品生产。生产部门的工程技术人员利用设计文件给出的产品信息，编制指导生产的工艺文件，如工艺流程、材料定额、工时定额、设计工装夹具、编制岗位作业指导书等文件，连同必要的设计文件一起指导生产部门的生产。

2）政府主管部门和监督部门，根据设计文件提供的产品信息，对产品进行监测，确定其是否符合有关标准，是否对社会、环境和群众健康造成危害，同时也可对产品的性能、质量等做出公正评价。

3）产品使用人员和维修人员根据设计文件提供的技术说明和使用说明，便于对产品进行安装、使用和维修，不至于设计人员或生产技术人员亲自到场。

4）技术人员和单位利用设计文件提供的产品信息进行技术交流，相互学习，不断提高产品水平。

### 3. 设计文件的分类

（1）文字性设计文件

包括产品标准或技术条件技术说明、使用说明、安装说明、调试说明等文件。

1）技术说明是供研究、使用和维修产品用的，对产品的性能、工作原理、结构特点应说明清楚，其主要内容应包括产品技术参数、结构特点、工作原理、安装调整、使用和维修等内容。

2）使用说明是供使用人员正确使用产品而编写的，其主要内容是说明产品性能、基本工作原理、使用方法和注意事项。

3）安装说明是供使用产品前的安装工作而编写的，其主要内容是产品性能、结构特点、安装图、安装方法及注意事项。

4）调试说明是用来指导产品生产时调试其性能参数的。

（2）表格性设计文件

包括明细表、软件清单、接线表。

1）明细表是构成产品（或某部分）的所有零部件、元器件和材料的汇总表，也叫物料清单。从明细表可以查到组成该产品的零部件、元器件及材料。

2）软件清单是记录软件程序的清单。

3）接线表是用表格形式表述电子产品两部分之间的接线关系的文件，用于指导生产时该两部分的连接。

（3）电子工程图

包括电路图、框图、印制电路板装配图、逻辑图、软件流程图等。

1）电路图：电路图也叫原理图、电路原理图，是用电气制图的图形符号的方式画出产品各元器件之间、各部分之间的连接关系，用以说明产品的工作原理。它是电子产品设计文件中最基本的图样。参见项目 1 中的图 1-2。

2）框图：框图是用一个一个方框表示电子产品的各个部分，用连线表示它们之间的连接，进而说明其组成结构和工作原理，是原理图的简化示意图。参见项目 1 中的图 1-1 所示。

3）印制电路板装配图：用来表示元器件及零部件、整件与印制电路板连接关系的图样，如图 5-1 所示。

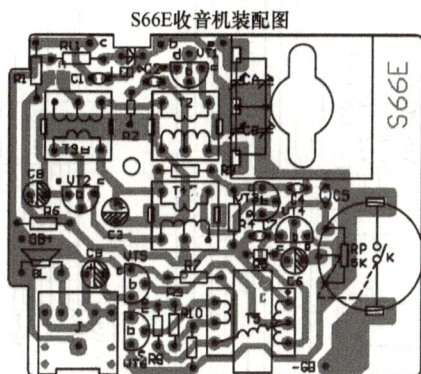

图 5-1　印制电路板装配图

4）逻辑图：逻辑图是用电气制图的逻辑符号表示电路工作原理的一种工程图，如图 5-2 所示。

5）软件流程图：用流程图的专用符号画出软件的工作程序，如图 5-3 所示。

电子产品设计文件通常由产品开发设计部门编制和绘制，经工艺部门和其他有关部门会签，开发部门技术负责人审核批准后生效。

## 5.1.2　工艺文件

### 1. 工艺文件定义

工艺文件也叫作业指导书，是具体指导和规定生产过程的技术文件。通俗地说，设计文件是指做什么产品，工艺文件是指怎么做这个产品。

### 2. 工艺文件的作用

工艺文件的主要作用如下：

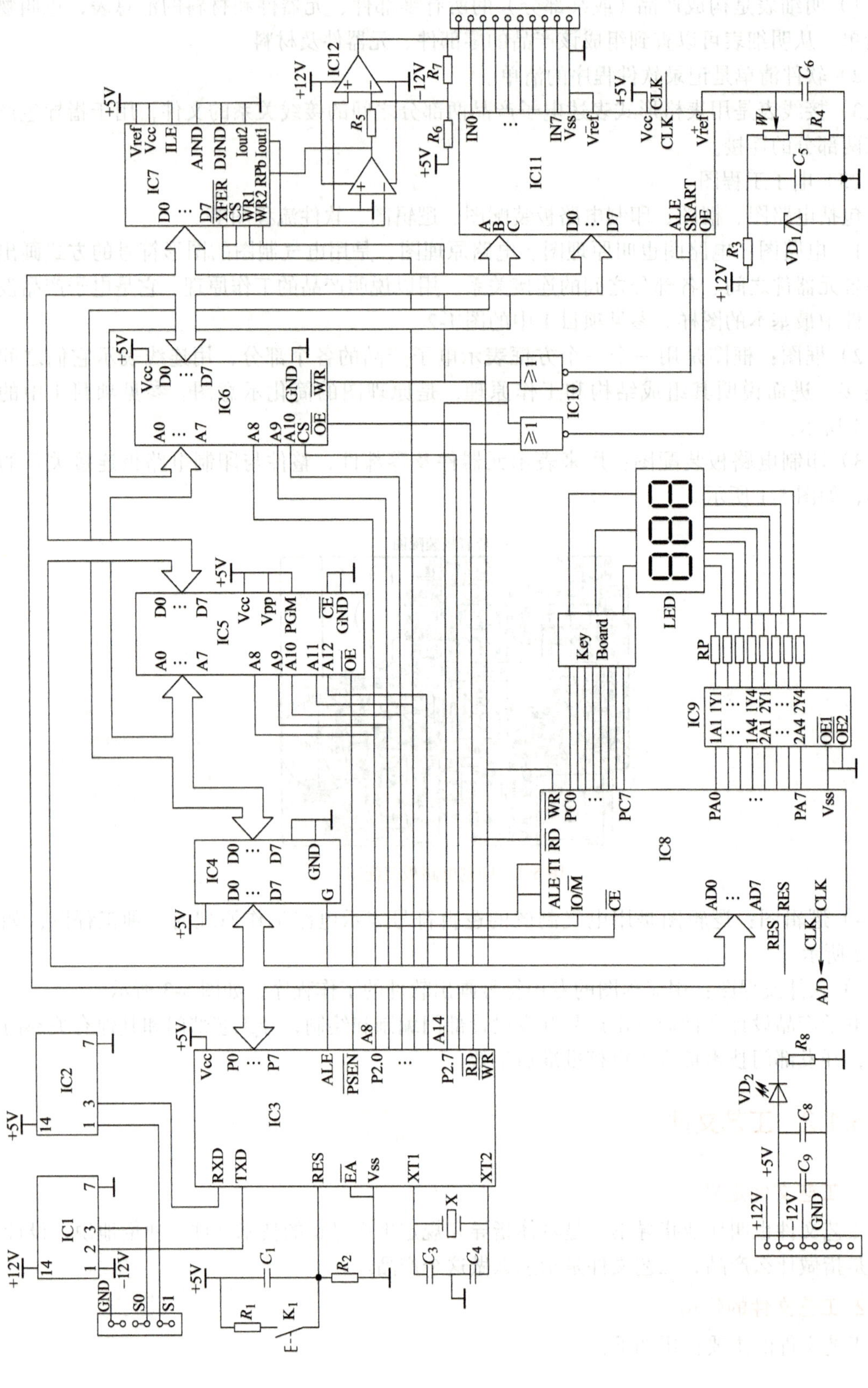

IC1
IC2
IC3
IC4
IC5
IC6
IC7
IC8
IC9
IC10
IC11
IC12
GND
S0
S1
+12V
-12V
+5V
RXD
TXD
RES
EA
Vss
XT1
XT2
Vcc
P0
P7
ALE
PSEN
P2.0
P2.7
RD
WR
A8
A14
X
K1
D0
D7
G
A0
A7
A9
A10
A11
A12
OE
CE
PGM
Vpp
CS
Vref
ILE
AJND
DJND
Iout2
Iout1
RPb
XFER
WR1
WR2
IN0
IN7
CLK
SRART
IO/M
TI
PC0
PC7
PA0
PA7
AD0
AD7
1A1
1A4
2A1
2A4
1Y1
1Y4
2Y1
2Y4
OE1
OE2
RP
LED
Key Board
A/D
VD1
VD2
W1


图 5-2 逻辑图

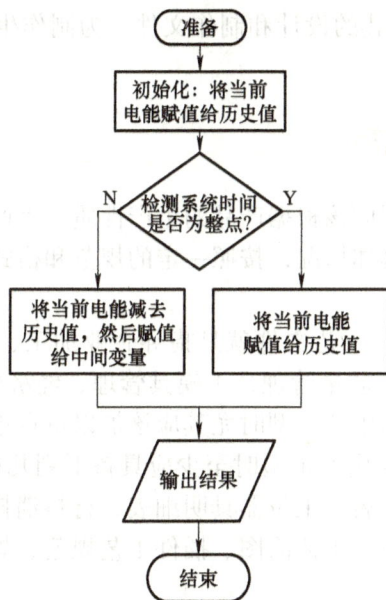

图 5-3　软件流程图

1）为生产部门提供规定的流程和工序便于组织产品有序地生产。

2）提出各工序和岗位的技术要求和操作方法，保证操作员工生产出符合质量要求的产品。

3）为生产计划部门和核算部门确定工时定额和材料定额，控制产品的制造成本和生产效率。

4）按照文件要求组织生产部门的工艺纪律管理和员工的管理。

### 3. 工艺文件的分类

电子产品的工艺文件种类也和设计文件一样，是根据产品生产中的实际需要来决定的。电子产品的设计文件也可以用于指导生产，所以有些设计文件可以直接用作工艺文件。例如电路图可以供维修人员维修产品使用，调试说明可以供调试人员生产中调试用。

此外，电子产品还有其他一些工艺文件，主要有：

1）通用工艺规范：为了保证正确的操作或工作方法而提出的对生产所有产品或多种产品时均适用的工作要求。例如"手工焊接工艺规范""防静电管理办法"等。

2）产品工艺流程：根据产品要求和企业内生产组织、设备条件而拟制的产品生产流程或步骤，一般由工艺技术人员画出工艺流程图来表示。生产部门根据流程图可以组织物料采购、人员安排和确定生产计划等。

3）岗位作业指导书：供操作人员使用的技术指导性文件，例如设备操作规程、插件作业指导书、补焊作业指导书、程序读写作业指导书、检验作业指导书等。

4）工艺定额：工艺定额是供成本核算部门和生产管理部门进行人力资源管理和成本核算用的，工艺技术人员根据产品结构和技术要求，计算出制造每一件产品所消耗的原材料和工时，即工时定额和材料定额。

5）生产设备工作程序和测试程序：这主要指某些生产设备，如贴片机、插件机等贴装电子产品的程序，以及某些测试设备如 ICT 检测产品所用的测试程序。程序编制完成后供所在岗位的人员使用。

6）生产用工装或测试工装的设计和制作文件：为制作生产工装和测试工装而编制的工装设计文件和加工文件。

## 5.1.3　工艺文件的编写

电子产品工艺文件的编制应该根据产品的生产性质、生产类型，产品的复杂程度、重要程度及生产的组织形式等具体情况，按照一定的规范和格式编制配套齐全，即应该保证工艺文件的成套性。

电子产品大批量生产时，工艺文件就是指导企业加工、装配、生产路线、计划、调度、原材料准备、劳动组织、质量管理、工模具管理、经济核算等工作的主要技术依据，所以工艺文件的成套性在产品生产定型时尤其应该加以重点审核。

通常，整机类电子产品在生产定型时至少应具备下列几种工艺文件：工艺文件封页、工艺文件目录、仪器仪表明细表、工位器具明细表、材料消耗明细表、工艺过程表、工艺流程简图、元器件预成形卡片、工艺简图、插件工艺规范、焊接工艺规范、调试工艺规范等，见表5-1。

**表 5-1　电子产品工艺文件示例**

公司名称（英文／中文）


# 工 艺 文 件


第 1 册
共 1 册
共　　页


文件类别：专业工艺文件

产品名称：

产品图号：

本册内容：　***装配调试


批准：

年　月　日

（续）

| 工艺文件目录 | | 产品名称 | | 产品型号 | |
|---|---|---|---|---|---|
| 序号 | 工艺文件名称 | 页　号 | | 备　注 | |
| 1 | 工艺文件封页 | 1 | | | |
| 2 | 工艺文件目录 | 2 | | | |
| 3 | 仪器仪表明细表 | 3 | | | |
| 4 | 工位器具明细表 | 4 | | | |
| 5 | 材料消耗明细表 | 5 | | | |
| 6 | 工艺过程表 | 6 | | | |
| 7 | 工艺流程简图 | 7 | | | |
| 8 | 元器件预成形卡片 | 8 | | | |
| 9 | 工艺简图 | 9 | | | |
| 10 | 插件工艺规范 | 10 | | | |
| 11 | 焊接工艺规范 | 11 | | | |
| 12 | 调试工艺规范 | 12 | | | |
| | | | | | |
| | | | | | |
| | | | | | |
| | | | | | |
| | | | | | |
| | | | | | |
| | | | | | |
| | | | | | |
| | | | | | |
| | | | | | |

| 旧底图总号 | 更改标记 | 数量 | 更改单号 | 签名 | 日期 | | 签名 | 日期 | 第　页 |
|---|---|---|---|---|---|---|---|---|---|
| | | | | | | 拟　制 | | | 共　页 |
| 底图总号 | | | | | | 审　核 | | | 第　册 |
| | | | | | | 标准化 | | | 共　册 |

（续）

| 仪器仪表明细表 | | 产品名称 | | 产品图号 | |
|---|---|---|---|---|---|
| 序号 | 名　称 | 型号 | 数量 | 备注 | |
| | | | | | |
| | | | | | |
| | | | | | |
| | | | | | |
| | | | | | |
| | | | | | |
| | | | | | |
| | | | | | |
| | | | | | |
| | | | | | |
| | | | | | |
| | | | | | |
| | | | | | |
| | | | | | |
| | | | | | |
| | | | | | |
| | | | | | |
| | | | | | |
| | | | | | |
| | | | | | |
| | | | | | |
| | | | | | |
| | | | | | |
| | | | | | |
| | | | | | |

| 旧底图总号 | 更改标记 | 数量 | 更改单号 | 签名 | 日期 | | 签名 | 日期 | 第　页 |
|---|---|---|---|---|---|---|---|---|---|
| | | | | | | 拟　制 | | | 共　页 |
| 底图总号 | | | | | | 审　核 | | | 第　册 |
| | | | | | | 标准化 | | | 共　册 |

（续）

| 工位器具明细表 | | 产品名称 | | 产品图号 | |
|---|---|---|---|---|---|
| | | | | | |
| 序号 | 名 称 | 型号 | | 数量 | 备注 |
| | | | | | |
| | | | | | |
| | | | | | |
| | | | | | |
| | | | | | |
| | | | | | |
| | | | | | |
| | | | | | |
| | | | | | |
| | | | | | |
| | | | | | |
| | | | | | |
| | | | | | |
| | | | | | |
| | | | | | |
| | | | | | |
| | | | | | |
| | | | | | |
| | | | | | |
| | | | | | |
| | | | | | |
| | | | | | |
| | | | | | |
| | | | | | |

| 旧底图总号 | 更改标记 | 数量 | 更改单号 | 签名 | 日期 | | 签名 | 日期 | 第 页 |
|---|---|---|---|---|---|---|---|---|---|
| | | | | | | 拟 制 | | | 共 页 |
| 底图总号 | | | | | | 审 核 | | | 第 册 |
| | | | | | | 标准化 | | | 共 册 |

（续）

| 材料消耗明细表 | | 产品名称 | | 产品图号 | |
|---|---|---|---|---|---|
| 序号 | 材料名称 | 规格型号 | 单机用量 | 备注 |
|  |  |  |  |  |
|  |  |  |  |  |
|  |  |  |  |  |
|  |  |  |  |  |
|  |  |  |  |  |
|  |  |  |  |  |
|  |  |  |  |  |
|  |  |  |  |  |
|  |  |  |  |  |
|  |  |  |  |  |
|  |  |  |  |  |
|  |  |  |  |  |
|  |  |  |  |  |
|  |  |  |  |  |
|  |  |  |  |  |
|  |  |  |  |  |
|  |  |  |  |  |
|  |  |  |  |  |
|  |  |  |  |  |
|  |  |  |  |  |
|  |  |  |  |  |
|  |  |  |  |  |
|  |  |  |  |  |
|  |  |  |  |  |
|  |  |  |  |  |
|  |  |  |  |  |

| 旧底图总号 | 更改标记 | 数量 | 更改单号 | 签名 | 日期 | | 签名 | 日期 | 第　页 |
|---|---|---|---|---|---|---|---|---|---|
|  |  |  |  |  |  | 拟　制 |  |  | 共　页 |
| 底图总号 |  |  |  |  |  | 审　核 |  |  | 第　册 |
|  |  |  |  |  |  | 标准化 |  |  | 共　册 |

（续）

| 工艺过程表 | | | 产品名称 | 产品图号 |
|---|---|---|---|---|
| | | | | |
| 序号 | 工位顺序号 | | 作业内容摘要 | 工艺文件页号 |
| | | | | |
| | | | | |
| | | | | |
| | | | | |
| | | | | |
| | | | | |
| | | | | |
| | | | | |
| | | | | |
| | | | | |
| | | | | |
| | | | | |
| | | | | |
| | | | | |
| | | | | |
| | | | | |
| | | | | |
| | | | | |
| | | | | |
| | | | | |
| | | | | |
| | | | | |
| | | | | |

| 旧底图总号 | 更改标记 | 数量 | 更改单号 | 签名 | 日期 | | 签名 | 日期 | 第　页 |
|---|---|---|---|---|---|---|---|---|---|
| | | | | | | 拟　制 | | | 共　页 |
| 底图总号 | | | | | | 审　核 | | | 第　册 |
| | | | | | | 标准化 | | | 共　册 |

（续）

| | | 产品名称 | | 产品图号 | |
|---|---|---|---|---|---|
| 工艺流程简图 | | | | | |

| 旧底图总  号 | 更改标记 | 数量 | 更改单号 | 签名 | 日期 | | 签名 | 日期 | 第  页 |
|---|---|---|---|---|---|---|---|---|---|
| | | | | | | 拟  制 | | | 共  页 |
| 底  图总  号 | | | | | | 审  核 | | | 第  册 |
| | | | | | | 标准化 | | | 共  册 |

（续）

| 元器件预成形卡片 | | 产品名称 | | 产品图号 | |
|---|---|---|---|---|---|
| 位号 | 名称、型号、规格 | 长度 /mm | 数量 | 备注 | |
| | | | | | |
| | | | | | |
| | | | | | |
| | | | | | |
| | | | | | |
| | | | | | |
| | | | | | |
| | | | | | |
| | | | | | |
| | | | | | |
| | | | | | |
| | | | | | |
| | | | | | |
| | | | | | |
| | | | | | |
| | | | | | |
| | | | | | |
| | | | | | |
| | | | | | |
| | | | | | |
| | | | | | |

| | 备注图片 |
|---|---|
| | |
| | |
| | |
| | |

| 旧底图总号 | 更改标记 | 数量 | 更改单号 | 签名 | 日期 | | 签名 | 日期 | 第　页 |
|---|---|---|---|---|---|---|---|---|---|
| | | | | | | 拟　制 | | | 共　页 |
| 底图总号 | | | | | | 审　核 | | | 第　册 |
| | | | | | | 标准化 | | | 共　册 |

（续）

| 工艺简图 | | 产品名称 | 产品图号 |
|---|---|---|---|
| | | | |

PCB 元器件排列图（插件位图）

| 旧底图<br>总  号 | 更改<br>标记 | 数量 | 更改<br>单号 | 签名 | 日期 | | 签名 | 日期 | 第  页 |
|---|---|---|---|---|---|---|---|---|---|
| | | | | | | 拟  制 | | | 共  页 |
| 底  图<br>总  号 | | | | | | 审  核 | | | 第  册 |
| | | | | | | 标准化 | | | 共  册 |

（续）

| 插件工艺规范 | 产品名称 | 焊接项目 |
|---|---|---|
|  |  |  |

| 旧底图<br>总　号 | 更改<br>标记 | 数量 | 更改<br>单号 | 签名 | 日期 |  | 签名 | 日期 | 第　页 |
|---|---|---|---|---|---|---|---|---|---|
|  |  |  |  |  |  | 拟　制 |  |  | 共　页 |
| 底　图<br>总　号 |  |  |  |  |  | 审　核 |  |  | 第　册 |
|  |  |  |  |  |  | 标准化 |  |  | 共　册 |

（续）

| | | 产品名称 | 调试项目 |
|---|---|---|---|
| 焊接工艺规范 | | | |

| 旧底图<br>总　号 | 更改<br>标记 | 数量 | 更改<br>单号 | 签名 | 日期 | | 签名 | 日期 | 第　页 |
|---|---|---|---|---|---|---|---|---|---|
| | | | | | | 拟　制 | | | 共　页 |
| 底　图<br>总　号 | | | | | | 审　核 | | | 第　册 |
| | | | | | | 标准化 | | | 共　册 |

（续）

| | | 产品名称 | | 焊接项目 | |
|---|---|---|---|---|---|
| 调试工艺规范 | | | | | |
| | | | | | |

| 旧底图总号 | 更改标记 | 数量 | 更改单号 | 签名 | 日期 | | 签名 | 日期 | 第页 |
|---|---|---|---|---|---|---|---|---|---|
| | | | | | | 拟制 | | | 共页 |
| 底图总号 | | | | | | 审核 | | | 第册 |
| | | | | | | 标准化 | | | 共册 |

### 5.1.4　任务实施

1）参考 5.1.2 节完成项目 1 工艺文件的编写。
2）参考 5.1.2 节完成项目 2 工艺文件的编写。
3）参考 5.1.2 节完成项目 3 工艺文件的编写。
4）参考 5.1.2 节完成项目 4 工艺文件的编写。

## 任务 5.2　电子产品检测认证与质量管理

### 学习目标

#### 1. 能力目标

1）能说明强制认证和自愿认证的区别。
2）能根据常见国标认证标志说明其认证名称。
3）能说明 ISO 9000 标准系列的组成。
4）能说明电子产品质量安全要求。

#### 2. 知识目标

1）理解电子产品认证的概念及分类。
2）掌握国际上常见的电子产品认证。
3）掌握 ISO 9000 标准系列的组成。
4）掌握电子产品质量安全要求。
5）掌握电子产品质量检测方法。

#### 3. 素质目标

1）培养依照国家法律、行业规定开展绿色生产、安全生产、质量管理等的能力。
2）培养职业道德和社会责任感，提高职业素质和社会竞争力。

### 5.2.1　常见的电子产品检测认证

　　产品认证又叫产品质量认证，国际上称合格认证，是对产品进行质量评价、检查、监督和管理的有效方法，其目的是确认不同产品与其标准规定的符合性。一般也作为一种进入市场的准入手段，在国际上被广泛采用。认证已发展成为一种国家保护消费者利益、企业开拓海外市场、商家建立市场信誉等的有力措施。

　　产品认证可分为强制性认证和自愿性认证两种。

　　强制性认证是由国家或政府为了保护消费者的人身安全和消费权益，而强制性地要求生产企业和其生产的产品必须进行认证后，才能在市场上进行流通和销售。世界各国根据自己国家的经济水平和社会的发展程度来决定自己的认证体系。国际上常见的几种认证标志如图 5-4 所示。

图 5-4　常见国际认证标志

### 1. CCC 认证，我国强制

我国强制性产品认证于 2002 年 5 月 1 日起施行，认证标志的名称为中国强制性产品认证（China Compulsory Certification，CCC）。未按规则标贴认证标志，一概不得出厂、进口、出售和在运营服务场所运用。

### 2. CE 认证，欧洲强制

CE 标志的产品标明其契合安全、卫生、环保和顾客维护等一系列欧洲指令所要表达的要求。CE 代表欧洲统一（CONFORMITE EUROPEENNE）。CE 只限于产品不危及人类、动物和货品的安全方面的根本安全要求，而不是一般质量要求，一般指令要求是规范的任务。准确含义是 CE 标志是安全合格标志而非质量合格标志。

### 3. FCC 认证，美国强制

FCC 是美国联邦通信委员会（Federal Communications Commission）的简称。因为 FCC 制定了不少涉及电子设备的电磁兼容性和操作人员人身安全等一系列产品质量和功能规范，并且这些规范现已广泛运用并得到世界上不少国家的技能监督部门或相似组织的认可。因而在各个厂家出产的电子产品技能手册中常常印有由 FCC 所签发的契合某项规范的认证书，或者声明契合 FCC 的某项规范。

### 4. UL 认证，美国自愿

UL 是美国保险商实验所（Underwriter Laboratories Inc.）的简称。UL 安全实验所是美国最有权威的，也是全球从事安全实验和鉴定的较大的民间组织。它选用科学的测验方法来研讨确认各种材料、设备、产品、设备、建筑等对生命、财产有无损害和损害的程度；确认、编写、发行相应的规范和有助于削减及防止形成生命财产遭到丢失的材料，同时开展实情调研事务。

### 5. EMC 认证，欧洲强制

电磁兼容标志（Electro Magnetic Compatibility，EMC）指令要求一切销往欧洲的电器产品根本体所产生的电磁搅扰（EMI）不得超越一定的规范，以免影响其他产品的正常运作，同时电器产品本身亦有一定的抗搅扰能力（EMS），以便在一般电磁环境下能正常运用。该指令已于 1996 年 1 月 1 日开始正式强制执行。它以各类电子产品为主，是一切销往欧洲市场的电器产品的通行证，亦将在我国强制推行，对于产品占有世界市场具有重大意义。

## 5.2.2　电子产品的质量管理及 ISO 9000 标准系列

国际标准化组织（International Organization for Standardization，ISO）是标准化领域中的一个国际性非政府组织。为了满足国际经济贸易交往中质量保证体系的客观需要，ISO 于 1987 年发布了 ISO 9000 质量管理和质量保证标准系列。我国国家技术监督局在

1992 年 10 月发布文件，决定等同采用 ISO 9000 标准，颁布了 GB/T 19000 质量管理和质量保障标准系列。

自 1987 年首次发布以来，ISO 9000 标准经历了多次修订，以适应不断变化的商业环境和技术进步。以下是主要版本的修订历程：

ISO 9000:1987：首次发布，建立了基本的质量管理体系框架。

ISO 9000:1994：引入了预防措施和质量保证的概念，强调文件化的质量程序。

ISO 9000:2000：重大修订，采用过程方法，强调客户满意度和持续改进。

ISO 9000:2008：进一步简化和澄清了标准的要求，增强了与其他管理体系标准的兼容性。

ISO 9000:2015：最新版本，强调基于风险的思维和领导作用，增加了对服务业的适用性。

ISO 9001 标准的最新版本（ISO 9001:2025，预期）正在修订中，并预计在不久的将来正式发布。此次修订将重点关注新兴技术的融合、道德与诚信的要求、顾客体验的扩展等方面，以适应不断变化的市场需求和商业环境。

### 1. ISO 9000 标准系列的组成

ISO 9000 系列标准包括多个具体标准，每个标准都有其特定的功能和应用范围。主要包括：

ISO 9000:2015：质量管理体系的基础和术语，提供了质量管理的基本概念和定义。

ISO 9001:2015：质量管理体系的要求，是唯一可以认证的标准，适用于任何规模和行业的组织。

ISO 9004:2018：质量管理体系的持续成功指南，帮助组织在竞争中实现长期成功。

### 2. GB/T 19000 标准系列的组成

GB/T 19000 质量管理和质量保证标准系列是我国 1992 年 10 月发布的质量管理国家标准，等同于 ISO 9000 质量管理和质量保证标准系列。

GB/T 19000：质量管理体系的基础和术语，与 ISO 9000 相对应。

GB/T 19001：质量管理体系的要求，与 ISO 9001 相对应。

GB/T 19004：质量管理体系的持续成功指南，与 ISO 9004 相对应。

### 3. GB/T 19000 标准系列与 ISO 9000 标准系列的关系

国际标准化组织和我国标准化管理部门规定，采用国际标准分为等同采用、等效采用和参照采用三种。

（1）等同采用国际标准

是指技术内容完全相同，不做或稍做编辑性的修改。

（2）等效采用国际标准

是指技术内容只有小的差异、编号不完全相同。

（3）参照采用国际标准

是指技术内容根据我国实际情况做了某些变动，但必须在性能和质量水平上与被采用的国际标准相当，在通用互换、安全、卫生等方面与国际标准协调一致。

#### 4. 使用 ISO 9000 标准系列的意义

ISO 9000 品质体系认证机构是经过国家认可的权威机构，对企业的品质体系的审核要求非常严格。企业可按照经过严格审核的国际标准化的品质体系进行品质管理，确保了产品质量的合格率，为企业增加经济效益和社会效益。实行 ISO 9000 国际标准化的品质管理，可以稳定地提高产品品质，使企业在竞争中永远立于不败之地。

## 5.2.3　电子产品质量安全要求

#### 1. 绝缘强度符合标准

在使用过程中，电子产品的主要原理是通过电力对设备内部的电子元器件进行驱动，以实现设备的有效使用。因此，在使用的过程中，对于电子产品结构所具有的安全性提出了相应的要求。首先，产品所使用的电路与电子元器件的质量应得到保证；其次，应确保相关材料的绝缘强度符合标准；最后，为了有效避免漏电现象的发生，应确保产品外壳以及内部带电部位之间的绝缘强度符合相关标准。

#### 2. 产品功能贴近用户

电子产品根本目的是满足使用群体某个方面的需求，电子产品应具有某些特定的功能性。因此，在对电子产品进行研发的过程中，研发人员应首先明确产品所针对的用户群体特征以及其所要满足的市场需求。针对已经生产并投入使用的电子产品，生产者应积极观察用户对于产品所表现出的反应，从而及时进行产品功能的调整工作。

#### 3. 有效实现电磁兼容

由于电子产品的使用过程中会产生相应的电磁波，因此在产品研发的过程中，研发人员应注意做好产品电磁兼容性的设计工作。一方面，应确保产品在运行的过程中不会对周边的环境造成强度过大的电磁干扰，另一方面，应确保产品对于电磁干扰具有一定的抗干扰能力，从而确保产品在存在电磁干扰的环境下可以保持正常运行。

#### 4. 确保设备电压安全

由于电子产品在使用的过程中需要电力进行驱动，因此，在产品质量方面，应严格确保电子产品在运行过程中自身所具有的电压以及其输出的电压符合设计的要求，从而有效避免电子产品在运行过程中由于电压超出负荷而导致击穿与短路现象的出现。

#### 5. 具有良好的散热性

通常来说，电子产品的工作过程中不可避免地会产生热量，因此，为了避免过热现象的出现以及高温环境对于设备造成的损害，在对产品进行设计的过程中应对散热问题进行充分的考量，确保设备具有良好的散热性。

#### 6. 产品的稳定性良好

由于电子产品在使用环境具有一定的不确定性，因此，为了满足其在各种环境下均能够保持正常的运行，在研发工作中，应加强设备稳定性的科研工作力度，确保其在所应用的环境中可以最大限度地保持相对稳定性，从而有效降低产品故障的发生概率。

### 5.2.4 电子产品质量检测方法

#### 1. 产品功能检测

产品功能检测就是对于产品所具有的相关功能进行测试，从而确保其功能能够有效得以实现。以智能手机为例，其功能检测的主要内容包括对产品的声音、画质、通话质量、电源以及程序的兼容性进行检测。其中，声音检测主要测试设备的声音播放功能是否存在问题；画质检测主要测试手机在拍照与进行视频播放的过程中是否存在闪退现象；通话质量检测主要测试在接打电话的过程中是否存在功能障碍；电源检测主要测试设备的充电时间以及电源的续航能力；兼容性检测主要测试手机对于相关程序所具有的兼容性能。

#### 2. 产品性能检测

在有效满足功能需求的基础上，需要按照相关技术标准对产品的性能进行检测，从而对产品是否满足设计性能进行评判。在此过程中，需要在各个条件下对产品的性能进行逐项测试，若发现产品的某项性能未能达到设计标准，则应对造成该问题的原因进行排查。

#### 3. 产品可靠性检测

（1）产品老化测试

为了实现设备寿命的延长，应对其进行老化测试，从而对设备中各个电子元器件的使用寿命进行合理的分析，以便找出限制电子产品使用寿命的原因并加以解决。

（2）产品破坏性测试

在可靠性检测工作中，应积极开展产品破坏性测试，有效明确产品对于外界冲击力所具有的抵御能力，从而实现产品抗冲击能力的提升。

（3）产品使用环境测试

大多数电子产品的使用环境相对较为稳定，然而，部分设备由于所处的环境随着自然的变化会发生相应的改变，因此，在测试工作中，应对不同环境下产品的性能进行测试，从而实现相关数据的获取。在该测试环节中，主要的测试内容是产品在不同温度环境下的区别。

（4）产品电子破坏性测试

在对电子产品进行使用的过程中，在某些特定时刻，由于受到人体电荷的干扰，电子产品在与人体接触时会产生静电现象。研究表明，静电现象的存在，会对电子产品的功能造成一定的影响，而电子破坏性测试工作正是对这种现象进行相应的检测，从而进一步明确其对于电子产品功能的影响程度。

### 5.2.5 任务实施

1）通过网络查找电子产品 3C 认证流程。

2）完成项目 1～项目 4 质量检测方案。

## 习题 5

1. 什么是电子产品技术文件？包括哪些文件？
2. 电子产品设计文件的分类和组成如何？
3. 电子产品生产包括哪些工艺文件？
4. 什么是产品认证？
5. 画出国际上常见的几种认证标志，说明其内涵。
6. 简述 GB/T 19000 标准系列的组成。
7. 电子产品质量安全要求有哪些？
8. 电子产品检测方法有哪些？

# 参 考 文 献

[1] 詹新生，张江伟.光伏电子产品的设计与制作 [M].北京：机械工业出版社，2020.

[2] 詹新生，张江伟，尹慧，等.模拟电子技术项目化教程 [M].北京：清华大学出版社，2014.

[3] 廖芳，熊增举，朱薇娜，等.电子产品制作工艺与实训 [M].5 版.北京：电子工业出版社，2022.

[4] 彭华，陈东凤.电子工艺基础及实训 [M].北京：中国轻工业出版社，2017.

[5] 王学屯，刘琳.现代电子工艺技术 [M].北京：电子工业出版社，2011.

[6] 刘红兵，赵巧妮.电子产品的生产与检验 [M].2 版.北京：高等教育出版社，2022.

[7] 戴树春，张洋，陈喜艳.电子产品装配与调试 [M].北京：机械工业出版社，2012.

[8] 叶莎，冯常奇，耿晶晶.电子产品生产工艺与管理项目教程 [M].3 版.北京：电子工业出版社，2021.

[9] 汤岳军.电子产品的主要质量要求及检测方法 [J].科学与技术，2019（4）.